Markus Wagner

Pharmazeutische Informationssysteme

Markus Wagner

Pharmazeutische Informations- systeme

Modellierung, Informationsstrukturen und Kommunikation interdisziplinär ausgerichteter Datenbanksysteme

Die Deutsche Bibliothek – CIP-Einheitsaufnahme
Ein Titeldatensatz für diese Publikation ist bei
Der Deutschen Bibliothek erhältlich.

BfArM-AMIS® ist eine namentlich geschützte Software vom Bundesinstitut für
Arzneimittel und Medizinprodukte, Bonn.
FachInfo© ist 1998 auf CD erschienen bei ECV-Editio Cantor Verlag.

1. Auflage August 2000

Konzeption und Layout des Umschlags: Ulrike Weigel, www.CorporateDesignGroup.de
Gedruckt auf säurefreiem Papier

ISBN-13: 978-3-528-05749-7   e-ISBN-13: 978-3-322-84960-1
DOI: 10.1007/ 978-3-322-84960-1

Meinem Sohn Michael

VORWORT

Die Medizininformatik hat in den vergangenen Jahren im Zuge der wachsenden Bedeutung des Gesundheitswesens insgesamt einen erheblichen Aufschwung erlebt. Global vernetzte Kommunikationsinfrastrukturen wie das Internet werden gerade auch für medizinische Anwendungen intensiv genutzt. Die Potentiale einer stärkeren Integration von Anwendungen und einer stärkeren Automatisierung von Analysen bleiben allerdings aufgrund heterogener, gering formalisierter und wenig standardisierter Datenstrukturen zumeist ungenutzt.

Während Umfang und Komplexität der pharmazeutischen Dokumentation rasant zunehmen, haben sich die Instrumente zur Erschließung dieser Informationen in den letzten Jahren kaum verändert. Noch immer sind umfangreiche statische Nachschlagewerke die erste Referenz in der medikamentösen Therapie, und die informationstechnische Unterstützung reduziert sich trotz einiger trivialer Funktionalitäten letztendlich auf die bloße Wiedergabe elektronisch gespeicherter Freitexte.

Die reine Verfügbarkeit von Fachinformation in elektronischer Form allein ändert jedoch wenig an den zeit- und kostenintensiven Nachschlageprozeduren. Produktvergleiche, Medikationskontrollen und die Suche nach Ersatzpräparaten zur Einstellung von Patienten auf Krankenhausaufenthalte sind nur einige Beispiele für automatisierbare Anwendungen der pharmazeutischen Dokumentation.

Diese Arbeit entstand im Rahmen des Projektes 'Pharmatica' mit dem grundlegenden Ziel der automatisierten Anwendung pharmazeutischer Fachinformationen. Das Projekt ist Teil einer längerfristigen Kooperation zwischen den Universitäten Münster, Rotterdam und St. Gallen. Mein besonderer Dank gilt Stefan Klein, welcher durch sein interdisziplinäres Engagement die organisatorischen Voraussetzungen für diese Arbeit geschaffen und diese in außergewöhnlich motivierender Weise begleitet hat.

Markus Wagner   *Mainz im Mai 2000*

INHALT

1 Motivation

Auf dem Weg in die Informationsgesellschaft werden grundlegende Veränderungen auch im Gesundheitswesen sichtbar. Alle drei bis fünf Jahre verdoppelt sich der Umfang des weltweit verfügbaren medizinischen Wissens und seine Komplexität nimmt ständig zu. Fachinformationen über pharmazeutische Produkte sind von ihrer Natur her besonders umfangreich und unterliegen einem schnellen Wandel. Ihre Verfügbarkeit und behandlungsbezogene Aufbereitung hat jedoch einen großen Einfluß auf Qualität und Kosten der medizinischen Versorgung. Die Informationsflut ist auch für Mediziner zu einem Problem geworden, das ohne technische Unterstützung nicht mehr zu bewältigen ist. Es wird durch den zunehmenden Kosten- und Prozeßdruck auf gesundheitsdienstleistende Organisationen zusätzlich verschärft. Die Anforderung an die Effizienz von Behandlungen werden aus gesellschaftlichen, rechtlichen und politischen Bereichen an sie herangetragen und führen zu einer steigenden Unsicherheit im Umgang mit Fachinformationen. Die hohe Zielsetzung der Gesundheitspolitik besteht in der Verbesserung der medizinischen Versorgung bei gleichzeitiger Senkung der dadurch verursachten Kosten.

In gleicher Weise wie das Gesundheitswesen befinden sich auch die Industrielandschaften im Umbruch. Die explosionsartige Verbreitung des Internet durch das World Wide Web hat wesentlich dazu beigetragen. Durch die globale Vernetzung eröffnen sich neue Möglichkeiten der Distribution von Produktinformationen und es bilden sich neue Formen der Kooperation zwischen Organisationen. Informationsvermittler treten zwischen Pharmaunternehmen und deren Kunden, um Informationen zu sammeln und zielgruppengerecht aufzubereiten. Elektronische Märkte mit hoher Transparenz entstehen und elektronische Produktkataloge bieten Such- und Vergleichsfunktionen, die rationales Handeln unterstützen. Unternehmensinterne Intranets, private Extranets und deren Integration durch gleiche Technologien werden von immer mehr Organisationen als strategische Waffen angesehen und die dadurch eingesparten Kosten werden mit hohen Summen beziffert. Während sich die volks- und betriebswirtschaftlichen Auswirkungen dieser Entwicklungen immer deutlicher abzeichnen, sind ihre Einflüsse auf die Automatisierung im Gesundheitssystem noch nicht abzusehen.

Neue Medien bieten das Potential für eine problemorientierte interne und externe Repräsentation von medizinischem Expertenwissen, welche den terminologschen und konzeptionellen Anforderungen ihrer Benutzer entspricht. Navigationsmechanismen erleichtern zusätzlich die Orientierung in komplexen Wissensräumen. Die Darstellungen pharmazeutischer Fachinformationen sind jedoch vielfältig und an zahlreiche semantische Referenzsysteme gebunden, standardisierte Interpretationsvorschriften für digitale Rohdaten. Pharmazeutische Informationsstrukturen sind die elementaren Bausteine dieser Referenzsysteme und sie sind unabhängig von Formaten und Kommunikationsmechanismen. Sie sind das Ergebnis einer Zerlegung von Informationen und Wisseneinheiten in ihre Bestandteile und deren Vernetzung durch Beziehungen. Eine externe individuelle Benutzersicht kann nur so flexibel sein, wie es die interne Repräsentation zuläßt. So kommt es, daß moderne Arzneimittelinformationssysteme Millionen von Texten bereitstellen, aber nicht in der Lage sind, logische Beziehungen zwischen Medikamenten zu erkennen. Wechselwirkungen gehören zu diesen Beziehungen und sie sind Gegenstand pharmazeutischer Informationssysteme.

Die Vielfalt der semantischen Referenzsysteme in der Medizin wirft das eigentliche Kommunikationsproblem des Gesundheitswesens auf. Es betrifft elektronische Nachrichten, die zwischen den Informationssystemen medizinischer Organisationen ausgetauscht werden. Die Automatisierung dieses Austauschs würde die Verbreitung von Fachinformationen wesentlich beschleunigen, aber ihr sind noch enge Grenzen gesetzt. Automatisierung bedeutet, daß Sender und Empfänger dieser Nachrichten keine Menschen, sondern Informationssysteme sind. Diese basieren auf unterschiedlichen Referenzsystemen und Datenmodellen, und sie können sich nur verständigen, wenn sie in der Lage sind, die Nachrichteninhalte zu interpretieren und die Sprachen ineinander abzubilden. Klassifikationen und Nomenklaturen für medizinische Anwendungsbereiche sind unzählbar, aber sie stellen die inhaltlichen Bezugspunkte der Nachrichten dar. Nicht fehlende Kommunikationskanäle behindern die Verbreitung von Informationen, sondern die unterschiedlichen Sprachen der Kommunikationsteilnehmer. Die Kommunikation wird wesentlich dadurch behindert, daß die Informationssysteme von Sender und Empfänger an unterschiedliche Referenzsysteme gebunden sind. Zwar gibt es international verbindliche Standards, jedoch wurden diese vorwiegend für Abrechnungs- und Statistikzwecke entwickelt.

1.1 Das Gesundheitswesen in Zahlen

Das Gesundheitswesen umfaßt alle Einrichtungen und Personen, die der Erhaltung, Förderung und Wiederherstellung der Gesundheit dienen. In Deutschland standen 1996 in 3673 Gesundheitseinrichtungen 783631 Betten für stationäre Behandlungen zur Verfügung. Behandelt wurden 17.1 Mio. Patienten, welche im Durchschnitt 13.5 Tage in der Einrichtung verweilten. In stationären Einrichtungen tätig waren 1.3 Mio. Personen, darunter 115100 Ärzte. Die Kosten des Gesundheitswesens werden von gesetzlichen und privaten Krankenversicherungen und anderen Institutionen (z. B. Berufsgenossenschaften) getragen. Medizinische Behandlungen nahmen 1994 ca. 59 % der Gesundheitsausgaben in Anspruch. Davon entfielen ca. 59.4 Mrd auf Arzneien, Heil- und Hilfsmittel.

Die medizinische Ausbildung und Forschung kostete 8.1 Mrd. DM. Das Gesundheitswesen in Deutschland verursachte 1994 Kosten von insgesamt ca. 469.6 Mrd. DM. Im Folgejahr beliefen sie sich auf ca. 410 Mrd. DM.

Die pharmazeutische Industrie ist durch zahlreiche Anbieter und einen hohen Wettbewerb gekennzeichnet. Ein wesentlicher Unterschied zu allgemeinen Konsumgütermärkten besteht darin, daß die Konsumenten pharmazeutischer Produkte (Patienten) i. a. nicht die Konsumenten von Informationen über diese Produkte sind (Ärzte). Der Pharma-Markt ist zudem stark reguliert. Einige pharmazeutische Produkte werden im Ausland erheblich billiger angeboten, sind aber in Deutschland wegen Einfuhrbarierren nicht verfügbar. Der Arzneimittelmarkt in Deutschland hatte 1996 ein Volumen von knapp 30 Mrd. DM. Davon entfielen ca. 25 Mrd. auf den Apothekenmarkt und ca. 4.8 Mrd. auf den Krankenhausmarkt. Der OTC-Markt (over the counter) umfaßt freiverkäufliche, sowie apothekenpflichtige aber nicht verordnungspflichtige Arzneimittel. Der Anteil der Selbstmedikationen lag 1996 mit 52 % (8.6 Mrd.) leicht über dem der Verordnungen.

Seit 1978 unterliegen alle in Deutschland vertriebenen Medikamente einem Zulassungsverfahren des Bundesinstitut für Arzneimittel und Medizinprodukte (BfArM), bei dem Qualität, Wirksamkeit und Sicherheit geprüft werden. Das Zulassungsverfahren dauert teilweise über 2 Jahre. Seit 1978 bis heute wurden etwa 26000 Humanarzneimittel zugelassen. Die Zahl der zugelassenen Fertigarzneimittel ist von 145000 (1978) auf ca. 50000 (1995) deutlich zurückgegangen. Die Zulassung eines Medikaments ist mit einem enorm hohen Kommunikationsvolumen verbunden. Die Entwicklung eines Medikaments dauert ca. 10 Jahre und verursacht hohe Kosten für die Forschung und Entwicklung. Kosten von Präparaten mit neuen Wirkstoffen liegen zwischen 400 und 600 Mio. DM. Seine Zulassung unterliegt strengsten Anforderungen an Wirksamkeit und Sicherheit. Von 6000 neu synthetisierten Präparaten erfüllt nur eines die gesetzlichen Richtlinien. In den Bereich der Forschung und Entwicklung fällt auch die gezielte Veränderung von Arzneistoffen auf der Ebene von Molekülstrukturen, um deren Wirkungen zu beeinflussen. In Deutschland wurden 1995 ca. 3.3 Mrd. DM für Forschung und Entwicklung eingesetzt.

Hohe Gewinne werden besonders duch den Patentschutz von Markenprodukten erzielt. Während große Unternehmen teure Grundlagenforschung betreiben, sichern sich immer häufiger kleinere Hersteller nach Ablauf von Patenten mit Nachahmerprodukten ihren Platz auf dem Generika-Markt. Seit 1988 ist der Generika-Markt ständig gewachsen. Im Jahr 1996 wurden 425 Mio. Markenpräparate (10.6 Mrd. DM) und 507 Mio. Generika-Produkte (8.3 Mrd. DM) hergestellt. Der Patentschutz dauert gegenwärtig 20 Jahre. 1996 wurden 4458

Patentanmeldungen veröffentlicht. Da ein Patent bereits im Forschungsstadium angemeldet wird, beschränkt sich seine Nutzungszeit auf ca. 8 Jahre.

Unerwünschte Wirkungen von Arzneimitteln unterliegen seit 1987 der Anzeigepflicht des pharmazeutischen Unternehmers. Auch nach der Zulassung werden sie von Ärzten, Apothekern und Herstellern beobachtet, gemeldet und dokumentiert. Unerwünschte Wirkungen von Medikamenten wurden auch im Rahmen von Studien beobachtet. An der Universität Boston untersuchte man Behandlungen von 19000 Krankenhaus-Patienten und 40000 Patienten, die außerhalb von Krankenhäusern behandelt wurden. Im Krankenhaus wurden bei ca. 30 % der Medikationen leichte und in ca. 5 % der Fälle lebensgefährliche Nebenwirkungen beobachtet. Etwa 3 % aller Krankenhausaufnahmen wurden durch unerwünschte Arzneimittelwirkungen notwendig. Der Anteil der Dauerarzneimittelverbraucher in der Bevölkerung, welche zwei verschiedene Medikamente einnehmen, wird auf 25 % geschätzt. Unerwünschte Wirkungen sind nicht nicht nur auf mangelnde Therapietreue, sondern auch auf den Informationsstand der Patienten zurückzuführen. In schwedischen Untersuchungen fand man heraus, daß von 285 Patienten 30 aufgrund einer falschen Arzneimittelanwendung in ein Krankenhaus eingeliefert wurden. Amerikanische Untersuchungen von 827 Todesfällen, bei denen der Verdacht auf falsche Anwendung bestand, führten auf 428 Überdosierungen.

[BGM97*], [BPI97*], [DIMDI97*], [SB97*]

1.2 Pharmatica

Pharmatica entstand 1995 als Projektidee an der Universität St. Gallen mit dem Ziel der Nutzung neuer Informations- und Kommunikationsmedien im Gesundheitswesen, speziell im pharmazeutischen Bereich, zur Unterstützung der medizinischen Arbeit wie auch für administrative Funktionen (Produktinformationen, elektronische Bestellungen, Produktvergleiche etc.). In zahlreichen Gesprächen mit Fachvertretern (darunter Hoffmann LaRoche und Bayer) wurden Informationsanforderungen und das Informationsverhalten von Ärzten, Apothekern und Patienten erhoben. Seit April 1997 besteht eine Zusammenarbeit mit der Kreiskrankenhaus Gummersbach GmbH.

Der Grundgedanke von Pharmatica reicht fünf Jahrzehnte zurück und hat inzwischen viele Facetten angenommen. Bereits 1948 beschrieb Vannevar Bush eine Vorstellung von 'neuen Formen vernetzter Enzyklopädien, deren Leser durch das Verfolgen von Fährten schnell durch große Mengen wissenschaftlicher Aufzeichnungen navigieren'. Seine wesentliche Erkenntnis bestand darin, daß solche heute als Hypermedien bekannten Formen den Umgang mit Informationen grundlegend verändern werden. Das vierte Medium bietet neue Möglichkeiten der Repräsentation von Information und Wissen, die mehr den menschlichen

Denkmustern entspricht, als alle herkömmlichen Medien. Das gilt besonders für Aufzeichnungen mit vielen Verweisen. Pharmazeutische Fachinformationen gehören zu ihnen, und sie erfordern bessere Navigationsmechanismen.

Im November 1995 wurde die Idee eines elektronischen Pharma-Referenten in Zusammenarbeit von Stefan Klein (Universität St. Gallen, Institut für Wirtschaftsinformatik) und Ronald M. Lee (Erasmus-Universität, Rotterdam, Euridis Forschungsinstitut) in Form eines Projektvorschlags unter dem Namen 'Pharmatica' konkretisiert. Sie entstand als Kombination der Vision von Bush und der gegenwärtigen Entwicklung des WWW und speziell des Electronic Commerc zu ihrer Umsetzung. Die 'wissenschaftlichen Aufzeichnungen' erkannte man in Arzneimittelinformationen wieder und die Register der Roten Liste zeigten ihre Durchdringung mit Verweisen und Referenzen. Die technischen Möglichkeiten zur Umsetzung der Idee schienen gegeben. Die beiden wesentlichen Projektziele bezogen sich auf die Nutzung von Hypermedien zur externen Repräsentation und auf die Nutzung des Internet als Infrastruktur. Daraus ergaben sich neue Fragestellungen hinsichtlich der Strukturierung und Aufbereitung pharmazeutischer Informationen.

Ausgangspunkt der Konzeptualisierung war das Zusammenwirken der einzelnen Institutionen und Personen im Gesundheitssystem. Die Zusammenarbeit konzentrierte sich zunächst auf die Identifikation der einzelnen Spieler und deren Kommunikationsbeziehungen. Neben Ärzten, Apotheken und Krankenhäusern wurden auch Pharmaunternehmen, Verlage, Krankenversicherungen und Forschungseinrichtungen als wichtige Kommunikationsteilnehmer berücksichtigt und ein komplexes Gewebe von Kommunikationskanälen zeichnete sich ab. Es wurde schnell deutlich, daß jede dieser Rollen mit unterschiedlichen Sichten und Interessen verbunden ist und nur Interaktionsmodelle sie in eine Ordnung bringen können. Die weitere Vorgehensweise widmete sich diesen Rollen und Sichten.

Der Grundgedanke des elektronischen Pharma-Referenten zielte vor allem auf das Marketing der pharmazeutischen Industrie und die Kommunikation zwischen Pharmaunternehmen und niedergelassenen Ärzten. In der zwischenmenschlichen Kommunikation zwischen Arzt und Pharmareferent, bei der Produktinformationen und Erfahrungsberichte ausgetauscht werden, sah man zwar gewisse Vorteile, jedoch auch den Flaschenhals des Informationsflusses. Nicht die Ersetzung, sondern die Ergänzung bestehender Kommunikationskanäle war das Ziel der Untersuchungen. Die schnelle Verbreitung von Erfahrungen mit Medikamenten und Therapien liegt sowohl im Interesse von Ärzten, als auch in dem der Pharmaunternehmen. Weitere Möglichkeiten zeigten sich in der Unterstützung von Produktvergleichen und Markttransaktionen.

Das *Informationsproblem der Ärzte* war eines der ersten betrachteten Anwendungsszenarien. Es bezieht sich auf die Behandlungssituation des Arztes in der medizinischen Praxis. Eine optimale Behandlung aus medizinischer Sicht würde die Konsultation sämtlicher Informationsquellen über pharmazeutische Produkte und therapeutischen Alternativen voraussetzen. Eine optimale Behandlung aus wirtschaftlicher Sicht hingegen würde einen solch aufwendige Informationsrecherche verbieten. Das Informationsproblem besteht in der Unvereinbarkeit der beiden Optima mit den gegebenen Hilfsmitteln. Es wird dadurch verschärft, daß die Qualität von Behandlungen unter beiden Aspekten beurteilt und sanktioniert wird (z. B. Kunstfehler-Prozesse). Es stellte sich heraus, daß das Informationsproblem der Ärzte im wesentlichen auf fehlende Markttransparenz und aufwendige manuelle Nachschlageprozeduren zurückzuführen ist.

Im Rahmen der ersten Arbeiten untersuchte man bereits die Strukturen pharmazeutischer Fachinformationen, darunter patienten- und behandlungsbezogene Entity-Typen (Symptome, Diagnosen, Behandlungen, Medikamente) und solche zur Beschreibung von Arzneimittel-Eigenschaften (Dosierungen, Indikationen, Kontra-Indikationen, Seiteneffekte). Als mögliche Informationsquellen berücksichtigte man neben den gesetzlich vorgeschriebenen Fach- und Gebrauchsinformationen auch Studien, Publikationen, Bewertungen und Rückrufe. Später wurden auch Informationskategorien unterschieden. Unter den rein pharmazeutischen Informationen (*Fachinformationen*) verstand man Erkenntnisse über Eigenschaften von Präparaten (insbesondere Arznei-, Neben- und Wechselwirkungen), Seiteneffekte zwischen Präparaten und Nahrungsmitteln, sowie Wirksamkeit von Therapien und Behandlungsmethoden. Neben solchen fachbezogenen Informationen wurden auch fachübergreifende Informationsbeziehungen (*Meta-Informationen*) betrachtet, z. B. die Verknüpfung einzelner Informationseinheiten über Verweise.

Im weiteren Verlauf des Projekts suchte man nach Möglichkeiten einer geeigneten internen und externen Repräsentation pharmazeutischer Informationen. Ausgehend von existierenden Informationsbeständen wie die *Rote Liste*, *Fach-Info*-CD-ROMs und *DIMDI*-Datenbanken, welche teilweise einen relativ niedrigen Strukturierungsgrad aufweisen, sollten einerseits grundsätzliche Anforderungen an pharmazeutische Informationsmodelle formuliert und andererseits Möglichkeiten zur Erfüllung dieser Anforderungen gefunden werden. Letzteres beinhaltete die Suche nach existierenden Kategorie- bzw. Codier-Systemen für pharmazeutische Informationen. Es stellte sich heraus, daß speziell eine Klassifikation für medizinische Wirkungen wesentlich zur Automatisierung von Prüf- und Nachschlageprozeduren beitragen kann.

Die Pharmatica Informationsplattform beschreibt die Vision von Pharmatica und das durchgehende Ziel der Zusammenarbeit. Die top-down-orientierte Sicht beschreibt allgemeine Eigenschaften einer Architektur, welche die Anforderungen sämtlicher Spieler berücksichtigt, und läßt spezielle Implementierungsdetails offen. Zu den langfristigen Zielen gehören prototypische Implementationen zur Evaluation der Anfordernungen unter Berücksichtigung moderner Internettechnologien. Zukünftige Architekturen sollen die semantische Integration verschiedener medizinischer Online-Dienste unterstützen und benutzerorientierte Sichten ermöglichen. Die Pharmatica Informationsplattform bestimmt die Orientierung und Ausrichtung der weiteren Vorgehensweise. Dazu gehört die Identifikation und Bewertung technischer und organisatorischer Alternativen.

Im Laufe der Zusammenarbeit mit dem Kreiskrankenhaus Gummersbach wurde das Anwendungsszenario der Krankenhausapotheke näher untersucht. Die Klinik gehört zu den moderneren, in denen täglich alle verordneten Arzneimittel vollautomatisch von einem speziellen Dispensierautomaten in patientenorientierten Einzelpackungen angefertigt werden. Jede Einzelpackung ist in vier Segmente unterteilt, die jeweils die einzunehmenden Tabletten für logische Tageszeitpunkte (morgens, mittags, abends, nachts) enthalten. Alle Verordnungsinformationen werden elektronisch erfaßt und von einem Datenbanksystem verwaltet. Das Baxter-System stammt aus der Generation der 16-Bit-Anwendungen und dient vorwiegend der Planung von Verordnungen und der Steuerung der Fertigungsmaschine.

Ein Ansatz zur Weiterentwicklung bestand darin, die elektronische Verfügbarkeit der Verordnungen zur Automatisierung von Routineaufgaben zu nutzen. In Zusammenarbeit mit Horst-Hermann Wegner (Krankenhausversorgender Apotheker), Rainer Seidl, Björn Kentemich (Ärzte) und Winfried Orbach (Informatiker) wurde ein initiales Datenmodell schrittweise den Anforderungen der Krankenhausapotheke angepaßt. Zu den wesentlichen Erkenntnissen gehörten Planungs- und Steuerungsfunktionen von Medikationen, sowie ihre zeitliche Dynamik. Die prototypische Anwendung basiert auf einem Interpreter und erkennt logische Zusammenhänge in einer Medikation. Interaktionen zwischen Medikamenten werden auf Konflikte zwischen Gruppen zurückgeführt und mit Hilfe textueller Schablonen in natürlichsprachliche Warnhinweise umgesetzt. Zu diesen gehören auch Hinweise auf Überdosierungen, die aus Verordnungen, Zusammensetzungen und Maximaldosen errechnet werden.

Für die so berechneten Probleme sind die logischen Schlußfolgerungen über Verordnungen, Medikamente, Gruppen und Konflikte als Erklärung abrufbar. Weitere Informationen sind direkt über Verweise auf FachInfo-Dokumente verfügbar, deren Index automatisch aufgebaut werden kann. Zu den wesentlichen

Datenquellen für die Medikationsverarbeitung gehört die Gummersbacher Hausliste. Diese enthält Wirkstoffe, Medikamente und Therapiegruppen und wurde in mehreren Gruppierungen erfaßt. Diese stellen das Vokabular zur Formulierung von Wissen dar. Zu den Herausforderungen für eine zukünftige professionelle Implementation gehört die Ansteuerung des Dispensierautomaten und die Integration in das Krankenhausinformationssystem IS-H.

[Bush88], [Klein96], [Lee95]

Interdisziplinäre Zusammenarbeit

Wenn im Zusammenhang mit Datenmodellen gelegentlich eine 'medizinische' oder 'pharmazeutische' Sichtweise eingenommen wird, so kann diese nur auf den Ausschnitt beschränkt sein, den die Informatik bzw. Wirtschaftsinformatik erfassen kann. Eine Sicht der Informatik auf pharmazeutische oder medizinische Informationen ist zunächst immer eine 'unsichere' Sicht. Die *Evaluation* von Abstraktionsschritten aus Fachkreisen ist generell qualitätssichernd für das jeweilige Modell. Ein konkretes Beispiel einer unsicheren Annahme ist die der *Berechenbarkeit* von Medikament-Eigenschaften aus den Eigenschaften seiner Wirkstoff-Komponenten und deren Beziehungen. Solche und andere fachübergreifenden Fragen sind Gegenstand einer *interdisziplinären Zusammenarbeit*.

Im Rahmen der Informatik führt die oben genannte Frage bspw. zur *Theorie der Berechenbarkeit*: Ist eine Lösung des Problems überhaupt berechenbar und ggf. mit welcher (mathematischen) Komplexität? Der erste Teil dieser Informatik-Komponente betrifft eindeutig die medizinische Sichtweise: Kann jede Eigenschaft eines Medikaments durch die Anwendung gültiger Regeln durch die Eigenschaften seiner Wirkstoff-Komponenten und deren Beziehungen erklärt werden? Zu den Beziehungen gehören nicht nur relative Mengenangaben der Wirkstoffe, sondern auch Erkenntnisse über deren Neben- und Wechselwirkungen. Die Frage beinhaltet implizit die Frage, ob je zwei konkrete Präparate therapeutisch äquivalent sind, wenn sie in gleicher Weise zusammengesetzt sind.

Die zweite Informatik-Komponente berührt die Wirtschaftsinformatik: Welcher Aufwand ist zur Berechnung einer Problemlösung erforderlich und in welchem Verhältnis steht dieser Aufwand zu dem Nutzen der Lösung? Der Aufwand beinhaltet nicht nur Rechenkapazitäten bzw. Antwortzeiten von Informationssystemen, sondern auch deren Integration in die jeweilige Organisation (z. B. Klinik) und deren Arbeitsabläufe. Die Beachtung dieser Zusammenhänge ist für die erfolgreiche Einführung eines pharmazeutischen Informationssystems und die Akzeptanz der Benutzer notwendig, denn die Mächtigkeit eines Systems ist bedeutungslos, wenn sie nicht mit vertretbarem Aufwand in wirtschaftlich sinnvoller Zeit nutzbar ist. Alle drei Disziplinen erfassen gemeinsam einen Großteil

der Sichtweisen auf pharmazeutische Informationssysteme. An ihren Schnittstellen sind sie teilweise gegenseitig voneinander abhängig.

Eine der wichtigsten Methoden der Informatik zur Formalisierung ist die Zerlegung von Expertenwissen in seine strukturellen Bestandteile. Nicht seine medizinischen Inhalte, sondern seine strukturbildenden Komponenten sind aus-
schlaggebend für eine interne Repräsentation. Die Inhalte sind Gegenstand der
Medizin und ihre Aufgabe besteht in der Ordnung (Klassifikation) dieser Inhalte und ihrer Erfassung in Form von Wissensbasen. Ist die Ordnung nicht vom
System vorgegeben, sondern ist sie selbst Bestandteil des verarbeiteten Wissens, sind die Anwender pharmazeutischer Informationssysteme selbst für seine
Formlulierbarkeit verantwortlich. Klassifikationen für Arznei- und Nahrungsmittel sind nur die ordnenden Strukturen des eigentlichen Fachwissens, und sie
werden zu Vokabularen auf der Ebene von Interaktionsbeziehungen. Dies lenkt
den Fokus mehr auf Meta-Strukturen und erfordert, daß Ordnungen von Ge-
genstandsbereichen vollständig aus dem Modell ausgelagert sind. Es wird sich
zeigen, daß die Vielfalt der medizinischen Klassifikationen in der abstrakten
Datenstruktur der Gruppierung aufgelöst werden kann.

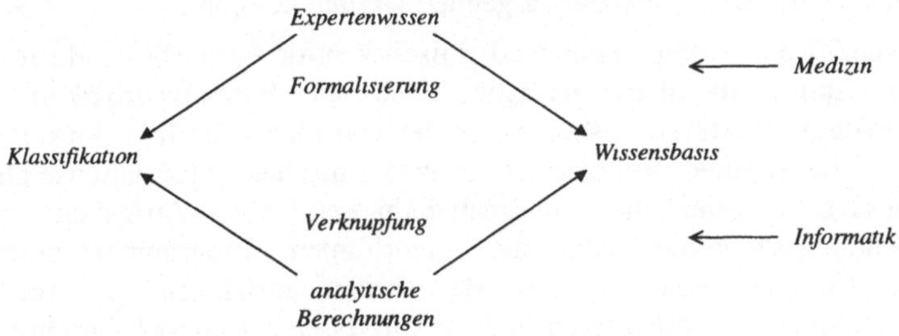

Abbildung 1.1: Interdisziplinäre Zusammenarbeit

1.3 Überblick

Pharmazeutische Normen und Standards

Normen und Standards spielen eine wichtige Rolle für den Austausch und die Interpretation pharmazeutischer Daten. In Form von Klassifikationen, Nomenklaturen oder Codier-Systemen definieren sie die semantischen Referenzsysteme, die für die Interpretation von Referenzen benötigt werden. Sie sind insbesondere für die Kommunikation zwischen medizinischen Organisationen von Bedeutung, bei der unterschiedliche Referenzsysteme aufeinandertreffen. Die begrenzte Übersetzbarkeit zwischen semantischen Referenzsystemen wird durch die Vielfalt der Schlüsselsysteme zusätzlich verschärft. International standardisierte Formalismen stellen nur scheinbar einen Ausweg aus dem Problem dieser Vielfalt dar, denn sie werden i. a. entwickelt, um einen Gegenstandsbereich erschöpfend zu ordnen. Dies erhöht jedoch auch den Umfang des dadurch entstehenden Vokabulars und erschwert so die Orientierung ihrer Anwender in dem betrachteten Gegenstandsbereich. So kommt es, daß international standardisierte Klassifikationen in vielen Gesundheitseinrichtungen nicht genutzt werden, weil sie für die jeweiligen Anwendungen zu komplex sind und einfachere Hauslisten effizienter genutzt werden können.

Die spezifische Komplexität medizinischer Informationsbestände resultiert in erster Linie aus dem geringen Grad an Formalisierbarkeit einzelner Informationsstrukturen, insbesondere der von medizinischen Wirkungen. Aber gerade die digitale Repräsentation medizinischer Informationseinheiten ist Voraussetzung für die Automatisierbarkeit von Aufgaben in vielen Anwendungsszenarien. Klinische Algorithmen, Programmiersprachen und ganze Betriebssysteme (z. B. M) wurden entwickelt, um medizinische Informationen zu beschreiben und zu verarbeiten. Dennoch beschränken sich viele Informationssysteme auf administrative Anwendungen, und sie werden unter einschlägigen Etiketten vermarktet. Auch wenn sie Dokumente mit medizinischen Inhalten verarbeiten, so bleibt ihre Interpretation vorwiegend Menschen überlassen. Diese benötigen keine standardisierten Formalismen, denn sie erkennen auch natürlichsprachliche Informationen und können von terminologischen Variationen abstrahieren. Die Automatisierung von Aufgaben erfordert jedoch in vielen Fällen, daß nicht Menschen, sondern Systeme die jeweiligen Daten interpretieren, d. h. vergleichen, kombinieren und anwenden.

Informationssysteme sind heute noch nicht in der Lage, automatisch Wissen aus Texten zu extrahieren, und wenn dies einmal möglich sein wird, kann auch dann auf standardisierte Formalismen nicht verzichtet werden. In jedem Fall wird es ein Modell sein, welches Klassen von Informationseineiten und ihre wesentlichen Zusammenhänge erfaßt. Für die Modellierung hilfreich sind bereits existierende Kategorie-, Numerierungs- oder Codier-Systeme, jedoch muß im Einzelfall geprüft werden, ob die betreffenden Attribute den Anforderungen des jeweiligen Modells genügen (z. B. Schlüsseleigenschaften von Codes). Kritisch zu bewerten sind zusammenfassende Formalismen, die nur zu Abrechnungs- und Statistikzwecken entwickelt wurden. Mehr als Klassifikationen, die einen konkreten medizinischen Gegenstandsbereich ordnen, können allgemeinere Meta-Strukturen dazu beitragen, einen gemeinsamen Nenner für die Repräsentation von Wissen in den medizinischen Spezialgebieten zu entwickeln. Dazu gehört vor allem ein standardisiertes semantisches Referenzsystem. Erst dann, wenn einheitliche Modelle und Sprachen existieren, können sich nicht nur die Mediziner, sondern auch ihre Informationssysteme verständigen.

Medizinische Klassifikationen bewirken eine Trennung von Identität und Bezeichnung anwendungsbezogener Entitäten. So weiß weltweit jeder Arzt, daß ein Patient, der nach der Internationalen Klassifikation der Krankheiten mit 'S52.9' charakterisiert ist, wegen eines Unterarmbruchs behandelt wird. Nationale Übersetzungen der Klassifikation liefern die Bezeichnung dafür in der jeweiligen Landessprache. Da die Existenz solcher Systematisierungen die Modellierung wesentlich vereinfachen kann, was für die Modellierung von Wirkungen wünschenswert ist, soll in einem eigenen Abschnitt eine Zusammenfassung bestehender Kategorien bzw. Codes gegeben werden, die sich für diese Zwecke eignen. Das Ziel des Abschnitts besteht in einem Überblick bestehender Formalisierungen in der Medizin und ihre Eignung für eine interne Repräsentation von Expertenwissen. Die Vielfalt der Klassifikationen zeigt ihre Gemeinsamkeiten und die unterschiedlichen Möglichkeiten, einen Gegenstandsbereich zu ordnen. Sie zeigt aber auch die unterschiedlichen Interessen ihrer Anwender und die Kriterien, nach denen ein Gegenstandsbereich systematisiert werden kann. Jede Klassifikation ist durch bestimmte Zerlegungsstrategien und Anwendungsszenarien gekennzeichnet.

Pharmazeutische Informationssysteme

Informationssysteme in der Medizin sind besonders heterogen und oftmals stark spezialisiert. Ihre Anwendungsbereiche sind so vielfältig wie ihre Bezeichnungen. Zahlreiche Begriffswelten deuten die unterschiedlichen Perspektiven ihrer Nutzer an. Schlagwörter werden für das Marketing von Branchenlösungen eingesetzt und sie verschleiern die verschiedenen Sichten. Die Beschäftigung mit medizinischen Informationssystemen erfordert einen einheitlichen Bezugsrahmen, welcher eine eindeutige Terminologie bestimmt und Klassen von Systemen in Beziehung setzt. Pharmazeutische Informationssysteme nehmen einen bestimmten Platz in dieser Systemwelt ein und die Schnittstellen zu Um- und

Nachbarsystemen sind dadurch vorgegeben. Sie sind vor allem dadurch gekennzeichnet, daß sie Informationen nicht nur erfassen, transportieren und wiedergeben, sondern auch kombinieren, vergleichen und interpretieren. Die maschinelle Interpretation basiert im wesentlichen auf standardisierten semantischen Referenzsystemen.

Die Unterstützung behandlungsbezogener Anwendungsszenarien ist im wesentlichen durch die Komplexität medizinischer Informationen beschränkt. Dies gilt im besonderen Maße für pharmazeutische Fachinformationen, denn diese sind durch eine besonders hohen Anteil an Verweisen gekennzeichet. Ein konkretes Anwendungsszenario pharmazeutischer Informationssysteme ist die *Medikationsprüfung*, wie sie in vielen Kliniken täglich durchgeführt wird. Ein pharmazeutisches Informationssystem sollte idealerweise in der Lage sein, eine Medikation, formal betrachtet als eine Menge von Medikamenten mit zugehörigen Dosierungs- und Einnahme-Anweisungen, auf ihre Konsistenz zu prüfen, d. h. automatisch kritische Neben- und Wechselwirkungen aufzuzeigen (Aussagen) und gegebenenfalls auf relevante Publikationen oder Forschungsergebnisse zu verweisen (Erklärungen). Das Verfolgen solcher Verweise soll dem Arzt einen unmittelbaren, transparenten Zugriff auf diese Dokumente ermöglichen, um sich von den 'Aussagen des Systems' zu überzeugen.

Die automatisierte Durchführung einer Aufgabe wie die Medikationsprüfung setzt eine präzise, fein strukturierte interne Darstellung pharmazeutischer Informationen voraus, d. h. ein geeignetes Modell. Existierende Informationssysteme werden diesen Anforderungen nicht gerecht, und an konkreten Beispielen, wie etwa in Krankenhaus-Apotheken eingesetzte *Baxter-Systeme*, lassen sich diese Mängel auf das jeweils zugrundeliegende Datenmodell zurückführen. Aus der Sicht der Informatik gestaltet sich die Entwicklung eines solchen Modells äußerst schwierig, insbesondere aufgrund der teilweise sehr geringen *Formalisierbarkeit* der Informationen, z. B. über medizinische 'Wirkungen'. Eine möglichst formale Repräsentation solcher Informationen ist jedoch Voraussetzung für die *Formulierbarkeit* des Informationsbedarfs der Benutzer, so daß die *Formalisierung* bisher in natürlicher Sprache formulierter Informationen als ein wesentliches Ziel angesehen werden kann.

An medizinische Informationssysteme werden besonders hohe Anforderungen gestellt. Gelingt es bei betrieblichen Informationssystemen auch dem ein oder anderen Entwicklungsteam, die Auswirkungen von Modellierungsfehlern durch eine geschickte Implementation zu mindern oder durch technische Aufrüstungen auszugleichen, so ist dies bei pharmazeutischen Informationssystemen i. a. undenkbar. Das Risiko einer ungeeigneten Datenmodellierung besteht nicht primär in zusätzlichen Kosten oder Effizienzproblemen, welche durch die Anschaffung leistungsfähiger Hardware gelöst werden könnten. Fehler bei der Medikationsprüfung können insbesondere die Gesundheit von Patienten gefährden, und durch genau geregelte Verantwortlichkeiten können ärztliche Fehler genau zurückverfolgt werden. An die *Vertrauenswürdigkeit* eines zusätzlichen maschinellen Aufgabenträgers werden deshalb von seinen Benutzern außerordentlich hohe Anforderungen gestellt, insbesondere bzgl. dessen Korrektheit, Zuverlässigkeit und Verfügbarkeit.

Die Wertvorstellungen hinsichtlich der Qualität von Informationssystemen sind bei pharmazeutischen Informationssystemen anders gewichtet, als es bspw. bei betrieblichen Informationssystemen der Fall ist. Bei der Planung des Modellierungsprozesses haben unterschiedliche Wertvorstellungen möglicherweise unterschiedliche Sachziel-Inhalte zur Folge, welche einen Rahmen für die Modellierung bilden. Eine Abgrenzung pharmazeutischer Informationssysteme von anderen Systemen ist daher unerläßlich. Als Vorbereitung zur eigentlichen Problematik sollen zunächst Merkmale pharmazeutischer Informationssysteme beschrieben, sowie Unterschiede und Gemeinsamkeiten zwischen diesen und anderen medizinischen Informationssystemen dargestellt werden. An speziellen Anwendungsszenarien soll anschließend die spezifische Komplexität pharmazeutischer Informationsstrukturen verdeutlicht werden und auf einige Beispiele der Aufgabenebene (insbesondere die Medikationsprüfung) näher eingegangen werden.

Pharmazeutische Datenstrukturen

Automatisierte pharmazeutische Informations- und Wissensverarbeitung ist heute in der medizinischen Praxis noch nicht sehr weit verbreitet. Die Anwendung moderner IuK-Technologien beschränkt sich häufig auf die administrative Verwaltung. Es gibt große Bemühungen verschiedener Forschungseinrichtungen, detaillierte Datenmodelle für arzneimittelbezogene Informationen zu entwickeln. Fehlgeschlagene Softwareprojekte und Unzufriedenheit von Benutzern deuten die hohe Komplexität solcher Modelle an. Es hat sich gezeigt, daß die Ursachen vieler Informationsdefizite der medizinischen Praxis nicht etwa in einer mangelhaften Implementation eines Informationssystems, sondern in früheren Phasen des Software-Lebenszyklus zu suchen sind. Die in der Analyse- und Entwurfsphase getroffenen Entscheidungen beeinflussen primär wesentliche Qualitätsmerkmale von Systemen. Ungünstige oder nicht getroffene Entwurfsentscheidungen haben in den meisten Fällen fatale Folgen wie Update-Anomalien und Referenzierbarkeitsprobleme in Anfragen. In heutigen Datenmodellen können immer noch verlustbehaftete Zerlegungen gefunden werden, die den abschreckenden Beispielen in der Literatur zur Datenbanktheorie vergleichbar sind. Aus diesen Gründen sind viele Systeme nicht in der Lage, einfache Vergleiche zwischen Medikamenten durchzuführen.

Ein Modell für ein pharmazeutisches Informationssystem beinhaltet ein Modell für die Darstellung pharmazeutischen Wissens. Dabei liegt der Schwerpunkt in der statischen Struktur der Informationen, nicht in der Dynamik von Abläufen. Im Gegensatz zu reinen Dokument-Abruf-Systemen muß ein pharmazeutisches Informationssystem Wissen auch interpretieren und kombinieren können. Ein solches Modell beschreibt einen Ausschnitt eines umfassenderen Modells, der ausschließlich auf pharmazeutischem Wissen basiert und der in einem konkreten Informationssystem mehr oder weniger in ein Gesamtmodell integriert ist. Die Grenze zwischen pharmazeutischem Informationsmodell und Gesamtmodell ist fließend. So können Patienten-Informationen sowohl für die administrative Verwaltung durch ein Krankenhaus-Informationssystem (oder eine R/3-Installation) als auch für die Medikationsprüfung von Bedeutung sein. Ein typisches Systemszenario einer großen Gesundheitsorganisation ist dadurch gekennzeichnet, daß unterschiedliche Datenmodelle Strukturen beschreiben, die denselben Objekten (i. a. Patienten) zugeordnet sind. Insbesondere zeigen die in pharmazeutischen Informationssystemen eingesetzten Fremdschlüssel oftmals auf Objekte, die von Fremdsystemen verwaltet werden.

Die Anforderungen an Modelle für pharmazeutische Fachinformationen ergeben sich aus den Anforderungen an pharmazeutische Informationssysteme unter Berücksichtigung von Anwendungsszenarien. Dabei gehören die Formalisierbarkeit der Gegenstandsbereiche, die Verlustlosigkeit der Zerlegung und die Skalierbarkeit des Systems zu den wesentlichen Zielen. Ein pharmazeutisches Informationsmodell muß fein und sauber genug strukturiert sein, so daß auch komplexere Anfragen, wie sie bspw. in Krankenhaus-Apotheken häufiger vorkommen, präzise formulierbar sind. Ungenaue Strukturierungen und verlustbehaftete Zerlegungen führen z. B. im Relationenmodell zu unechten bzw. *Schein-Tupeln* (*spurious tuples*) in Anfrageergebnissen, d. h. zu falschen Informationsbeziehungen. Auch reicht es nicht aus, die Identität von Medikamenteigenschaften durch Textfelder zu beschreiben, denn dies reicht für eine Vergleichbarkeit und Kombinierbarkeit nicht aus. In vielen Fällen ermöglichen objektorientierte Konzepte eine anschauliche Darstellung. Anderen Zusammenhänge lassen sich durch relationale Modelle genauer beschreiben. Objektorientierte und relationale Modelle ergänzen sich. Die Akzeptanz der Benutzer ist wesentlich von der Qualität des Modells abhängig.

Eine wichtige allgemeine Eigenschaft eines Datenmodells ist die *Verlustlosigkeit*, d. h. die Erhaltung von Informationsbeziehungen über Zerlegungsprozesse hinweg. Aus den Anforderungen an pharmazeutische Informationsmodelle ergeben sich ähnliche Eigenschaften, insbesondere die Wiederherstellbarkeit bestimmter *Sichten (Views)* auf Information und Wissen. Mit Hilfe solcher Anforderungen können Ermessensspielräume während der Modellbildung sinnvoll eingeschränkt werden, um die Qualität des entstehenden Datenmodells nach unten hin abzugrenzen. Die 'alten' Sichten dienen der Erhaltung bestehender Informationen. Dazu gehört bspw. eine externe Repräsentation von Arzneimittelinformationen in Form umgangssprachlicher, scheinbar unteilbarer Monographien. Aus Anwendungsszenarien ergeben sich zusätzlich eine Reihe von 'neuen' Sichten, welche die für die Erfüllung der jeweiligen Aufgabe benötigten Informationen beinhalten. Sie erfordern eine wesentlich feinere Zerlegung der Informationsstrukturen, etwa die Trennung von Identität und Bezeichnung von Eigenschaften. Die Herstellbarkeit solcher zusätzlicher Sichten kann als ein Maß für die Strukturierungsgrad des Datenmodells angesehen werden und steht in engem Zusammenhang mit der Formulierbarkeit von Anfragen.

Integrationsszenarien

In der Medizin gibt es viele Spezialgebiete und ebenso viele Klassen von Informationssystemen können unterschieden werden. So vielfältig wie die Disziplinen sind auch die Anforderungen an einzelne Anwendungen. Die Medizin ist zu komplex, als daß es ein homogenes Informationssystem geben könnte, das alle Anforderungen einer großen Gesundheitsorganisation erfüllen kann. So ist eine weite Systemlandschaft entstanden, welche unterschiedliche Softwaregenerationen und Modellierungsparadigmen umfaßt. So unterschiedlich die Systeme auch sind, so oft stehen Patienten im Mittelpunkt ihrer Anwendungsbereiche und diese Eigenschaft teilen fast alle Systeme im Gesundheitswesen. So wurden patientenorientierte Strukturen entwickelt, welche die unterschiedlichsten Sichten von Medizin und Administration in personenbezogenen elektronischen Gesundheitsakten nachbilden. Wenn sich in den nächsten Jahren kein fachübergreifender Meta-Standard etabliert, wird es zukünftig Dutzende von Formaten für diese Akten geben. Jede Fachdisziplin stellt eigene Anforderungen an ihre Inhalte und nur standardisierte Meta-Strukturen haben eine Chance, sich fachübergreifend zu etablieren.

Die Standardisierung pharmazeutischer Informationsstrukturen betrifft nicht nur die organisationsinterne Integration von Softwaresystemen, sondern erhöht auch die Komplexität der interorganisatorischen Kommunikation. Besonders die Mobilität von Patienten führt zu einem steigenden Kommunikationsbedarf zwischen Gesundheitseinrichtungen, um kostenintensive und gesundheitsbelastende Doppeluntersuchungen zu vermeiden. Zusammen mit der Patientenorientierung im Gesundheitswesen ergibt sich ein verändertes Verständnis personenbezogener Gesundheitsakten. In Zukunft werden es virtuelle Gesundheitsakten sein, welche aus inhaltlich zusammengehörigen, aber verteilten Komponenten bestehen. Diese erfordern den Transport von Gesundheitsdaten über ein Kommunikationsmedium, sowie standardisierte Nachrichtenformate und Interpretationsvorschriften. Sie erfordern aber auch entsprechende Sicherheitsvorkehrungen zum Schutz personenbezogender Daten. Die Inhalte der Krankenversichertenkarte zeigen, daß moderne Technologien nicht nutzbar sind, wenn der Datenschutz durch sie gefährdet wird.

Eine besondere Bedeutung für Qualität und Kosten medizinischer Leistungen hat die effiziente Verbreitung von Informationen und Wissen über Arzeimittel und deren Eigenschaften. Jeden Tag beobachten Ärzte und Patienten Unverträglichkeiten und andere Begleiterscheinungen, jedoch durchlaufen solche Hinweise lange Berichtswege, bis sie dort verfügbar sind, wo sie benötigt werden. Benötigt werden sie nicht nur von Ärzten und Apothekern, sondern auch von der Pharmaindustrie, zur Weiterentwicklung ihrer Produkte. Die Rote Liste erscheint jährlich und Verkaufsgespräche zwischen Pharma-Referenten und Ärzten können nur in sehr begrenzter Regelmäßigkeit stattfinden. Im Gesundheitswesen besteht hoher Bedarf an effizienteren Kommunikationsmechanismen, jedoch behilft man sich immer noch mit Notlösungen. Der Bundesverband der pharmazeutischen Industrie (BPI) hat bspw. seine Mitglieder verpflichtet, aktuelle Warnhinweise zu Medikamenten in Briefumschlägen zu versenden, die mit der 'Roten Hand' gekennzeichnet sind. Dies soll gewährleisten, daß wichtige Hinweise (z. B. Rückrufe) in der täglichen Post nicht übersehen werden. Es stellt sich die Frage, wie solche Ziele durch technologische Konzepte erreicht werden können.

Einziger Ausweg aus dieser Situation ist die elektronische Kommunikation, und die technische Infrastruktur ist mit dem Internet gegeben. Zahlreiche Online-Dienste entstehen, sowie medizinische Datenbanken, die teilweise täglich aktualisiert werden. Das wachsende Informationsangebot stellt jedoch nur scheinbar eine Verbesserung der Informationsversorgung dar, denn es ist auf zahlreiche Online-Dienste verteilt. Diese unterscheiden sich stark in Präsentation und inhaltlicher Aufbereitung, so wie in ihren Zugriffsmechanismen. Es gehört zu den Paradoxien der Informationsgesellschaft, daß die Informationsbeschaffung trotz des wachsenden Angebots schwieriger wird. Mehr als das Informationsangebot steigt auch der Suchaufwand zum Auffinden tatsächlich relevanter Informationen. Dieses Problem kennen die Nutzer der Roten Liste nicht: Sie enthält verdichtetes Wissen in kompakter, einheitlicher Form. In ähnlicher Weise, wie der BPI Informationen sammelt, inhaltlich aufbereitet und verteilt, erfordern auch Online-Dienste eine integrative Zusammenführung. So entstehen Informationsvermittler, welche Informationsquellen suchen, sammeln, bewerten und in integrierter Form bereitstellen. Allerdings bieten solche Vermittler vorwiegend manuelle Schnittstellen, so daß die Informationsdienste nur interaktiv von Menschen genutzt werden können. Der logisch nächste Schritt besteht darin, automatisierte Schnittstellen für integrative Informationsdienste zu entwickeln, die von den lokalen Informationssystemen der Anwender genutzt werden können. Aus der Sicht der Anwender sollten sie austauschbar sein. Daraus ergibt sich, daß das Fehlen eines globalen semantischen Referenzsystems die engste Grenze für de interorganisatorische Kommunikation im Gesundheitswesen darstellt.

2 Pharmazeutische Normen und Standards

Normen und Standards sind maßgebend für alle Informationssysteme, die untereinander oder mit ihren Benutzern Informationen austauschen. Auch die Nutzung pharmazeutischer Informationssysteme setzt eine funktionierende Kommunikation zwischen Systemen und Menschen voraus. Die Erfassung medizinischer Informationen erfordert bspw. die Bestimmung von Krankheiten, Arzneimitteln oder Dosierungen. Die *externe Repräsentation* solcher Informationen ist eine Darstellung aus der Sicht des Benutzers, z. B. in Form von Namen, Zahlen oder Schlüsseln. Sie ist meistens an eine definierte Syntax gebunden. Die Semantik dieser Datenelemente ist abhängig von Nationalitäten, Einheiten (z. B. Mengeneinheiten: Stückzahlen, *g*, *ml*) und anderen Normen, Standards, Leitoder Richtlinien. Im Gegensatz dazu muß die *interne Repräsentation* in pharmazeutischen Informationssystemen unabhängig von solchen Interpretationsspielräumen sein und jedes Objekt eindeutig identifizieren können, damit eine Berechnung auf den erfaßten Informationen überhaupt sinnvoll ist. Im Relationenmodell ist jedes Entity durch einen Schlüssel eindeutig identifizierbar, in objektorientierten Modellen durch Objekt-Identifikatoren (*object identifier*, *OID*). Die eindeutige Identifizierbarkeit medizinischer Entities ist Voraussetzung für die Definition von Beziehungen, die bei der Auswertung von Anfragen berücksichtigt werden können.

Interne und externe Repräsentationen von Informationen fallen normalerweise nicht zusammen, wenn sie von unterschiedlichen Aufgabenträgern (Menschen, Maschinen) verarbeitet werden. An der Mensch-Maschine-Schnittstelle eines pharmazeutischen Informationssystems muß bei der Kommunikation eine Transformation zwischen den beiden Darstellungen stattfinden. Dazu gehört einerseits die korrekte Interpretation von Benutzer-Eingaben und andererseits eine aussagekräftige Darstellung der Systemausgaben. Da interne Repräsentationen für teilweise komplexe Berechnungen (z. B. Medikationsanalyse, -abbildung) verwendet werden, müssen Benutzer-Eingaben syntaktisch und semantisch analysiert (z. B. Parser, Thesauri) und in die interne Darstellung übersetzt werden. Analog müssen Berechnungsergebnisse in eine für den Benutzer möglichst eindeutige und gewohnte Darstellung überführt werden. Die Details dieser Darstellungen hängen vom Anwendungsszenario und der vom Benutzer bevorzugten Sicht ab. Die interne Informationsverarbeitung sollte unabhängig von externen Darstellungen sein (*Frontend, Backend*).

Interne und externe Repräsentationen sollten als voneinander entkoppelt betrachtet werden. Eine modular aufgebaute Architektur eines pharmazeutischen Informationssystems könnte dann ein Modul zur internen Informationsverarbeitung, sowie beliebig viele Module zur Herstellung anwendungsspezifischer

Sichten enthalten. Die Transformation interner und externer Repräsentationen erfordert jeweils ein vollständig formalisiertes Vokabular, das sowohl der Benutzer als auch das Informationssystem interpretieren kann. Solche Vokabulare wurden bereits in Form von Klassifikationen und Nomenklaturen definiert und sie sind teilweise sogar international verbindlich. Sie sind meistens stark hierarchisiert und die Hierarchisierung erleichtert die Orientierung innerhalb medizinischen Wissens. Baumstrukturen ermöglichen insbesondere eine wesentlich effizientere Lokalisierung fachspezifischer Entities als flache Listenstrukturen (innere Weglänge: Weg von der Wurzel zu einem Knoten). Denkbar wäre auch eine Anwendung der Hierarchien als Vorlage für 'Wissensräume', in denen der Benutzer navigieren kann. In Deutschland sind Verschlüsselungen bestimmter medizinischer Informationen gesetzlich vorgeschrieben. Einzelne Klassifikationen und Nomenklaturen sind deshalb weit verbreitet und stellen 'gewohnte' Sichten dar. Die Hauptanwendungen der so entstehenden Daten beschränkten sich bisher auf statistische Auswertungen, internationale Vergleiche und medizinische Studien.

Nach einer kurzen Begriffseinordnung werden Aktivitäten im Gesundheitsbereich einiger ausgewählter medizinischer Fachgesellschaften zusammengefaßt. Anschließend werden einige der Klassifikationen und Nomenklaturen in den gleichnamigen Abschnitten überblicksartig dargestellt. Dabei können nur Struktur und Funktion berücksichtigt werden, nicht aber die Inhalte medizinischer Informationen. Klassifikationen sind hierarchische Strukturierungen medizinischen Wissens und dienen der Zusammenfassung von Entity-Typen (z. B. Krankheiten, Arzneimittel) in Gruppen und Untergruppen. Die beschriebenen Klassifikationen geben einen Eindruck von der *Ordnung* medizinischen Wissens und den unterschiedlichen Verschlüsselungsverfahren. Nomenklaturen sind formalisierte Terminologien und dienen der eindeutigen Identifizierung medizinischer Entities (bzw. Entity-Gruppen) in unterschiedlichen Vokabularen (z. B. natürliche Sprachen). Im Grunde genommen wird dabei jeweils eine Syntax zur Bildung fachspezifischer Begriffe mit einer wohldefinierten Semantik verknüpft, was nicht nur eine effektive Kommunikation zwischen pharmazeutischen Informationssystemen unterstützt, sondern auch für die Entwicklung von Mensch-Maschine-Systemen im Gesundheitsbereich anwendbar ist. Multilinguale Nomenklaturen sind sogar in mehreren Sprachen verfügbar.

Normen und Standards in der Medizin

Eine *Norm* wird zielgerichtet von allgemein anerkannten Institutionen erarbeitet. In der Literatur versteht man unter Normen u. a. "Vereinheitlichungen, die in Gemeinschaftsarbeit von den Beteiligten geschaffen werden und als Grundlage für Ordnung und Leistungssteigerung in Technik, Verwaltung, Wirtschaft und Wissenschaft dienen". Man klassifiziert sie nach *Art* (Terminologie-, Prüf-, Produkt-, Verfahrens-, Dienstleistungs-, Schnittstellen-, Deklarationsnorm) oder *Gültigkeit* (regional, national, international). Beispiele für Normungs-Gremien sind ANSI und DIN.

Standards hingegen werden von nicht notwendigerweise offiziell anerkannten Institutionen wie Herstellern (*Industriestandards*, *De-facto-Standards*) oder Anwendergremien (*Hausstandards*) zur Vertretung bestimmter Mitgliederinteressen erarbeitet. Beispiele für Standardisierungs-Gremien sind IEEE und VDI. Beispiele für Standards sind das ISO/OSI-Referenzmodell, Betriebssystem-Standards oder die der Architektur der Intel-Prozessor-Familien.

Normen dienen eher dem allgemeinen Interesse, während Standards oft den Interessen ihrer Entwickler dienen. In der englischsprachigen Literatur werden die beiden Begriffe nicht unterschieden. Inhaltlich bestehen auch keine Unterschiede und Standards werden häufig zu Normen weiterentwickelt. Sie unterscheiden sich nur in den Gremien, die sie entwickeln, und der Art, wie sie entstehen. Weder Normen noch Standards sind absolut verbindlich. Nur Behörden können zur Einhaltung gezwungen werden.

Unter medizinischen *Leitlinien* versteht die AWMF (s. u.) "systematisch entwickelte Darstellungen und Empfehlungen mit dem Zweck, Ärzte und Patienten bei der Entscheidung über zweckdienliche Maßnahmen der Krankenversorgung unter spezifischen klinischen Umständen zu unterstützen". *Richtlinien* hingegen sind "Handlungsregeln einer gesetzlich, berufsrechtlich, standesrechtlich oder satzungsrechtlich legitimierten Institution, die für den Rechtsraum dieser Institution verbindlich sind und deren Nichtbeachtung definierte Sanktionen nach sich ziehen kann".

Pharmazeutische Normen und Standards dienen in erster Linie der ordnungsgemäßen Arzneimittel-Versorgung. Klassifikationen, Nomenklaturen und Verschlüsselungsverfahren für medizinische Informationen werden von verschiedenen Fachgesellschaften entwickelt und verbreitet, um eine funktionierende nationale und internationale Kommunikation zu gewährleisten. Zur Qualitätssicherung und Gewährleistung einer ordnungsgemäßen Arzneimittelversorgung schreiben gesetzliche Richtlinien Informationsinhalte und deren Bezeichnungen in Arzneimittel-Dokumentationen vor. Auch die Erstellung von medizinischen Statistiken und Studien erfordert sowohl auf nationaler als auch auf internationaler Ebene eine einheitliche Darstellung der Informationen.

Weltweit genutzte Literatur- und Faktendatenbanken (z. B. MEDLINE) werden oft gemäß standardisierten Klassifikationen oder Nomenklaturen indiziert. Auch das Wissen selbst wird teilweise durch wohldefinierte Codes oder Schlüssel dargestellt (z. B. ATC-Code). Die Nutzbarkeit dieser Datenbestände ist i. a. wesentlich von den verwendeten Normen und Standards abhängig. Nomenklaturen wie SNOMED ordnen das Wissen in mehreren Dimensionen. Dabei wird jedem Entity eine Menge von Kontexten zugeordnet, die in unterschiedlichen Zusammenhängen unterschiedliche Informationen referenzieren. Thesauri wie MeSH enthalten mehrere Hierarchien und erlauben die Definition von Vorzugsbezeichnungen, Synonymen und Querverweisen.

Im Bereich der Medizinischen Informatik arbeiten viele Organisationen an unterschiedlichen Konzepten zur Repräsentation medizinischen Fachwissens. Die einzelnen Modelle erfassen jeweils einen Ausschnitt des gesamten Fachwissens und sind für bestimmte, aber nicht alle Anwendungsszenarien geeignet. Im Bereich der Computer Based Patient Records sucht man noch nach Modellen, die modular aufgebaut sind und unterschiedlichen Fachinstitutionen unterschiedliche Sichten auf Aufzeichnungen von Patienteninformationen bereitstellen. Auch der elektronische Datenaustausch (EDI) im Gesundheitswesen ist Gegenstand von Standardisierungs-Gesellschaften (z. B. CEN). Es wurden bereits einige Nachrichten-Standards für den Gesundheitsbereich definiert (z. B. CEN/TC251/DRUGPRSC) sowie Meta-Standards zu deren Definition. Weil die verschiedenen Anwendungsszenarien jeweils spezielle Informationen über Patienten benötigen, konnten sich Standards bisher höchstens in Spezialgebieten der Medizin durchsetzen.

[AWMF97*], [Vetter94]

2.1 Organisationen

Im folgenden werden einige ausgewählte Institutionen und Fachgesellschaften beschrieben, die für die Modellierung pharmazeutischer Informationsstrukturen relevante Normen und Standards entwickeln und verbreiten. Es werden jeweils Zielsetzungen der Organisationen und relevante Aktivitäten zusammengefaßt. Eine besondere Rolle nimmt dabei das Deutsche Institut für medizinische Dokumentation und Information (DIMDI) ein, welches die vom Gesetzgeber definierte Terminologie und Strukturierungs-Rahmen von Arzneimitttel-Informationen dokumentiert. Auf internationaler Ebene trägt die Weltgesundheitsorganisation (WHO) die Verantwortung für verschiedene Standards in der Medizin.

Einige Institutionen verwalten eine Reihe von Online-Datenbanken mit Informationen aus allen Bereichen der Medizin und bieten verschiedene Zugriffsmöglichkeiten über das Internet an. Diese Datenbanken werden in den meisten Fällen regelmäßig, manchmal täglich, aktualisiert. Die Aktualität der Informationen und die unterschiedlichen Zugriffsmechanismen sind Argumente für eine Föderation der Datenbanken über das Internet. Ein automatisierter Zugriff würde in den meisten Fällen allerdings die aktive Unterstützung durch die jeweilige

Institution erfordern. Eine Reihe weiterer Institutionen und Organisationen beschäftigen sich mit der technisch-industriellen Anwendung von Klassifikationen, z. B. der Entwicklung von Informationssystemen, Kommunikationsprotokollen, etc.. Andere entwickeln Anwendungen für allgemeinwissenschaftliche und literaturdokumentarische Probleme.

Gesellschaft für Informatik

Der Fachbereich *Informationstechnik und Technische Nutzung der Informatik* der *Gesellschaft für Informatik* (*GI*) ist interdisziplinär ausgerichtet und beschäftigt sich auch mit Anwendungen der Informatik in der Medizin. Die Aktivitäten des Fachausschusses *Medizinische Informatik* (4.7) werden in Zusammenarbeit mit dem gleichnamigen Fachbereich der GMDS (s. u.) durchgeführt. Die GMDS konzentriert sich dabei auf die medizinischen Teilgebiete, während sich die GI mit den methodischen Grundlagen der Informatik auseinandersetzt und den Erfahrungsaustausch zwischen den Fachbereichen koordiniert.

[GI97*]

Deutsche Gesellschaft für Medizinische Informatik, Biometrie und Epidemiologie

Die *Gesellschaft für Medizinische Informatik, Biometrie und Epidemiologie* (ehemalig: *Gesellschaft für Medizinische Dokumentation und Statistik, GMDS*) hat die Aufgabe, die Medizinische Informatik, Dokumentation, Biometrie und Epidemiologie in Theorie und Anwendung zu fördern. Entsprechend gliedert sich die GMDS in die gleichnamigen Fachbereiche. Der Fachbereich der Medizinischen Informatik beschäftigt sich u. a. mit der systematischen Repräsentation von ärztlichem Wissen über Diagnostik und Therapie von Erkrankungen und dem Aufbau von Wissensbanken zur Entscheidungsunterstützung des Arztes. Zu den Arbeits- und Projektgruppen der GMDS gehören *Expertensysteme in der Medizin, Klinische Arbeitsplatzsysteme, Krankenhausinformationssysteme, Medizinische Dokumentation und Klassifikation* sowie *Terminologie der Medizinischen Informatik*. Die Arbeitskreise der GMDS haben die Aufgabe, die interdisziplinäre Zusammenarbeit der Fachgesellschaften zu fördern.

[GMDS97*]

Arbeitsgemeinschaft der Wissenschaftlichen Medizinischen Fachgesellschaften

Die *Arbeitsgemeinschaft der Wissenschaftlichen Medizinischen Fachgesellschaften* (*Association of the Scientific Medical Societies in Germany, AWMF*) ist ein Zusammenschluß zahlreicher Fachgesellschaften aus allen Bereichen der Medizin (111 im Mai 1997). Sie hat die Aufgabe, die Entwicklung von Standards, Richtlinien, Leitlinien und Empfehlungen der medizinischen Fachgesellschaften zu fördern und zu koordinieren. Die der AWMF angehörenden Fachgesellschaften tragen diese Aufgaben mit.

Die *Allgemeinen Grundsätze für den Einsatz von Arzneimitteln*, vorgelegt von der deutschen Gesellschaft für experimentelle und klinische Pharmakologie und Toxikologie e. V., beschreiben den Einsatz von Arzneimitteln unter Berücksichtigung der Intensitäten erwünschter und unerwünschter Wirkungen, sowie die Wahrscheinlichkeiten (Häufigkeiten) für die entsprechenden Ereignisse. Danach gehört das Abwägen der Erfolgswahrscheinlichkeiten von Arzneimitteln gegenüber ihren Risiken zu Überlegungen, die im Einzelfall therapeutische Entscheidungen mitbestimmen.

[AWMF97*]

Deutsches Institut für medizinische Dokumentation und Information

Das *Deutsche Institut für medizinische Dokumentation und Information* (*DIMDI*) ist eine nachgeordnete Behörde des *Bundesministeriums für Gesundheit* (*BMG*) und stellt in seinem Auftrag der Öffentlichkeit umfassende Informationen aus den verschiedensten medizinischen Disziplinen zur Verfügung. Dazu gehört die Herausgabe 'amtlicher' Klassifikationen sowie die Einrichtung datenbankgestützter Informationssysteme für Arzneimittel, Medizinprodukte und zur Evaluation medizinischer Verfahren und Technologien. Es wurde beim DIMDI eine eigene 'Evaluationsdatenbank' eingerichtet, die entscheidungsunterstützende Informationen für Diagnose, Vorbeugung und Behandlung von Krankheiten bereitstellt. Zu diesem Zweck soll auch der Zugriff auf weltweit verfügbare Datenbanken durch das DIMDI mit einer einheitlichen Schnittstelle versehen werden (Bsp.: *Health Care Standards*, *INAHTA*, *Cochrane*). Zu den gesetzlichen Aufgaben des DIMDI gehört die Veröffentlichung deutscher Fassungen der Internationalen Klassifikation der Krankheiten (ICD), Operationenschlüssel (OPS) sowie die Nomenklatur für Medizinprodukte (UMDNS). Außerdem wurde der Thesaurus Medical Subject Headings vom DIMDI übersetzt und jährlich aktualisiert. Mit SDI (Selective Dissemination of Information) stellt das DIMDI seinen Kunden einen außergewöhnlichen, vermittelnden und integrativen Informationsdienst bereit.

[DIMDI97*]

World Health Organization

Die *Weltgesundheitsorganisation* (*World Health Organization*, *WHO*) wurde am 7. 4. 1948 in New York gegründet und setzt sich die Erreichung des bestmöglichsten Gesundheitsniveaus in der Bevölkerung zum Ziel. Zu den Funktionen der WHO gehören die Entwicklung und Verbreitung internationaler Standards für biologische und pharmazeutische Produkte, sowie für diagnostische Prozeduren. Die WHO hat die Verantwortung für mehrere internationale Klassifikationen und Nomenklaturen (ICD, ICPM, ICIDH, IND, s. u.) und deren Weiterentwicklung.

Seit 1982 arbeitet das *WHO Collaborating Centre for Drug Statistics Methodology* (Oslo, Norwegen) an Methodologien zur Systematisierung von Verschreibungen. Im einzelnen beschäftigt man sich u. a. mit der *ATC-Klassification (Anatomical Therapeutic Chemical Classification System)* und den definierten Tagesdosierungen (*Defined Daily Dosage, DDD*) pharmazeutischer Substanzen. Die *WHO Division of Drug Management and Policies* (Geneva) übernahm später die Verantwortung für die internationale Verbreitung der Methodologien und die Koordination von Einzelaktivitäten.

Diese Aktivitäten entstanden aus der Notwendigkeit zur Rationalisierung von Arzneimittel-Anwendungen und Verschreibungspraktiken. Einer von mehreren Ansätzen besteht in einer Systematisierung von Arzneimitteltherapien zur internationalen Auswertung. Studien über Arzneimitteltherapien sollen u. a. zur Quantifizierung gegenwärtiger Anwendungen dienen. Es ist bereits bekannt, daß der Einsatz von Arzneimitteln vielfach nicht optimal ist. Statistische Auswertungen geben Aufschluß über Kosten/Nutzen-Verhältnisse, Chancen und Risiken. Angemessen interpretierte Daten können Über-, Unter- oder Falsch-Anwendungen (overuse, underuse, misuse) einzelner Arzneimittel oder therapeutischer Klassen von Arzneimitteln anzeigen.

Die *Adverse Drug Reaction Terms* definieren gegenwärtig 26 Bezeichnungen, die in Berichten über unerwünschte Wirkungen von Arzneimitteln verwendet werden. Die Terminologie soll Interpretationsspielräume solcher Berichte vermindern. Es werden empfohlene Bezeichnungen und deren Definitionen beschrieben, sowie minimale Anforderungen an ihre Verwendung.

[WHO97*]

Computer-based Patient Record Institute

Das *Computer-based Patient Record Institute (CPRI)* ist eine Organisation, die Konzepte zur Verbesserung der medizinischen Versorgung, zur Kostenreduktion im Gesundheitswesen und zur Nutzung der Informationstechnologie für diese Zwecke erarbeitet. In Zukunft sollen elektronische Aufzeichnungen von Patienteninformationen das ineffiziente Papier-Medium ersetzen und damit zu einer effizienteren medizinischen Versorgung beitragen.

Unter *Computer-based Patient Records (CPR)* versteht man universelle Informations-Container zur lebenslangen Aufnahme patientenbezogener Daten. Diese Informationen sollen behandelnden Ärzten zur Verfügung stehen und damit die Qualität von Behandlungen verbessern. Eine Herausforderung für die Modellierung solcher Informationsbehälter ist die Tatsache, daß unterschiedliche medizinische Spezialgebiete auch unterschiedliche Informationen über Patienten benötigen. Diesen inhaltlich verschiedenen Informationen ist gemeinsam, daß sie sich auf jeweils denselben Patienten beziehen und somit als Komponenten modular aufgebauter Aufzeichnungen betrachtet werden können.

Zur Erreichung der definierten Ziele beschäftigt sich das CPRI mit der Entwicklung universeller Strukturen für medizinische Patientenaufzeichnungen. Dazu gehört auch die Entwicklung und Evaluation entsprechender Standards für Kommunikationsverfahren, Codes und Bezeichner. Zur allgemeinen Motivation demonstriert das CPRI den Einsatz elektronischer Aufzeichnungen und zeigt die dadurch erreichbaren Verbesserungen im Gesundheitswesen auf. Außerdem wird der Aufbau einer entsprechenden Informationsinfrastruktur vom CPRI koordiniert.

[CPRI97*]

American Society for Testing and Materials

Seit 1898 entwickelt und veröffentlicht die *American Society for Testing and Materials* (*ASTM*) Standards für Materialien, Produkte, Systeme und Dienstleistungen. Zu den Inhalten dieser Standards gehören Testmethoden, Spezifikationen, Verfahren, Leitlinien, Klassifikationen und Terminologien. Einige der zahlreichen Komittees beschäftigen sich mit der Modellierung und Verarbeitung medizinischer Informationsstrukturen, wie z. B. *Computer Based Patient Records* (E31.12), *Clinical Laboratory Systems* (E31.13), *Health Knowledge Representation* (E31.15), *Vocabulary for Computer Based Patient Records Content and Structure* (E31.19) sowie *Modeling of Health Information* (E31.23).

Ein Standard für medizinische Aufzeichnungen (*Guide for Properties of Electronic Health Records and Record Systems*) definiert Anforderungen an rechnergestützte Aufzeichnungen von Patienteninformationen (*Computer-based Patient Record*), sowie deren Eigenschaften und Attribute. Eine solche Aufzeichnung ist ein strukturiertes Entity mit codierten Fakten, die an einem bestimmten Ort gespeichert sind und von entsprechender Software verarbeitet werden. Natürlichsprachliche Beschreibungen müssen in eine semantisch äquivalente, digitale Repräsentation übersetzt werden. Die Informationen über die Dienstleistungen des Gesundheitswesens an einem einzelnen Patienten bestehen aus demographischen, sozialen, finanziellen und klinischen Datenelementen. Eine andere wichtige Komponente des Standards ist die Wahrung der Persönlichkeitsrechte aller Betroffenen, insbesondere der Schutz personenbezogener Daten vor Mißbrauch.

Systeme, die medizinische Aufzeichnungen verarbeiten, müssen lokale klinische Funktionen unterstützen. Der Standard erfaßt aber auch eine globalere Sicht und betrachtet solche Systeme als Knoten in einem nationalen klinischen Netzwerk, in dem medizinische Aufzeichnungen transportiert werden. Die Aufzeichnungen müssen für alle Teilnehmer gleichermaßen lesbar und interpretierbar sein. Zu den Teilnehmern gehören öffentliche Gesundheitseinrichtungen, Forschungsinstitute, Versicherungen und Krankenkassen. Das Netzwerk soll eine effiziente Informationsversorgung garantieren, insbesondere dann, wenn Patienten zwischen Ärzten oder Krankenhäusern wechseln.

Eine Spezifikation für die Dokumentation von Arzneimittel-Therapien (*Specification for Drug Therapy Documentation*) beschreibt Datenstrukturen zur Aufnahme von Informationen über die Arzneimittel-Abgabe an Patienten in verschiedenen Gesundheitseinrichtungen. Dokumentiert werden sollen Gründe für den Einsatz von Arzneimitteln, die eingesetzten Arzneimittel selbst und das Ergebnis der Behandlung. Eine solche Dokumentation soll alle Informationen darüber enthalten, was ein Patient an medizinischen Behandlungen in Anspruch genommen hat. Neben einer genauen Abrechnung haben diese standardisierten Dokumentationen auch große Vorteile für die Pharmaindustrie, z. B. als Grundlage für groß angelegte Arzneimittel-Studien. Der Standard soll ebenfalls Verantwortlichkeiten der Gesundheitsleistungen berücksichtigen sowie Arzneimittel-Namen, Dosierungen, Anwendungshäufigkeiten und -dauern und ggf. Gründe für Absetzen oder Austausch von Arzneimitteln. Außerdem enthält er weitere Detail-Informationen für pharmakologische Studien.

Die *Repräsentation medizinischen Wissens* (*Medical Knowledge Representation*) ist Gegenstand des gleichnamigen Komittees (E31.15). Medizinische Entscheidungs-Unterstützungs-Systeme sollen vorhandenes Wissen für die ärztliche Entscheidungsfindung nutzbar machen. Ziel ist die Entwicklung von Standards, Methoden, Spezifikationen und Terminologien zur Darstellung medizinischen Fachwissens. Einer der entwickelten Standards beschreibt einen Rahmen für die Definition und Nutzung modularer medizinischer Wissensbasen (*Specification for Defining and Sharing Modular Health Knowledge Bases*). Die *Arden Syntax* definiert eine formale Sprache zur Beschreibung medizinischer Entscheidungen.

[ASTM97*], [MCIS97*]

Comité Européen de Normalisation

Das *Europäische Komitee für Normung* (*Comité Européen de Normalisation*, *CEN*) entwickelt u. a. Standards für Interoperabilität verteilter Dienstleistungen. Im März 1990 wurde die Einrichtung des technischen Komittees für Medizinische Informatik (TC 251: *Medical Informatics*) gegründet. Heute sind dem Komittee 7 Arbeitsgruppen zugeordnet. Es wurden bereits einige Vornormen (*ENV*) und technische Reports (*CEN Report*, *CR*) im Gesundheitsbereich herausgegeben.

Ziel der Arbeitsgruppe *Healthcare Information Modeling and Medical Records* (WG1) ist die Entwicklung von Standards, die auf einem allgemeinen Gesundheitsmodell basieren. Diese Standards sollen Grundlage für den Bau von Informationssystemen sein, die den Anforderungen ihrer Benutzer besser als bisher gerecht werden. Diese Systeme sollen mit unterschiedlichen Systemen verschiedener Hersteller kooperieren können. Die offene Architektur soll zudem die Zusammenarbeit im Gesundheitswesen fördern. Die Standards bilden einen konzeptionellen Rahmen, in dessen Mittelpunkt die Architektur einer universellen elektronischen Gesundheitsakte steht.

Mit der Entwicklung des *Medical Informatics Vocabluary* (*MIVoc*, ENV 12017) definierte man eine grundlegende Struktur medizinischer Vokabulare, welche nach festgelegten Verfahren aktualisiert wird (*MIVoc Maintenance Procedures*, *MIVOC-M*). Das Vokabular enthält Bezeichnungen für medizinische Schlüsselkonzepte und beschreibt ihre Beziehungen in einem systematischen Index. MIVoc soll zur Unterstützung einer globalen, multilingualen Informationsinfrastruktur beitragen.

Darauf aufbauend entwickelte man einen konzeptuellen Rahmen für die Entwicklung neuer Standards im Gesundheitsbereich (*Healthcare Information Framework*, *HIF*). Die Inhalte dieses Konzepts wurden auf solche beschränkt, für die man die Erreichung eines Konsens unter den verschiedenen Interessengemeinschaften im Gesundheitsbereich für möglich hielt. Auch dieses Konzept ist als Rahmen für weitere Entwicklungen gedacht und dient als Grundlage sowohl für Evolution und Integration existierender Systeme als auch für Planung und Entwurf neuer offener und modularer Systeme. Die Vornorm bezieht sich u. a. auf das ISO/OSI-Referenzmodell.

Eine standardisierte Architektur für elektronische Gesundheitsakten (*Electronic Healthcare Record Architecture*, *EHCR-A*, ENV 12265) definiert grundlegende Komponenten einer universellen Krankenakte, sowie deren Beziehungen. Sie enthält ein Domain-Modell, Begriffslisten und Verteilungsregeln. Der Entwurf sieht vor, daß die Nutzer der Aufzeichnungen autonom entscheiden können, welche Informationen in der Akte aufgezeichnet werden und welche Formate verwendet werden. Das Modell unterstützt die allgemein als notwendig angesehene Vielfalt von Struktur und Inhalten der Aufzeichnungen. Seine Relevanz wird in mehreren Anwendungsszenarien illustriert.

Zur Entwicklung modularer, offener Informationssysteme im Gesundheitsbereich wurde eine entsprechende Standard-Architektur vorgeschlagen (*Standard*

Architecture for Healthcare Information Systems). Sie entspricht den Anforderungen des HIF und soll gleichzeitig zur Integration existierender Systeme beitragen. Eine Auswahl allgemeiner Komponenten wird durch die Dienste, die sie bereitstellen, charakterisiert. Für jede Komponente werden benötigte Datenstrukturen beschrieben. Es werden sechs allgemeine gesundheitsbezogene Komponenten beschrieben.

Die Arbeitsgruppe *Healthcare Terminology, Semantics and Knowledge Bases* (WG2) erarbeitet Konzepte zur Repräsentation von Fachwissen durch geeignete Codier-Systeme. Dabei konzentriert man sich insbesondere auf den elektronischen Datenaustausch zwischen verschiedenen Gesundheitseinrichtungen. Wesentliches Ziel der Arbeitsgruppe ist die semantische Organisation medizinischen Wissens. Dabei bezieht man sich auf Strukturen sogenannter *Konzept-Systeme*, einschließlich mehrdimensionaler Codier-Systeme. Zu den relevanten Teilgebieten der Arbeitsgruppe gehören *Terminology and Coding Systems of Medical Procedures* und *Standards for Notation of Units for Quantities in Clinical Sciences.*

Die Arbeitsgruppe beschäftigt sich auch mit dem Problem, daß es im Bereich der medizinischen Informatik eine Reihe überlappender Klassifikationen, Nomenklaturen, etc. gibt, welche jeweils einen bestimmten Anwendungsbereich abdecken. Zu den Zielen der Gruppe gehören Abbildungsmechanismen für unterschiedlich codierte Daten. Die Vornorm *Categorical Structures of Systems of Concepts, Model for Representation of Semantics* enthält ein Vokabular und beschreibt die Struktur eines Konzeptsystems. Langfristiges Ziel ist die Integration vieler unterschiedlicher Strukturen in eine wohldefinierte Referenzstruktur.

Der *Medicinal Product Identification Standard* dient der eindeutigen Identifizierung medizinischer Produkte. Er soll in Zukunft als Grundlage für elektronische Verschreibungen sowie für die Registrierung von Arzneimittel-Wirkungen auf Patienten angesehen werden. Erfaßt werden medizinische Substanzen (*Medicinal Substance Identifiers, MSI*), andere Produkte (*Medicinal Product Identifiers, MPI*) und deren Packungen (*Medicinal Product Package Identifiers, MPPI*). Ähnliche Bestrebungen gibt es für den Bereich medizinischer Geräte.

Die Arbeitsgruppe *Healthcare Communications and Messages* (WG3) erarbeitet Konzepte für einen sicheren und zuverlässigeren elektronischen Datenaustausch (*Electronic Data Interchange, EDI*) im Gesundheitswesen. Die Herstellung einer reibungslosen Kommunikation ist schwierig, weil die vielen Teilnehmer (Allgemeinärzte, Spezialisten, Kliniken, Behörden, etc.) heterogene Informationssysteme einsetzen. Die Arbeitsgruppe entwickelt sowohl Nachrichten-Standards (z. B. *Registration of data objects used in messages*) als auch Meta-Standards.

Der technische Report *Investigation of Syntaxes for Existing Interchange Formats to be used in Healthcare* untersucht die Syntax existierender Nachrichten-Austauschformate hinsichtlich Effizienz, Informationsgehalt, Komplexität, Eindeutigkeit, Flexibilität, Kosten und Anwendbarkeit. Untersucht wurden ASN.1, ASTM E1238 (ähnlich HL7), EDIFACT, EUCLIDES und ODA. Der Report beschreibt und bewertet die einzelnen Formate und zeigt auf, daß keines alle funktionalen Anforderungen erfüllen kann. Manche Anwendungen erfordern z. B. eine Kombination einzelner Austauschformate. Er definiert ebenfalls eine Methode zur Nachrichten-Entwicklung in Form syntax-unabhängiger allgemeiner Nachrichten-Beschreibungen (*General Message Description, GMD*). In einzelnen Projekten untersucht man auch Einsatzmöglichkeiten von EDI zum Transport klinischer Laborergebnisse (*Messages for Exchange of Laboratory Information*). Ein entsprechender Standard enthält Definitionen für 35 Objekt-Typen und 300 Attribute zum elektronischen Austausch. Die Nachrichten werden in einem *Domain Information Model* (*DIM*) und sechs GMDs dargestellt. Dazu gehören Nachrichten zum Austausch von Arzneimittel-Verordnungen (DRUGPRSC: *Messages for the Exchange of Information on Drug Prescription*) und Nachrichten zum Austausch medizinischer Patienten-Informationen (PMRMES: *Messages for the Exchange of Patient Medical Record Information*).

[MCIS97*], [Moor96]

Object Management Group

Die *Object Management Group* (*OMG*) hat mit der CORBA-Technologie ein objektorientiertes Modell für eine verteilte Kommunikation spezifiziert. *CORBAmed* begann 1994 als Interessengruppe (SIG) mit der Erarbeitung von Konzepten zur Nutzung der CORBA-Technologie im Gesundheitswesen und wurde 1996 zu einer Domain Task Force (DTF) erhoben. Der Einsatz der CORBA-Technologie zur technischen und konzeptionellen Interoperabilität soll in erster Linie Kosten im Gesundheitswesen einsparen und die medizinische Versorgung verbessern. Zur Erreichung dieser Ziele unterstützt die OMG Aktivitäten von Standardisierungs-Organisationen. Es existieren bereits einige Projekte zur Entwicklung CORBA-basierter Anwendungen im Gesundheitswesen.

[OMG97*]

European Federation of Classification Centres

Die *European Federation of Classification Centres* (*EFCC*) ist ein Zusammenschluß europäischer Klassifikationszentren zur gemeinsamen Entwicklung von Modellen für eine europäische Prozeduren-Klassifikation. Zu den Aufgaben der EFCC gehört auch die Untersuchung der Nutzbarkeit des GALEN-Ansatzes in verschiedenen Anwendungen.

weitere Organisationen

- *Deutsches Institut für Normung* (*DIN*), Berlin, Normenausschuß Medizin
- *International Standardization Organisation*, ISO, Genf,
  seit 1946 Herausgeber international vereinbarter Normen,
  Technical Committee 37 (terminologische Standardisierung)
- *Council for International Organization of Medical Sciences* (*CIOMS*), Genf
- *National Library of Medicine* (*NLM*), Bethesda/USA, Unified Medical Language System (UMLS)
- *Europäische Komitee für Normung* (*Comité Européen de Normalisation*, *CEN*), Brüssel, gründete 1990 das *Technical Committee on Medical Informatics* (TC 251), Verschlüsselung von Medizinprodukten
- *Institute of Electrical and Electronics Engineers*, *IEEE*, Standards werden werden weitgehend von ANSI übernommen

Zusammenfassung

Bei den Aktivitäten der verschiedenen Organisationen sind zahlreiche Überschneidungen und teilweise eine starke Zusammenarbeit feststellbar. Viele Konzepte sind auf spezielle Anwendungen und Sichten zugeschnitten. Andere sind umfassender, aber für viele Anwendungen nicht detailliert genug. Die Entscheidung zur Anwendung einzelner Formalisierungen läuft häufig auf eine Entweder-Oder-Entscheidung hinaus, wenn Ordnungen und Terminologien zu verschieden sind. Zusammenschlüsse medizinischer Fachgesellschaften und koordinierende Aktivitäten wie die der OMG geben Anlaß zur Hoffnung auf ganzheitliche und offiziell anerkannte Standardisierungen im Gesundheitswesen.

2.2 Gesetzliche Richtlinien

Pharmazeutische Unternehmer müssen sich bei der Dokumentation von Arzneimitteln an gesetzliche Bestimmungen halten. Auch zusammenfassende Dokumentationen wie die *Rote Liste* oder *FachInfo* entsprechen diesen Richtlinien. Dokumentationen, die nicht im Auftrag pharmazeutischer Unternehmer vertrieben werden, müssen diese Anforderungen offenbar nicht erfüllen. Die Sicht des Gesetzgebers, bestehend aus Terminologie und Informationsinhalten, könnte von Benutzern jedoch aus subjektiven Gründen bevorzugt oder als Qualitätsmerkmal angesehen werden.

Das *Gesundheitsstrukturgesetz* (*GSG*) vom 1. 1. 1993 schreibt die Verschlüsselung von Diagnosen und Prozeduren mit internationalen medizinischen Klassifikationen vor. Dazu gehören die Internationale Klassifikation der Krankheiten (ICD), Operationenschlüssel (OPS) bzgl. Prozeduren in der Medizin und eine Nomenklatur für Medizinprodukte.

Das *Gesetz über den Verkehr mit Arzneimitteln* (*Arzneimittelgesetz, AMG*) definiert Vorschriften für eine ordnungsgemäße Arzneimittelversorgung. Es beinhaltet u. a. im ersten Abschnitt zahlreiche Begriffsbestimmungen und im zweiten Abschnitt Anforderungen an Arzneimittel, insbesondere an deren Kennzeichnung, Packungsbeilage und Fachinformation.

[AMG94], [DIMDI97*]

Terminologie

Die folgende Terminologie ist der Sicht des Arzneimittelgesetzes entnommen und betrifft Bezeichnungen von Objekten in Arzneimittel-Behandlungen. Pharmazeutische Unternehmer sind zur Einhaltung dieser Terminologie in der pharmazeutischen Dokumentation verpflichtet. Die einzelnen Definitionen wurden in bottom-up-Reihenfolge angeordnet, so daß jeder Begriff durch bereits definierte Begriffe erklärt wird.

Unter *Stoffen* versteht das AMG:

- "chemische Elemente und chemische Verbindungen, sowie deren natürlich vorkommende Gemische und Lösungen"
- "Pflanzen, Pflanzenteile und Pflanzenbestandteile in bearbeitetem oder unbearbeitetem Zustand"
- "Tierkörper, auch lebender Tiere, sowie Körperteile, -bestandteile und Stoffwechselprodukte von Mensch oder Tier in bearbeitetem oder unbearbeitetem Zustand "
- "Mikroorganismen einschließlich Viren sowie deren Bestandteile oder Stoffwechselprodukte"

Arzneimittel sind "Stoffe und Zubereitungen aus Stoffen", die zur Anwendung bei Menschen oder Tieren bestimmt sind. *Fertigarzneimittel* hingegen sind "Arzneimittel, die im voraus hergestellt und in einer zur Abgabe an den Verbraucher bestimmten Packung in den Verkehr gebracht werden". Einem Fertigarzneimittel ist also immer ein pharmazeutischer Unternehmer zugeordnet. Unter *Wirkstoffen* versteht man Stoffe, die dazu bestimmt sind, "bei der Herstellung von Arzneimitteln als arzneilich wirksame Bestandteile verwendet zu werden". Einem Wirkstoff ist also immer eine Menge von arzneilichen *Wirkungen* zugeordnet. *Nebenwirkungen* sind "die beim bestimmungsgemäßen Gebrauch eines Arzneimittels auftretenden unerwünschten Begleiterscheinungen". Nach intuitivem Verständnis ist eine Nebenwirkung ein Spezialfall einer Wirkung (unerwünschte Wirkung). Unter *Qualität* wird die Beschaffenheit eines Arzneimittels verstanden, "die nach Identität, Gehalt, Reinheit, sonstigen chemischen, physikalischen, biologischen Eigenschaften oder durch das Herstellungsverfahren bestimmt wird". *Pharmazeutischer Unternehmer* ist, "wer Arzneimittel unter seinem Namen in den Verkehr bringt".

[AMG94]

Kennzeichnung der Fertigarzneimittel

Fertigarzneimittel werden in einer für den Verbraucher bestimmten Packung in den Verkehr gebracht. Das Arzneimittelgesetz schreibt folgende Attribute für die *Kennzeichnung* der Fertigarzneimittel vor:

1	Name oder Firma und Anschrift des pharmazeutischen Unternehmers
2	Bezeichnung des Arzneimittels, ggf Darreichungsform, Starke, Personengruppe, für die das Arzneimittel bestimmt ist
3	Zulassungsnummer mit der Abkurzung "Zul -Nr "
4	Chargenbezeichnung mit der Abkurzung "Ch -B " bzw Herstellungsdatum
5	Darreichungsform
6	Inhalt nach Gewicht, Rauminhalt oder Stuckzahl
7	Art der Anwendung
8	arzneilich wirksame Bestandteile, weitere Bestandteile, nach Art und Menge angeordnet
8a	bei gentechnologisch gewonnenen Arzneimitteln Bezeichnung des Mikroorganismus oder die Zellinie
9	Verfalldatum mit dem Hinweis "verwendbar bis"
10	bei verschreibungspflichtigen/apothekenpflichtigen Arzneimitteln Hinweis "Verschreibungspflichtig"/"Apothekenpflichtig"
11	bei Mustern Hinweis "Unverkaufliches Muster"
12	Hinweis, daß Arzneimittel unzuganglich für Kinder aufbewahrt werden sollen
13	ggf besondere Vorsichtsmaßnahmen für die Beseitigung von nicht verwendeten Arzneimitteln

Abbildung 2.2: Kennzeichnung der Fertigarzneimittel

[AMG94]

Packungsbeilage

Fertigarzneimittel dürfen im Geltungsbereich des Arzneimittelgesetzes (bis auf Ausnahmen) nur mit einer für den Verbraucher bestimmten Packungsbeilage in den Verkehr gebracht werden. Sie muß mit der Überschrift "Gebrauchsinformation" gekennzeichnet sein und folgende Informationen enthalten:

<table>
<tr><td>1</td><td>Bezeichnung des Arzneimittels</td></tr>
<tr><td>2</td><td>arzneilich wirksame Bestandteile nach Art und Menge, sonstige Bestandteile nach Art</td></tr>
<tr><td>3</td><td>Darreichungsform und Inhalt nach Gewicht, Rauminhalt oder Stuckzahl</td></tr>
<tr><td>4</td><td>Stoff- Indikationsgruppe oder Wirkungsweise</td></tr>
<tr><td>5</td><td>Name oder Firma/Anschrift des pharmazeutischen Unternehmers, sowie des Herstellers, der das Fertigarzneimittel freigegeben hat</td></tr>
<tr><td>6</td><td>Anwendungsgebiete</td></tr>
<tr><td>7</td><td>Gegenanzeigen</td></tr>
<tr><td>8</td><td>Vorsichtsmaßnahmen fur die Anwendung, soweit nach dem Stand der wissenschaftlichen Erkenntnisse erforderlich</td></tr>
<tr><td>9</td><td>Wechselwirkungen mit anderen Mitteln, soweit sie die Wirkung des Arzneimittels beeinflussen konnen</td></tr>
<tr><td>10</td><td>Warnhinweise, soweit vorgeschrieben</td></tr>
<tr><td>11</td><td>Dosierungsanleitung mit Art der Anwendung, Einzel- oder Tagesangaben, ggf Dauer der Anwendung</td></tr>
<tr><td>12</td><td>Hinweise fur den Fall der Uberdosierung, der unterlassenen Einnahme, Gefahr unerwunschter Folgen des Absetzens, soweit erforderlich</td></tr>
<tr><td>13</td><td>Nebenwirkungen, Gegenmaßnahmen, Hinweis, bei undokumentierten Nebenwirkungen Arzt oder Apotheker aufzusuchen</td></tr>
<tr><td>14</td><td>Hinweis, daß das Arzneimittel nach Ablauf des Verfalldatums nicht mehr anzuwenden ist; ggf Haltbarkeit nach Offnung / Zubereitung</td></tr>
<tr><td>15</td><td>Datum der Fassung der Packungsbeilage</td></tr>
</table>

Abbildung 2.3: Packungsbeilage

[AMG94]

Fachinformationen

Pharmazeutische Unternehmer sind (bis auf einige gesetzliche Ausnahmen) verpflichtet, auf Anforderung eine "Gebrauchsinformation für Fachkreise (Fachinformationen)" bereitzustellen. Diese muß mit der Überschrift "Fachinformation" gekennzeichnet sein und folgende Informationen enthalten:

 1   Bezeichnung des Arzneimittels
 2   ggf Hinweis "Verschreibungspflichtig"/"Betaubungsmittel"/"Apothekenpflichtig", Bestandteile mit
     ungeklarten Wirkungen
 3   Stoff-/Indikationsgruppe, Bestandteile nach Art und arzneilich wirksame Bestandteile nach Art und
     Menge
 4   Anwendungsgebiete
 5   Gegenanzeigen
 6   Nebenwirkungen
 7   Wechselwirkungen mit anderen Mitteln
 8   Warnhinweise, soweit vorgeschrieben
 9   wichtige Inkompatibilitaten
10   Dosierung mit Einzel- und Tagesangaben
11   Art der Anwendung, ggf Dauer der Anwendung
12   Notfallmaßnahmen, Symptome, Gegenmittel
13   pharmakologische und toxikologische Eigenschaften, weitere fachspezifische/therapeutische Angaben
14   ggf sonstige Hinweise, insbesondere für die Anwendung bei bestimmten Patientengruppen
15   Dauer der Haltbarkeit, ggf Haltbarkeit nach Offnen/Zubereitung
16   besondere Lager- und Aufbewahrungshinweise
16a ggf besondere Vorsichtsmaßnahmen für die Beseitigung nicht verwendeter Arzneimittel
17   Darreichungsformen, Packungsgroßen
18   Zeitpunkt der Herausgabe der Information
19   Name oder Firma und Anschrift des pharmazeutischen Unternehmers

Abbildung 2.4: Fachinformationen

[AMG94]

Interessant an dieser Beschreibung ist, daß Wechselwirkungen mit anderen Mitteln und nicht mit anderen <u>Arznei</u>mitteln in Beziehung gebracht werden. Zur Darstellung dieser Beziehungen müssen also auch andere Mittel als Arzneimittel in einer Datenbank verfügbar und referenzierbar sein. Objektorientiert gesehen läßt sich u. a. die Spezialisierung *Mittel* → *Arzneimittel* → *Fertigarzneimittel* erkennen. Eine Wechselwirkung kann dann als Beziehung zwischen verschiedenen Formen von Mitteln gesehen werden (*Polymorphie*: *viele Formen*).

2.3 Klassifikationen

Eine *Klassifikation* ist eine geordnete Darstellung zeitbedingten Wissens eines bestimmten Fachgebietes. Eine *Klassifikationsentwicklung* beinhaltet die Erfassung der Realität in geeigneten, meist hierarchischen Strukturen. Die *klassifizierende Dokumentation* ist die *Anwendung* einer Klassifikation und beinhaltet die Einordnung konkreter Informationseinheiten bzw. Objekte in eine oder mehrere Klassifikationen. Der Nutzen einer solchen Anwendung einer Klassifikation ist abhängig von ihrer Verfügbarkeit, ihrer kontinuierlichen Pflege sowie von ihrer Verbindlichkeit, d. h. ihrer nationalen und internationalen Gültigkeit.

Medizinische Klassifikationen dienen der systematischen Ordnung von Expertenwissen zur medizinischen Dokumentation, Informationsverarbeitung sowie zur weltweiten Kommunikation und Kooperation. Zu klassifizierten Informationssammlungen gehören Krankheiten und ihre Folgen, Medikamente, Organe, Operationen und andere therapeutische oder diagnostische Verfahren. Die *Auswertung* medizinischer Dokumentationen beinhaltet die statistische Zusammenfassung von Einzelerkenntnissen (z. B. Aggregation) und das gezielte Wiederfinden von Einzelergebnissen (Retrieval).

[DIMDI97*], [Graupner95], [MCIS97*]

Internationale Klassifikation der Krankheiten

Das Internationale Statistische Institut veröffentlichte 1893 das von Jacques Bertillon vorgelegte *Internationale Todesursachenverzeichnis*, welches auf den Arbeiten von William Farr (1855) basiert. Dieses Verzeichnis sollte alle zehn Jahre revidiert werden, was bis 1920 vom Internationalen Statistischen Institut und danach gemeinsam mit der Gesundheitsorganisation des Völkerbundes durchgeführt wurde. Seit 1948 wurden die Revisionen 6 bis 10 unter der Verantwortung der WHO durchgeführt. Die ICD wurde vom DIMDI übersetzt.

Seit 1979 gilt in Deutschland die *Internationale Klassifikation der Krankheiten* in ihrer 9. Revision (*ICD-9*). Sie betrifft Diagnosen, Symptome und Verletzungen und findet gegenwärtig Anwendung zur Diagnose-verschlüsselung in der stationären Gesundheitsversorgung (Krankenhäuser) sowie für die Todesursachenstatistik. Sie enthält 17 historisch gewachsene Kapitel, die nach verbreiteten Meinungen von Ärzten dem heutigen Stand der Medizin nicht mehr gerecht werden.

Die *Internationale statistische Klassifikation der Krankheiten und verwandter Gesundheitsprobleme* (*International Statistical Classification of Diseases and Related Health Problems*) in ihrer 10. Revision (*ICD-10*) wird seit 1996 in der ambulanten, vertragsärztlichen Versorgung (Praxen, Ambulanzen, Polikliniken) zur Diagnoseverschlüsselung eingesetzt. Die Kapitel wurden neu geordnet und neue Kapitel wurden hinzugefügt. Die Klassifikationsstruktur insgesamt wurde überarbeitet und verfeinert, um den Grad an klinischen Details zu erhöhen und dabei die Anwendbarkeit für statistische Auswertungen zu erhalten. Aus Kontinuitätsgründen wurde die Klassifikationsstruktur auf der 10. Revisionskonferenz jedoch nicht grundlegend geändert.

Die vollständige Ablösung der ICD-9 durch die ICD-10 war bereits für den 1. 1. 1997 geplant, konnte aber u. a. wegen des Umstellungsaufwands nicht vollzogen werden. Die ICD-9 ist in zahlreiche Abrechnungssysteme eingebettet. Mittlerweile ist die Version 1.1 der ICD-10 (Stand November 1997) freigegeben. Die ICD-10 ist zum 1. 1. 1998 erwartungsgemäß für die Todesursachenstatistik eingeführt worden. Im stationären Bereich ist die Einführung jetzt für das Jahr 1999 geplant, da die erforderliche Umschlüsselung der Sonderentgelte und Fallpauschalen von ICD-9 auf ICD-10 bisher nicht vorlag. Im ambulanten Bereich soll ab 1. 4. 1998 bundesweit auf freiwilliger Basis verschlüsselt werden. Das Datenmaterial ist beim DIMDI verfügbar.

[DIMDI97*], [Graupner95], [MCIS97*], [WHO97*]

ICD-10 Bände

Die ICD-10 wird in drei Bänden veröffentlicht:

Systematisches Verzeichnis	Regelwerk	Alphabetisches Verzeichnis
• Dreistellige Allgemeine Systematik (DAS) • Vierstellige Ausführliche Systematik (VAS) • Morphologie-Schlussel	• Verschlusselungsregeln für Mortabilitat und Morbiditat • Beispiele zur Verschlusselung • Geschichte der Klassifikation	• verschlusselte Diagnosen • verschlusselte Ursachen von Verletzungen • verschlusselte Vergiftungen und unerwunschte Wirkungen von Arzneimitteln und chemischen Substanzen

Abbildung 2.5: Internationale Klassifikation der Krankheiten

Der erste Band (*Systematisches Verzeichnis, Tabular List*) enthält 3- und 4-stellige Klassifikationen, Definitionen und sonstige Systematisierungen. Der zweite Band (*Regelwerk, Instruction Manual*) enthält Informationen für Entwickler von Verschlüsselungs-Software, Statistiker, Analytiker und andere Nutzer der ICD. Er beschreibt Zweck und Anwendung, sowie grundlegende Strukturen und Verschlüsselungsverfahren. Der dritte Band (*Alphabetisches Verzeichnis, Alphabetical Index*) enthält ein alphabetisches Register, welches aus drei Abschnitten besteht. Der dritte dieser Abschnitte (Table of Drugs and Chemicals) enthält eine Liste von Substanzen, mit Schlüsseln für Vergiftungen und unerwünschte Arzneimittel-Wirkungen (adverse effects of drugs), sowie weitere Zusatzinformationen.

[DIMDI97*], [Graupner95], [WHO97*]

ICD-10   Verschlüsselung

Die ICD enthält sowohl dreistellige (Dreisteller) als auch vierstellige (Viersteller) Schlüssel. Ein *endständiger* (*terminaler*) Dreisteller ist nicht vierstellig unterteilt. Ein nicht endständiger (nicht terminaler) Dreisteller besitzt eine weitere Differenzierung in Form einer vierstelligen Unterteilung. Die ICD-10 enthält 12421 gültige Schlüsselnummern (endständige Dreisteller und alle Viersteller). Die U-Schlüsselnummern sind für die vorläufige Zuordnung neuer Krankheiten (U00 - U49) und für Forschungszwecke (U50 - U99) reserviert. Auch Informations-Einheiten wie 'Verdacht auf ...', 'Ausschluß von ...' oder 'Zustand nach ...' können verschlüsselt werden.

ICD-10   Kapitel

Die ICD enthält auch einen Teil zur Klassifikation von unerwünschten Arzneimittelwirkungen (*UAW*). Dort kann die Substanz (bzw. Substanzklasse) veschlüsselt werden. Die Art der UAW kann dann mit den Krankheits- und Symptomschlüsselnummern angegeben werden.

Die ICD-10 besteht aus 21 Kapiteln, die (im Gegensatz zur ICD-9) mit alphanumerischen Codes verschlüsselt werden. Die folgende Liste der Kapitel soll einen Eindruck von der ersten Stufe der Klassifikationsstruktur vermitteln und ist um Notationsbereiche ergänzt:

1 Bestimmte infektiose und parasitare Krankheiten	A00-A99, B00-B99
2 Neubildungen	C00-C97, D00-D48 [C98-C99 und D49 frei]
3 Krankheiten des Blutes und der blutbildenden Organe sowie bestimmte Storungen mit Beteiligung des Immunsystems	D50-D89 [D90-D99 frei]
4 Endokrine, Ernahrungs- und Stoffwechselkrankheiten	E00-E90 [E91-E99 frei]
5 Psychische und Verhaltensstorungen	F00-F99
6 Krankheiten des Nervensystems	G00-G99
7 Krankheiten des Auges und der Augenanhangsgebilde	H00-H59
8 Krankheiten des Ohres und des Warzenfortsatzes	H60-H95 [H96-H99 frei]
9 Krankheiten des Kreislaufsystems	I00-I99
10 Krankheiten des Atmungssystems	J00-J99
11 Krankheiten des Verdauungssystems	K00-K93 [K94-K99 frei]
12 Krankheiten der Haut und der Unterhaut	L00-L99
13 Krankheiten des Muskel-Skelett-Systems und des Bindegewebes	M00-M99
14 Krankheiten des Urogenitalsystems	N00-N99
15 Schwangerschaft, Geburt und Wochenbett	O00-O99
16 Bestimmte Zustande, die ihren Ursprung in der Perinatalperiode haben	P00-P96 [P97-P99 frei]
17 Angeborene Fehlbildungen, Deformitaten und Chromosomenanomalien	Q00-Q99
18 Symptome und abnorme klinische und Laborbefunde, die andernorts nicht klassifiziert sind	R00-R99
19 Verletzungen, Vergiftungen und bestimmte andere Folgen außerer Ursachen	S00-S99, T00-T98 [T99, U00-U99 und V00 frei]
20 Außere Ursachen von Morbiditat und Mortalitat	V01-V99, W00-W99, X00-X99, Y00-Y98 [Y99 frei]
21 Faktoren, die den Gesundheitszustand beeinflussen und zur Inanspruchnahme des Gesundheitswesens führen	Z00-Z99

Abbildung 2.6: Kapitel der ICD

Familie der krankheits- und gesundheitsbezogenen Klassifikationen

Das Konzept der *Familie der krankheits- und gesundheitsbezogenen Klassifikationen* (*Family of disease and health-related classifications*) wurde von der WHO entwickelt und entstand aus der Erkenntnis, daß keine einheitliche Klassifikation für die gesamte Medizin anwendbar sein kann. Die unterschiedlichen Sichten ihrer zahlreichen Einsatzbereiche erfordern die Entwicklung spezieller Klassifikationen zur Ordnung fachspezifischen Wissens. Aus dieser Erkenntnis heraus erarbeitete man eine dreistellige *Kernklassifikation* (*Mutterklassifikation, core classification*) und erklärte sie zum Mittelpunkt in einer Gruppe von Klassifikationen, d. h. zum Bezugspunkt und konzeptionellen Rahmen. Aus der Kernklassifikation sind die *fachspezifischen Klassifikationen* unmittelbar abgeleitet. Die meisten erweitern einen Ausschnitt der Kernklassifikation um weitere Differenzierungen (z. B. 4-, 5- oder 6-stellige Schlüssel).

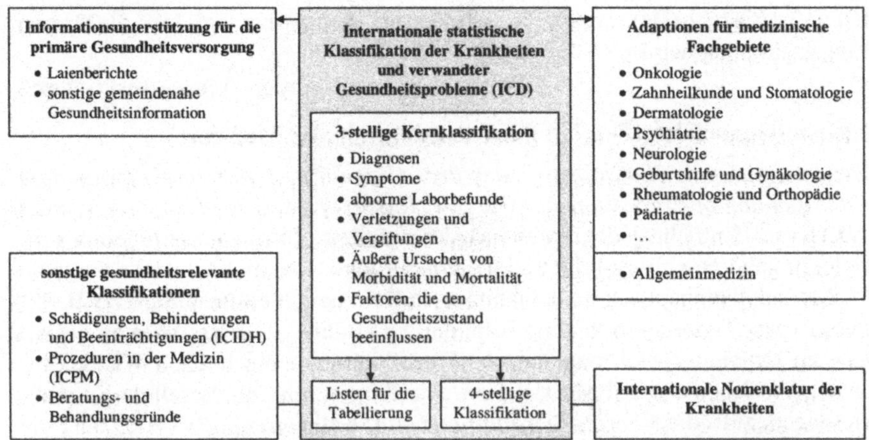

Abbildung 2.7: Familie der krankheits- und gesundheitsrelevanten Klassifikationen

In der Familie der krankheits- und gesundheitsbezogenen Klassifikationen stellt die ICD einen konzeptionellen Rahmen dar. Im Mittelpunkt der ICD steht die dreistellige Kernklassifikation, welche international verbindlich ist. Dreistellige Schlüssel werden zur internationalen Statistik an die WHO weitergeleitet. Vierstellige Schlüssel codieren Subkategorien und sind nicht international verbindlich.

[DIMDI97*], [Graupner95], [MCIS97*]

Spezialausgaben für medizinische Fachgebiete

Für die Dokumentation in medizinischen Fachgebieten reicht die ICD meistens nicht aus. Die vierstelligen Schlüsselnummern codieren meistens Entity-Gruppen und fassen unterschiedliche Entities zusammen. In einzelnen Fachbereichen verwendet man z. T. erweiterte Klassifikationen, deren Schlüsselnummern um eine fünfte Stelle zur Aufnahme weiterer Detail-Informationen ergänzt sind.

Die *klinische Dokumentation* gehört zu den Fachgebieten, für deren Anwendungen die Kernklassifikation nicht geeignet ist und für die Spezialausgaben der ICD entwickelt wurden. Die 1978 erschienene amerikanische *Klinische Modifikation* (*Clinical Modification, ICD-9-CM*) ist eine den Bedürfnissen der klinischen Dokumentation angepaßte Spezialausgabe der ICD-9. Die Systematik und das Alphabetische Verzeichnis wurden erweitert und dem klinischen Sprachgebrauch angepaßt. Die ICD-9-CM enthält außerdem eine Prozedurenklassifikation. Sie wurde seit ihrem Erscheinen (bis 1995) jährlich revidiert. Das U. S. National Center for Health Statistics arbeitet an einer Modifikation der

ICD-10 (*ICD-10-CM*), welche voraussichtlich nicht vor dem Jahr 2000 zum
Einsatz kommen wird.

[DIMDI97*], [Graupner95], [MCIS97*]

Internationale Klassifikation der Prozeduren in der Medizin

Die *Internationale Klassifikation der Prozeduren in der Medizin* (*International
Classification of Procedures in Medicine, ICPM*) wurde 1978 testweise von der
WHO veröffentlicht, jedoch nicht wieder revidiert. Zu den klassifizierten Prozeduren gehören chirurgische und geburtshilfliche Operationen, sowie diagnostische und therapeutische Maßnahmen und Arzneimitteltherapien. Die ICPM
ordnet diese Prozeduren in neun Kapiteln. Die Pflege der Klassifikation gestaltet sich schwierig, weil medizinische Prozeduren einem schnellen Wandel unterliegen. Neben der ICPM existieren detailliertere und universellere Formalisierungen, z. B. die *Nordic Operation List* (130 Kategorien), *SNOMED* oder die
ICD-9-CM Procedure Classification. In der *ICPM Dutch Extension* (*ICPMDE*)
wurden vierstellige Schlüssel auf sechs Stellen erweitert. Die ICPMDE wurde
ins deutsche übersetzt und 1992 als *ICPM German Extension* (*ICPMGE*) von
der *Friedrich-Wingert-Stiftung* (*FWS*) veröffentlicht. Seit 1994 werden deutsche
Fassungen der ICPM herausgegeben, deren Inhalte sich hauptsächlich auf Operationen beziehen. Die ICPM wird heute lediglich zu Abrechnungszwecken und
zur gesetzlichen Dokumentation angewendet. Eine Ausdehnung der Klassifikation auf sämtliche medizinische Verfahren könnte neue Anwendungen ermöglichen.

[DIMDI97*], [Graupner95]

Internationale Klassifikation für die medizinische Grundversorgung

Die *Internationale Klassifikation für die medizinische Grundversorgung* (*International Classification of Primary Care, ICPC*) wurde 1987 von H. Lamberts
und M. Wood vorgelegt und später von der *WONCA* (*World Organisation of
Family Doctors, WONCA Classification Committee*) veröffentlicht. Sie umfaßt
drei wichtige Elemente der medizinischen Grundversorgung (Primary Health
Care): Gründe für Beratung und Behandlung (Reasons for Encounter), Diagnosen und medizinische Probleme, sowie Maßnahmen während des Behandlungs-
prozesses. Seit 1993 ist die ICPC mit einem *Multi-Language Layer* ausgestattet
und in den Sprachen der zwölf Staaten der EU verfügbar.

Anatomical-Therapeutic-Chemical Classification System

Die ATC-Klassifikation (Anatomisch-Therapeutisch-Chemisch) ist ein fünfstufiges Klassifikationssystem für Arzneimittel. Das ATC-System wird zur Angabe von Indikationen verwendet. Die fünf Stufen umfassen:

1. anatomische Hauptgruppe

2. therapeutische Hauptgruppe

3. therapeutische Untergruppe

4. chemisch/therapeutische Untergruppe

5. Untergruppe für chemische Substanzen

weitere Klassifikationen

* *Internationale Klassifikation der Schädigungen, Fähigkeitsstörungen und Beeinträchtigungen*
  (*International Classification of Impairments, Disabilities, and Handicaps*)
* *Internationale Klassifikation psychischer Störungen*
* *Internationale Klassifikation der Krankheiten für die Onkologie*
  (*International Classification of Diseases for Oncology, ICD-O, ICDO*)

Zusammenfassung

Die zahlreichen Klassifikationen lassen hierarchische Sichtweisen auf medizinische Informationen erkennen. Die semantische Struktur dieser Hierarchien ist für Mediziner sicher eine Orientierungshilfe für die Formulierung von Eingaben und zur Interpretation von Ausgaben eines Systems. Ob diese Repräsentation des Wissens in konkreten Anwendungsszenarien geeignet ist, kann hier nicht geklärt werden und wird teilweise wahrscheinlich auch subjektiv bewertet. In jedem Fall aber ist die Herstellbarkeit dieser Sichten eine Integritätsbedingung eines "idealen" Modells (Qualitätsmerkmal).

2.4 Nomenklaturen

International Nonproprietary Names

Die *International Nonproprietary Names* (*INN*) werden von der WHO herausgegeben und in Arzneimittel-Dokumentationen wie die *Rote Liste* verwendet. Es handelt sich um eine Menge von Listen von derzeit 6567 (12/95) internationaler Vorzugsbezeichnungen für pharmazeutische Substanzen. Entsprechende Aktivitäten der WHO stellen sicher, daß jede pharmazeutische Substanz durch einen eindeutigen Namen identifizierbar ist. Jeder Listeneintrag enthält äquivalente Vorzugsbezeichnungen in verschiedenen Sprachen, sowie verschiedene Referenzen zu anderen Terminologien (z. B. nationale Vorzugsbezeichnungen, ISO, etc.). Außerdem enthält ein solcher Eintrag eine Molekülformel, sowie eine Registernummer des *Chemical Abstracts Service* (*CAS*), einer Enumeration aller chemischen Substanzen. Verschiedene Indizierungen ermöglichen eine effiziente Lokalisierung von Einträgen (z. B. Nachschlagen einer Bezeichnung durch eine CAS-Nr.).

[WHO97*]

Internationale Nomenklatur der Krankheiten

Die *Internationale Nomenklatur der Krankheiten* (*IND*) wurde von der WHO entwickelt und dient der Definition internationaler Vorzugsbezeichnungen. Sie sollte ursprünglich als terminologische Basis für die ICD-10 genutzt werden. Bisher wurden diese Standards jedoch separat weiterentwickelt. Zur terminologischen Standardisierung soll die IND soweit weiterentwickelt werden, daß sie für die ICD-11 nutzbar ist.

Unified Medical Language System

Das *Unified Medical Language System* (*UMLS*) dient der Integration und dem Retrieval elektronischer biomedizinischer Informationen aus verschiedenen Quellen und entstand aus zahlreichen Normen, Standards und anderen Wissensquellen. Ähnliche aber unterschiedlich formulierte Konzepte werden durch das System einheitlich erfaßt. Zu seinen Anwendungen gehört die Verknüpfung patientenorientierter Informationssysteme (*patient record systems*), Expertensystemen, sowie bibliographischen und Fakten-Datenbanken. Zu den Komponenten des UMLS gehört ein Metathesaurus mit Abbildungen in MeSH, ICD-9-CM, SNOMED, CPT und andere Systeme. Das UMLS brachte in den USA große Fortschritte zur Verbesserung der Kommunikation im Gesundheitswesen.

[MCIS97*]

Universal Medical Device Nomenclature System

Die *Nomenklatur für Medizinprodukte* (*Universal Medical Device Nomenclature System*, *UMDNS*) wurde in den USA zur Verschlüsselung von Medizinprodukten entwickelt (ECRI) und wird jährlich aktualisiert. Sie umfaßt sämtliche Medizinprodukte, einschließlich klinische Laborausstattungen und Krankenhaus-Informationssysteme. Eine deutschsprachige Ausgabe wird vom DIMDI im Auftrag des Bundesministeriums für Gesundheit veröffentlicht.

Die deutsche Fassung des UMDNS enthält ca. 5000 Begriffe, die in alphabetischer Reihenfolge aufgeführt sind. Dabei unterscheidet man *Hauptbegriffe* und *Synonyme*. Jedem Hauptbegriff ist ein alphanumerischer Code (*Universal Medical Device Code*, *UMDC*) zugeordnet. Hauptbegriffe können *Querverweise* auf andere relevante Begriffe enthalten (z. B. 'siehe auch spezifischere Begriffe', 'siehe verwandte Begriffe', 'verwende spezifischere Begriffe'). Eines der Ziele der Nomenklatur besteht in der Integration unterschiedlicher Vokabulare.

[DIMDI97*]

Medical Subject Headings

Der Thesaurus *Medical Subject Headings* (*MeSH*) wurde von der *National Library of Medicine* (*NLM*) entwickelt und wird jährlich aktualisiert. Er wird u. a. zur Indexierung medizinischer Literatur- und Faktendatenbanken eingesetzt (z. B. MEDLINE). Auch im *Unified Medical Language System* (*UMLS*) wird neben vielen Vokabularbausteinen auch MeSH verwendet. Die vom DIMDI übersetzte und herausgegebene deutsche MeSH-Ausgabe ist seit 1996 verfügbar und enthält einen Teil der amerikanischen Originalversion, sowie ca. 4500 zusätzliche deutsche Bezeichnungen. Der MeSH ist 'polyhierarchisch' strukturiert und gliedert sich in folgende Teile:

- *MeSH Tree Structures*   (systematischer Teil)
- *MeSH Annotated Alphabetic List*   (alphabetisches Verzeichnis)
- *Permuted MeSH*   (permutiertes Verzeichnis)
- *Textteil des MeSH*

Der systematische Teil enthält 15 Kategorien, die mit Buchstaben identifiziert werden (z. B. A: Anatomy, B: Organisms, C: Diseases, ...). Kategorien sind weiter in Subkategorien unterteilt. Der alphabetische Teil enthält *Hauptschlagwörter* (*Vorzugsbezeichnungen*, *main headings*, *controlled terms* (*CT*)) und *Synonyme* (*alternative Bezeichnungen*, *entry terms* (*ET*)). Jedes Synonym enthält einen Querverweis auf ein Hauptschlagwort. Hauptschlagwörter können *Zusatzbezeichnungen* (*subheadings*, *qualifier*) zur näheren Spezifizierung zugeordnet sein. Das permutierte Verzeichnis enthält Mehrwort-Bezeichnungen und ordnet Teilbegriffen Deskriptoren zu. Der Textteil der Originalversion enthält eine große Anzahl von Querverweisen auf relevante Zusatzinformationen. Der folgende Auszug aus dem systematischen Teil soll einen Eindruck von der hierarchischen Ordnung geben und enthält Codes und Vorzugsbezeichnungen.

```
A                           ANATOMIE
A1                          KORPERREGIONEN
A1.378                      EXTREMITATEN
A1.378.209                  ARM
A1.378.209.455              . HAND
A1.378.209.455.430          FINGER
A1.378.209.455.430.705      DAUMEN
```

Abbildung 2.8: Ausschnitt aus MeSH

[DIMDI97*]

Systematisierte Nomenklatur der Medizin

Die *Systematisierte Nomenklatur der Medizin* (*Systematized Nomenclature of Medicine, SNOMED*) erschien 1975 in einer Testversion in den USA und wurde 1984 von Friedrich Wingert ins deutsche übersetzt. SNOMED wurde zur Repräsentation klinischer Informationen entwickelt. Roger A. Côté, einer der Entwickler, bezeichnet SNOMED als eine 'mehrachsig' codierte medizinische Nomenklatur (*multiaxial coded medical nomenclature*). Sie besitzt eine mehrdimensionale Struktur, die medizinische Begriffe in sieben Dimensionen ordnet (T: Topographie, M: Morphologie, ...). Ein SNOMED-Code beginnt mit einem solchen Buchstaben und es folgen bis zu fünf alphanumerische Zeichen. SNOMED enthält 11 separate Module, sowie ca. 138000 Begriffe und Begriffs-Codes.

Eine Anwendung von SNOMED besteht in der Indizierung medizinischer Aufzeichnungen, einschließlich Symptomen, Diagnosen und Prozeduren. Das System ermöglicht (angeblich) die vollständige Integration sämtlicher medizinischer Informationen der elektronischen medizinischen Akte in einer einzigen Datenstruktur. SNOMED wird außerdem auch für wissenschaftliche Auswertungen von Datenbanken (z. B. Patienten-Datenbanken) eingesetzt. *SNOMED International* wird weltweit als Standard zur Indizierung medizinischer Aufzeichnungen akzeptiert und wurde in 13 Sprachen übersetzt.

[Côté96], [MCIS97*]

Zusammenfassung

Die beschriebenen Nomenklaturen und ihre Anwendungen sind terminologische Bezugsrahmen für externe Repräsentationen medizinischen Wissens. Wie auch bei den Klassifikationen werden die Einsatzmöglichkeiten einzelner Formalismen vom betrachteten Anwendungsszenario bestimmt. Fachspezifische Nomenklaturen können zur Erfassung und externen Darstellung eingesetzt werden, während übergreifende literaturdokumentarische Indizierungen wie die der NLM Verweise zu vertiefender Fachliteratur bereitstellen. Einen Mehrwert an Information könnte aus einer formalen Verknüpfung mehrerer Systematiken gewonnen werden, um alle Bereiche der medizinischen Versorgung in einer einheitlichen Informationsplattform im Sinne von Pharmatica zu erfassen.

2.5 Codier-Systeme

Codier-Systeme (*coding systems*, *coding schemes*) definieren Verschlüsselungen medizinischer Objekte. Es handelt sich i. a. eher um flache Enumerationen als um hierarchisch strukturierte, detaillierte Formalismen. In der medizinischen Dokumentation ist die Verschlüsselung gemäß bestimmter Codier-Systeme häufig zwingend und verbindlich. Die Codes werden meistens (ausgenommen komplexerer Ansätze wie HL7) für statistische oder Abrechnungszwecke eingesetzt.

Health Level 7

Health Level 7 (*HL7*) ist ein Standard für den elektronischen Datenaustausch im Gesundheitswesen und wurde 1987 definiert. Er erfaßt Formate und Protokolle zum Austausch ausgewählter medizinischer Informationen. HL7 bezieht sich dabei auf die obere Schicht des ISO OSI-Referenzmodells und ihre Nutzung zur Übertragung anwendungsbezogener Daten, zeitlicher Synchronisation und anwendungsübergreifende Kommunikation. In diesem Zusammenhang spricht man auch von abstrakten Nachrichten-Spezifikationen (*abstract message specification*). Zur Nutzung von HL7 mit TCP/IP wurden mehrere Protokolle für tiefere Schichten (*lower layer protocols*) als Zusatz zur HL7-Spezifikation definiert (*HL7 Implementation Guide*) und empfohlen.

Es existiert eine Interessengruppe (*Special Interest Group on Object Brokering Technologies*), die sich mit dem Einsatz von Object Brokern wie CORBA oder OLE zur Kommunikation mit HL7-Daten beschäftigt. Eine entsprechende Spezifikation (*Object Mapping Specification, OMS*) definiert eine Übersetzung von HL7-Protokollen in eine Menge von Objekten und Methoden. Ein von Rob Seliger entwickeltes abstraktes Kommunikationsmodell stellt eine Basis für spezifische Technologien wie CORBA, OLE oder OpenDoc dar. Es gibt bereits einige Toolkits zur Einbindung von HL7-Schnittstellen in höhere Programmiersprachen (z. B. *ProtoGenHL7*, C++, Universitätsklinikum Steglitz, Berlin; *I-mex*, C, Columbia Presbyterian Medical Center).

[MCIS97[*]]

National Drug Codes

Das System der *National Drug Codes* (*NDC*) wird bereits mehrfach in den USA eingesetzt und erfaßt Arzneimittel in ca. 170000 Codes (Ende 1995). Das System unterstützt keine Verknüpfungen zwischen Markenprodukten und Generika. Eine Organisation namens *Multum Information Services* stellt jedoch eine freie Datenbank (Access) zur Verfügung, welche NDC Codes in klinisch sinnvolle Kategorien abbildet.

[MCIS97[*]], [Multum97[*]]

Read Codes

Die *Read Codes* wurden in Großbritannien entwickelt und dienen dem Retrieval elektronischer Patientenakten. Es handelt sich um umfangreiche Listen von Bezeichnungen bzgl. Behandlungen. Jedem Begriff ist ein eindeutiger Read Code zugeordnet, welcher zur internen Repräsentation in klinischen Informationssystemen verwendet werden kann. Zu den Bereichen, die von den Read Codes erfaßt werden, gehören Anzeichen und Symptome, Diagnosen, Behandlungen und sonstige Therapien.

[MCIS97[*]]

LOINC

Laboratory Object Identifier and Numerical Code (*LOINC*) ist ein Codier-System für klinische Laboruntersuchungen. Die gleichnamige Datenbank enthält einheitliche Bezeichnungen und deren Codes. Eine der Anwendungen ist die elektronische Übertragung von Laborergebnissen in Kliniken. Dabei sollen die LOINC Codes lediglich Testresultate, aber keine Inhalte erfassen. Es existieren bereits Toolkits zur Übersetzung lokaler Codes in LOINC-Codes (z. B. *Regenstrief LOINC Mapping Assistant*, *RELMA*).

[MCIS97[*]]

Übersicht

ACR	Index for Radiological Diagnosis, Revised 3rd Edition
ATC	Anatomical-Therapeutic-Chemical Classification System
CAS	USAN 1990 and the USP dictionary of drug names, William M. Heller, Ph.D., Executive Editor. Available from United States Pharmacopeial Convention, Inc., 12601 Twinbrook Parkway, Rockville, MD 20852
CPT4	Current Procedural Terminology, American Medical Association, P O Box 10946, Chicago, IL 60610
DICOM	Digital Imaging and Communications in Medicine
Drug Codes	WHO, INTDIS, P O Box 26, S-751 03 Uppsele, Sweden
EUCLIDES	European standard for clinical laboratory data exchange, G. De Moor, M.D., Dept. of Medical Informatics 5K3, State University, Hospital Gent, De Pintelaan 185, B 9000 GENT, BELGIUM
FDA K10	Device Codes Device and analyte process codes, Dept. of Health & Human Services, FDA, Rockville, MD 20857
Home Health	Home Healthcare Classification System, Virginia Saba, EdD, RN, Georgetown U. School of Nursing, Washington DC
LOINC	Laboratory Object Identifier and Numerical Code
NDC	National drug codes, National Drug Code Directory, FDA, Rockville, MD
NIC	Nursing Interventions Classification, Iowa Intervention Project. U. of Iowa
Read	Clinical Classification of Medicine, James D. Read, MB, ChB, DRCOG, MRCGP, General Medical Practitioner, Park View Surgery, 26-28 Leicester Rd., Loughborough, Leicestershire LE11 2AG

2.6 Dokumentationen

Im Bereich der Verbreitung pharmazeutischer Fachinformationen existieren einige De-Facto-Standards. Dazu gehört die *Rote Liste*, ein jährlich aktualisiertes Verzeichnis für die ärztliche Praxis relevanter Fertigarzneimittel. Die *Grüne Liste* ist ein Verzeichnis diätischer Lebensmittel und dient der Aufstellung diagnosebezogener Diätpläne und Ernährungsempfehlungen. Zahlreiche große und kleine Softwarepakete werden vermarktet, welche die Inhalte solcher Listen digitalisiert verarbeiten und die unterschiedlichen Nachschlageprozeduren automatisieren. Mechanismen für den automatischen Update solcher Datenbestände auf globaler Ebene werden von diesen Systemen nicht unterstützt. Der Grund dafür liegt darin, daß mit jedem System unterschiedliche interne Repräsentationen verbunden sind und kein standardisiertes Austauschformat zum Austausch formalisierter Fachinformationen existiert.

2.6.1 Rote Liste

Der Bundesverband der Pharmazeutischen Industrie e. V. veröffentlicht jährlich die *Rote Liste*, ein Verzeichnis in Deutschland relevanter Fertigarzneimittel. Die Rote Liste 1997 umfaßt 9185 Einträge für Präparate, die von pharmazeutischen Unternehmern vertrieben werden. Laut Untersuchungen des Instituts für Medizinische Statistik umfaßt die Nachfrage von ca. 2000 Medikamenten ca. 90 % des Apothekenumsatzes.

Struktur

- Hauptgruppenverzeichnis
- Stichwortverzeichnis
- Verzeichnis chemischer Kurzbezeichnungen von Arzneistoffen
- Präparateteil   (Basisinformationen der Fertigarzneimittel)
- Zusammenstellung von Gegenanzeigen und Anwendungsbeschränkungen, Neben- und Wechselwirkungen
- Informationszentren für Vergiftungsfälle in der Bundesrepublik
- Überdosierung und Intoxikationen   (gezielte Erstbehandlung akuter Vergiftungen)
- Firmenverzeichnis

Kennziffer

Eine Kennziffer für ein Präparat hat die Folgende Form:

    KENNZIFFER   ::=   Hauptgruppe Präparat

Hauptgruppe   Nummer der Hauptgruppe

Präparat   Fortlaufende Präparate-Numerierung in der Hauptgruppe
                (beginnt mit 001)

Beispiel:

32 001

Stichwortverzeichnis

Ein Eintrag im Stichwortverzeichnis hat folgenden Aufbau:

STICHWORT_EINTRAG   ::=   *Stichwort* [ab *Kennziffer*]
                                 {s. *Verweis* ab *Kennziffer*}$^+$

Stichwort   Präparat-Kategorie

Kennziffer   Kennziffer, bestehend aus Hauptgruppe und Präparat-Nummer

Verweis   Querverweis

Beispiel:

Antiseptika
   s. Desinfizientia/Antiseptika ab 32 001

Alphabetisches Verzeichnis der Fertigarzneimittel

Ein Eintrag in diesem Verzeichnis hat die folgende Form:

AV_EINTRAG   ::=   *Kennziffer* [FS] *Bezeichnung Packungsgrößen*
                                        (*Hersteller*)

Kennziffer   Kennziffer, bestehend aus Hauptgruppe und Präparat-Nummer

FS   Für ein so gekennzeichnetes Präparat sind Fachinformationen
                im Fachinfo-Service des BPI gespeichert und als Texte laufend
                auf dem jeweiligen Stand der wissenschaftlichen Erkenntnisse
                angepaßt und zentral abrufbar.

Bezeichnung   Bezeichnung des Produkts

Packungs-   Darreichungsformen in entsprechender Einheit (Gewicht, An-
größen   zahl, ...)

Hersteller   Name des Herstellers

Beispiel:

05 578   **ABC-Pflaster** 1/2   (Beiersdorf)

Verzeichnis chemischer Kurzbezeichnungen von Arzneistoffen

Dieses Verzeichnis enthält gebräuchliche Kurzbezeichnungen (*International Nonproprietary Names*, *INN*, vorgeschlagene internationale Freinamen, *INNv*, sonstige) definierter organisch-chemischer Substanzen.

2.6.2 FachInfo

FachInfo ist die Bezeichnung einer CD-ROM, welche Informationen zu Fertigarzneimitteln von ca. 250 Herstellern enthält, die vom SRZ-Berlin im Auftrag der BPI Service GmbH erfaßt und gepflegt werden. Sie wird vierteljährlich als Gesamtpublikation des Fachinformationsbestands für Fachkreise (Ärzte, Apotheker) veröffentlicht. Die Fachinformationen müssen den Anforderungen des § 11a AMG entsprechen.

Retrieval

Der Zugriff auf einzelne Fachinformationen erfolgt über:

- Präparatenamen

- Firma

- Wirkstoffe (i. d. R. Monopräparate)

- Volltext-Suche   (Verknüpfungen: UND, ODER, NICHT)

Bezeichnung (Name, Wirkstoff)	Eigenschaften
Verschreibungsstatus/Apotekenpflicht	pharmakologische Eigenschaften
Zusammensetzung (arzneilich wirksame,	toxikologische Eigenschaften
wirksame, sonstige)	Pharmakokinetik
Anwendungsgebiete	Bioverfugbarkeit
Gegenanzeigen	sonstige Hinweise
Nebenwirkungen	Haltbarkeit
Wechselwirkungen	Lager- und Aufbewahrungshinweise
Warnhinweise	Darreichungsformen und Packungsgroßen
Inkompatibilitaten	Stand der Information
Dosierung	Hersteller (Name, Anschrift,)
Anwendung (Art, Dauer)	
Notfallmaßnahmen, Symptome und Gegenmittel	

Ein Präparat-Dokument enthält alle Informationen zu allen beteiligten Entities. Herstellernamen, -adressen, Wirkstoff-Angaben sind mehrfach vorhanden (Redundanz).

2.7 Sprachen

Arden

Die durch die *Arden Syntax* definierte Sprache dient der formalen Beschreibung medizinischen Wissens. Sie wurde vom Subkomittee E31.15 der ASTM als Standard übernommen. Das Wissen wird in abgeschlossenen logischen Modulen (*Medical Logic Module, MLM*) gekapselt. Ein solches Modul enthält genügend Logik für eine einzelne medizinische Entscheidung. MLMs werden von spezieller Software (*event monitor*) verarbeitet und generieren zu bestimmten Zeitpunkten Ratschläge oder Warnungen. MLMs sind unabhängig voneinander. Einige Institutionen entwickelten MLMs für spezielle Einsatzgebiete und Werkzeuge (z. B. Parser).

Ein MLM besteht aus vier funktionalen Komponenten: Kontext (*context*), Logik (*logic*), Handlung (*action*), Abbildung (*mapping*). Der Kontext-Teil bestimmt angemessene Zeitpunkte für die Aktivierung eines MLMs, die Datenspeicher sowie Schnittstellen zu anderen MLMs und Anwendungen. Der logische Teil enthält eine Menge medizinischer Kriterien oder Algorithmen und liefert eine Schlußfolgerung (*true, false*). Falls die Logik true ergibt, wird der Aktions-Teil ausgeführt. Dieser kann Nachrichten speichern, e-mails versenden und ebenfalls ein Ergebnis zurückliefern. Die in den MLMs verwendeten Begriffe müssen in lokale Datenbanken abgebildet werden. Die Arden Syntax verwendet einfache, C-ähnliche Datentypen sowie arithmetische und logische Operatoren.

[ASTM/E1460]

2.8 Projekte

SESAME

Ziel des EU-Projekts *SESAME* (*Standardization in Europe on Semantical Aspects of Medicine*) ist die Entwicklung von Standardisierungs-Rahmen in Europa unter Berücksichtigung europäischer und internationaler Aktivitäten (CEN, WHO, ISO, etc.). Im einzelnen beschäftigt man sich mit der Pflege, Übersetzung und Anpassung medizinischer Klassifikationen (ICD, ICPM, ICIDH, ICPC, INN, ICD-9-CM, Read CC, etc.), die bereits in einigen europäischen Staaten angewendet werden.

InterMED

Das Projekt *InterMED* (*Collaboratory Architecture for Distributed Clinical Information Processing*) ist ein Gemeinschaftsprojekt verschiedener amerikanischer Fachgesellschaften. Zu seinen Zielsetzungen gehören die Entwicklung von Vokabularen, Zugriff auf klinische Datenbestände sowie eine entsprechende Internet-Infrastruktur. Im Rahmen von InterMED arbeitet man auch an klinischen Informationssystemen mit Zugriff auf klinische Datenbank-Server unter Verwendung des WWW (technische Interoperabilität) und Vokabular-Server (*Medical Entities Dictionary, MED*) (konzeptionelle Interoperabilität). Auch der Zugriff auf externe Wissensbasen wird berücksichtigt.

GALEN

Die *Generalised Architecture for Languages, Encyclopaedias and Nomenclatures in Medicine* (*GALEN*) ist ein Forschungs- und Entwicklungs-Projekt zur Erarbeitung von Konzepten für klinische Informationssysteme und elektronische Patienten-Aufzeichnungen. Die Architektur ist als Grundlage für zukünftige Entwicklungen vorgesehen. Das Nachfolge-Projekt *GALEN-IN-USE* unterstützt und koordiniert die europaweite Entwicklung klinischer Klassifikationen, Terminologien und Sprachen. Ziel von GALEN-IN-USE ist die Entwicklung eines allgemeinen europäischen Referenzmodells für medizinische Prozeduren in Zusammenarbeit mit den EFCC.

GALEN basiert auf einem Modell der klinischen Terminologie (*model of clinical terminology*), welches durch eine formale Sprache repräsentiert wird. Zur Unterstützung verschiedener Verschlüsselungsverfahren arbeitet man an Methoden zur Konversion zwischen Codier-Systemen.

Das *GALEN Coding Reference Model* (*CORE*) erfaßt Strukturen und Inhalte klinischer Terminologien. Das Modell enthält elementare klinische Konzepte (Bsp.: 'Fraktur', 'Knochen') und deren Beziehungen (Bsp.: 'Frakturen können in Knochen auftreten'). Komplexere Konzepte können aus einfacheren zusammengesetzt werden. Formale Regeln definieren Methoden zur Konstruktion von Konzepten und Beziehungen. CORE ist sprachunabhängig: Informationen, die in einer bestimmten Sprache erfaßt wurden, können später in anderen Sprachen dargestellt werden. Das Modell isoliert medizinische Konzepte von natürlichen Bezeichnungen zu deren Referenzierung.

Die *GALEN Representation and Integration Language* (*GRAIL*) ist eine formale Sprache zur Formulierung von Konzepten und Beziehungen. Entsprechende Werkzeuge sind in Form eines *Konzept-Modells* (*Concept Model, CM*) implementiert. GRAIL ermöglicht die Nutzung bereits definierter Konzepte zur Definition neuer Konzepte.

Der *GALEN Terminology Server* (*TeS*) wurde als netzwerk-basiertes Software-System für den Mehr-Benutzer-Betrieb konzipiert und besteht aus drei Hauptmodulen: Concept Module, Multilingual Module, Code Conversion Module. Das *Code Conversion Module* (*CCM*) dient der Transformation von Codes zwischen unterschiedlichen Codier-Systemen. Das Modul soll die Funktion eines 'Dolmetschers' einnehmen.

TAMBIS

TAMBIS (Transparent Access to Multiple Biological Information Sources) ist ein Gemeinschaftsprojekt mit der Zielsetzung, eine einheitliche Schnittstelle zum Zugriff auf heterogene biomedizinische Informationsbestände über das Internet (WWW) bereitzustellen. Zur terminologischen Unterstützung ist der Einsatz von GRAIL (GALEN) vorgesehen.

2.9 Zusammenfassung

Die beschriebenen Formalismen, insbesondere Klassifikationen und Nomenklaturen, dienen in erster Linie einer einheitlichen Ordnung medizinischen Wissens. Allerdings besitzen die durch medizinische Klassifikationen gebildeten Schlüssel i. a. nicht die typischen Schlüsseleigenschaften, die für eine konsistente Datenmodellierung erforderlich sind. Ein Schlüssel der ICD identifiziert normalerweise eine Gruppe von Entities, nicht aber konkrete Entities selbst. Nach welchen Kriterien eine Klassifikation dabei bspw. Krankheiten als ähnlich betrachtet, ist vom Auswertungszweck abhängig. Der Informationsgehalt eines solchen Schlüssels ist i. a. nicht erschöpfend. Einzelne Parameter einer gemäß der ICD verschlüsselten Krankheit gehen bei der Verschlüsselung in Krankheitsgruppen verloren. Eine Diagnose 'Unterarmbruch rechts' wird bspw. mit S52.9 verschlüsselt, was in der ICD als 'Fraktur des Unterarmes' definiert ist. Die Information über die Seite des Bruches ist verloren gegangen.

Ob in diesem und allen anderen Fällen die verlorene Information tatsächlich ein Verlust ist, hängt vom Anwendungsszenario ab und muß von Medizinern entschieden werden. Gegebenenfalls könnte die ICD oder eine ihrer Spezialausgaben zur externen Repräsentation von Krankheiten herangezogen werden. Gehen bei der Verschlüsselung jedoch tatsächlich benötigte Informationen verloren, sollte eine Weiterentwicklung der Klassifikation zu einer Spezialausgabe in Erwägung gezogen werden. Die Abbildung der Familie der krankheits- und gesundheitsbezogenen Klassifikationen zeigt, daß dies bereits für viele Spezialgebiete gemacht wurde. In solchen Fällen sollte auf die Wahrung der Kompatibilität zu existierenden Klassifikationen (insbesondere die Familie der krankheits- und gesundheitsrelevanten Klassifikationen) geachtet werden, da sie nur dann zusammen eingesetzt werden können. Solche Aktivitäten werden vom DIMDI unterstützt. Projekte zur Klassifikationsentwicklung sollten mit dem DIMDI abgesprochen werden, das nur dann Vorhaben mit ähnlichen Zielsetzungen erkennen und koordinieren kann. Im ungünstigsten Fall erfordert ein Anwendungsszenario die Neuentwicklung einer geeigneten Klassifikation.

Die beschriebenen Normen und Standards insgesamt sind Schritte weg von natürlichsprachlichen Beschreibungen medizinischer Objekte und Prozeduren hin zu vollständigen Formalisierungen medizinischer Wissensgebiete. Welche Klassifikationen, Nomenklaturen oder sonstige Codierungen tatsächlich für ein konkretes Anwendungsszenario sinnvoll anwendbar sind, sollte im Einzelfall von Medizinern (Struktur, Inhalt) und Informatikern (Verschlüsselung) gemeinsam entschieden werden. Im Idealfall könnte jeder Benutzer eines pharmazeutischen Informationssystems seine persönliche Terminologie verwenden (und trotzdem noch mit anderen Medizinern kommunizieren).

3 Pharmazeutische Informationssysteme

Nahezu in allen Bereichen der Gesellschaft sind heute Informationssysteme zu finden, die vorhandene Informationsinfrastrukturen zur Produktion von Information und Kommunikation nutzen. Informationen werden in einzelnen Stellen unterschiedlicher Organisationen erfaßt oder aus verfügbaren Informationen berechnet und verweilen anschließend in mehr oder weniger großen Datenbeständen, die in regelmäßigen oder unregelmäßigen Abständen aktualisiert werden. Während ihrer Lebenszeit werden sie von vielen Stellen zur Durchführung von Aufgaben benötigt und über Kommunikationskanäle transportiert. Dabei durchlaufen sie i. a. heterogene Umgebungen und werden wiederholt in unterschiedliche Darstellungen transformiert.

Medizinische Informationssysteme sind in öffentlichen oder privaten Gesundheitseinrichtungen anzutreffen und basieren meistens auf größeren Datenbanksystemen. Je nach Einsatzbereich liegt ihr Schwerpunkt mehr in der administrativen Verwaltung oder in der ärztlichen Entscheidungsunterstützung. Obwohl diese konzeptuelle Trennung prinzipiell sinnvoll erscheint, gibt es teilweise starke Überschneidungen, insbesondere dann, wenn sich unterschiedliche Informationen (z. B. Versicherungsnummer, Medikation) auf dasselbe Objekt (z. B. Patient) beziehen. *Medizinische Datenbanksysteme* verwalten Datenbanken, die von medizinischen Informationssystemen genutzt werden. Naturwissenschaftliche Datenbanken sind meistens sehr groß und heterogen. Die Zusammenführung unterschiedlich strukturierter Datenquellen in einer einheitlichen Schnittstelle ist Voraussetzung für die Entwicklung leistungsfähiger Informationssysteme. Mit dem Internet steht heute eine globale Infrastruktur zur Verfügung, welche unabhängig von Betriebssystemplattformen und Netzwerkumgebungen ist.

Pharmazeutische Informationssysteme verarbeiten Informationen über Arzneimitteltherapien und können sowohl als Spezialisierung als auch als Subsysteme umfassenderer medizinischer Informationssysteme (z. B. Krankenhausinformationssysteme) verstanden werden. Im Mittelpunkt stehen Medikationen, die aus vielen Komponenten hierarchisch zusammengesetzt sind. Dazu gehören Indikationen, Dosierungen, Mittel, Stoffe und Wirkungen. *Arzneimittelinformationssysteme* dienen vorwiegend der pharmazeutischen Beratung und versorgen ihre Benutzer mit Arzneimittel- und Arzneistoffmonographien. In diesen Bereich fallen auch Informationssysteme, deren Funktionalität nicht über das Retrieval von Textdokumenten hinausgeht. Interpretiert werden die verarbeiteten Informationen vorwiegend von Menschen.

Die Verarbeitung pharmazeutischer Informationen erfordert geeignete Konzepte der *Wissensrepräsentation*. Einzelne Informationsobjekte müssen inhaltlich vergleichbar und maschinell kombinierbar sein. Deshalb ist die Leistungsfähigkeit eines pharmazeutischen Informationssystems primär durch die Strukturierung des zugrundeliegenden Datenmodells beschränkt. Eine Repräsentation von Expertenwissen erfordert eine formale Ordnung dieses Wissens und kann nur von Experten selbst entwickelt werden. Obwohl für Teilbereiche der Medizin bereits ausgereifte Systematisierungen existieren (z. B. ICD, CAS, ATC), wurden andere Bereiche bisher kaum oder gar nicht in einer Klassifikation geordnet. Dies gilt insbesondere für die Formalisierung medizinischer Wirkungen von Medikamenten.

Mit dem technischen Fortschritt haben Umfang und Komplexität medizinisch-pharmazeutischer Informationen stärker zugenommen, als die Nutzung moderner Informations- und Kommunikationstechnologien zu deren Verarbeitung. Medizinische Informationssysteme sind häufig auf reine *Information Retrieval Systeme* beschränkt, welche vorwiegend Textdokumente verarbeiten und diese nicht weiter inhaltlich zerlegen. Erst sehr wenige Informationssysteme sind verfügbar, die in der Lage sind, auf der Basis pharmazeutischer Informationen Medikationen auf unerwünschte Wirkungen zu prüfen oder in andere 'Arzneimittelräume' abzubilden. Neben dem Gesundheitsbewußtsein ist im Zuge der Gesundheitsreformen auch das Kostenbewußtsein im Gesundheitswesen stark gewachsen. Der Einsatz pharmazeutischer Informationssysteme kann zu einer effizienteren Arzneimittelversorgung beitragen, wenn aktuelle Informationen zu kostengünstigen, therapeutisch äquivalenten Präparat-Alternativen (z. B. Generika) bereitgestellt werden.

Nach einer Einordnung pharmazeutischer Informationssysteme in die Menge der medizinischen Systeme werden allgemeine Konzepte der Datenbanktechnologie (föderierte, aktive Datenbanken) typischen Ausprägungen medizinischer Datenbanksysteme (z. B. medizinische Literatur- und Faktendatenbanken) gegenübergestellt. Nach einer Darstellung ausgewählter Anwendungsszenarien werden anschließend Anforderungen an pharmazeutische Informationssysteme hergeleitet und mögliche Schnittstellen zu anderen Systemen beschrieben.

3.1 Einordnung

Informationssysteme

Ein *Informationssystem* ist ein informationsverarbeitendes System. Unter dem Teilbegriff *Information* versteht man i. a. darstellungsunabhängiges *Wissen*. Die Unabhängigkeit der Darstellung unterscheidet Informationen von *Daten*, welche man sich als Behälter für Informationen vorstellen kann. Auf der einen Seite können verschiedene Daten die gleiche Information enthalten, z. B. in verschiedenen Sprachen, und andererseits kann eine Daten-Einheit unterschiedlichen

Informationen zugeordnet, d. h. interpretiert werden. In der Betriebswirtschaftslehre fordert man zusätzlich eine *Zweckorientierung* des Wissens bzgl. einer optimalen Gestaltung des Handelns und definiert Information als "handlungsbestimmendes Wissen". Zu den Aufgaben eines Informationssystems gehören alle Formen der Verarbeitung von Informationen, d. h. ihre Erfassung, Speicherung, Übertragung, Darstellung, etc.. Je nach Einsatzgebiet liegt der Schwerpunkt auf dem Daten-, Kommunikations- oder Interaktions-Teilsystem des Informationssystems.

Das Zusammenspiel von Informationen und Daten erklärt interessante Zusammenhänge zwischen internen und externen Repräsentationen pharmazeutischen Wissens. Während Benutzer-Sichten und -Anfragen auf möglicherweise mehrdeutigen Daten basieren (Bsp.: Suchbegriffe: 'Cephadroxil', 'Cefadroxil'), kann die innere Konsistenz interner Darstellungen sowie die korrekte Auswertung komplexer Anfragen nur auf der Basis eindeutiger Informationen erreicht werden. An der Mensch-Maschine-Schnittstelle ist also eine *Interpretation* erforderlich.

Informationssysteme (i. w. S.) werden oft als soziotechnische Systeme verstanden, deren Elemente aus menschlichen und maschinellen Aufgabenträgern bestehen. Diese Systeme werden i. a. in zwei Subsysteme unterteilt. Das *zwischenmenschliche Informationssubsystem* einer Organisation wird unterschieden von ihrem *technischen Informationssubsystem*. Dies gilt insbesondere für *Krankenhausinformationssysteme*, Subsysteme von Umsystemen des Typs 'Krankenhaus', welche <u>alle</u> weiteren informationsverarbeitenden Subsysteme dieser Organisation umfassen.

Informationssysteme (i. e. S.) werden auch als Softwaresysteme verstanden, deren Elemente ebenfalls aus weiteren Subsystemen (z. B. Datenbanksysteme) und logischen Modulen (z. B. Medikationsprüfung) bestehen und idealerweise auf allgemein anerkannten Konzepten des *Software Engineering* (*Softwaretechnik*) basieren. Das Datenmodell eines Softwaresystems bildet ein Vokabular für Algorithmen und Schnittstellen zu anderen Systemen.

[Hasselbring96a], [Heinrich92]

Betriebliche Informationssysteme

In Wirtschaft und Verwaltung werden *betriebliche Informationssysteme* zur Lenkung (Planung, Überwachung, Steuerung) betrieblicher Abläufe eingesetzt. Aufbauend auf einer bestehenden *Informationsinfrastruktur* besteht die Aufgabe eines betrieblichen Informationssystems im wesentlichen in der *Produktion* von Information und Kommunikation. Ist ein Informationssystem selbst an der betrieblichen Leistungserstellung beteiligt, gehören auch in Form von Informationen erbrachte *Dienstleistungen* zu seinen Aufgaben. Im Vordergrund

tionen erbrachte *Dienstleistungen* zu seinen Aufgaben. Im Vordergrund steht i. a. die wirtschaftliche Unterstützung der strategischen Unternehmensziele.

Betriebliche Informationssysteme sind Gegenstand des betrieblichen *Informationsmanagements*, dessen generelles Sachziel sich auf das Leistungspotential der *Informationsfunktion* für die Erreichung der strategischen Unternehmensziele bezieht. Das in diesem Zusammenhang verbreitete *Systemdenken* betrachtet ein Unternehmen als *dynamisches* und *offenes* System, mit seiner Umwelt und seinen Komponenten. Das Formalziel besteht in der Wirtschaftlichkeit der Erreichung des Sachziels und ist durch *Nutzen-* und *Kostendenken* geprägt.

Die Modellierung betrieblicher Informationssysteme beinhaltet die Zerlegung von Organisationen in Objekte und Beziehungen. Dazu gehören menschliche und maschinelle Aufgabenträger und Informationsbeziehungen zwischen deren Aufgaben. Betriebliche Informationssysteme sollen in betriebliche Organisationen integriert sein und sowohl formale als auch informale Organisationsziele unterstützen. Moderne Entwicklungsmethoden setzen auf Integration und Wiederverwendbarkeit zur Verbesserung der Kosteneffektivität. Betriebliche Informationssysteme finden auch Anwendung in medizinischen Systemen (z. B. Arztpraxen).

[Ferstl94], [Heinrich92]

Medizinische Informationssysteme

In vielen Bereichen der Medizin werden heute verschiedene Arten von Informationssystemen eingesetzt. Ihre Anwendungen reichen von hochspezialisierten isolierten Problemlösungen für einzelne Institutionen bis hin zur ganzheitlich föderierten Kooperation heterogener Teilsysteme. Deshalb haben sich in der Medizin eine Reihe unterschiedlicher Konzepte und Bezeichnungen für medizinische Informationssysteme gebildet (z. B. *Krankenhausinformationssysteme*, *klinische Informationssysteme*). Die Verbreitung von Informations- und Kommunikationstechnologien im Gesundheitssektor erstreckt sich auf sämtliche medizinische Organisationen: Universitätskliniken, kommunale Krankenhäuser, niedergelassene Ärzte und Labors. Zu ihren Einsatzbereichen gehören Abrechnung, Logistik, EDI und fachspezifische Anwendungen.

Medizinische Informationssysteme sind Teilsysteme komplexerer Umsysteme (z. B. Krankenhaus), welche neben medizinischen Informationssystemen auch andere *medizinische Systeme* enthalten (z. B. Intensivstation, (Krankenhaus-) Apotheke). Der Wandel im Gesundheitswesen führt zu einem Bedarf an integrierten medizinischen Informationssystemen. Viele dieser Systeme nutzen die Dienste spezieller *Terminologie-Systeme* (*terminology system*). Diese kapseln Formalisierungen medizinischer Ordnungen wie Nomenklaturen oder Klassifikationen und stellen Anwendungen terminologische Dienste (*terminological services*) zur Verfügung. Medizinische Systeme können so auf hochspezialisierten, problemorientierten Formalismen basieren, welche von Terminologie-Systemen in andere Formalismen abgebildet werden können.

[Hasselbring96b], [IID97*], [Multum97*]

Arztpraxissysteme

Arztpraxissysteme sollen niedergelassene Ärzte und ihre Mitarbeiter von Routinearbeiten entlasten und auf diese Weise Zeit und Kosten einsparen. Zu ihren Aufgaben gehört die Stammdatenverwaltung (z. B. Kasse, ICD/Diagnosetexte), Patientenverwaltung (auch: Chipkarten-Systeme) sowie die medizinische Dokumentation. Häufig sind Arzneimittelinformationssysteme als Subsysteme in Arztpraxissysteme integriert, und stellen anwendungsbezogene Sichten (z. B. Rote Liste) auf Arzneimittelinformationen zur Verfügung.

Gründe für den Einsatz von Arztpraxissystemen liegen vorwiegend in der Zeitersparnis durch die Entlastung von Routinearbeiten, der normierten Dokumentation und der Transparenz der Kostenrechnung. Im Bereich der Arztpraxissysteme könnten umfassende Standardisierungen die Interoperabilität zwischen unterschiedlichen Systemen verbessern. Seit der Einführung der Patientenchipkarte in Deutschland (1995) nimmt die Verbreitung von Arztpraxissystemen stetig zu. Den Verbreitungsgrad schätzt man auf ca. 90 % (1996). Der Einsatz von EDI wird auf ca. 55 % geschätzt (1996). Auch die Anbindung an externe Online-Dienste (z. B. Literaturdatenbanken) wird zunehmend unterstützt.

[ChreMaSoft97*], [Duria97*], [IID97*]

Krankenhausinformationssysteme

Analog zu verbreiteten Definitionen betrieblicher Informationssysteme versteht man in der Literatur unter einem *Krankenhausinformationssystem* (*KIS, Hospital Information System, HIS*) "das gesamte informationsverarbeitende Teilsystem eines Krankenhauses". Weil eine Organisation wie ein Krankenhaus auf eine zwischenmenschliche, direkte Kommunikation nicht verzichten kann, unterscheidet man dieses Teilsystem von dem rechnergestützten Teilsystem (*RKIS*), in dem moderne Informations- und Kommunikationstechnologien eingesetzt werden. Als Teilsystem eines RKIS identifiziert man ein *Krankenhauskommunikationssystem* (*RKKS*), welches den "Austausch von Informationen zwischen den informationsspeichernden Teilsystemen eines RKIS" koordiniert.

Krankenhausinformationssysteme unterstützen alle medizinischen und auch alle nichtmedizinischen Bereiche eines Krankenhauses. Dazu gehören Administration und Management, Rechnungswesen und Controlling (*financial resource management*), sowie Medizin und Pflege (*clinical support*). Unter ihrem Etikett werden zahlreiche Branchenlösungen vermarktet, deren Anwendungsbereiche sich jedoch mehr auf die administrative Seite konzentrieren. Enger an medizinische Anwendungsszenarien gebunden sind *klinische Informationssysteme* (*Clinical Information System, CIS*). Sie werden oft als Komponenten übergeordneter Systeme entworfen, welche selbst aus mehreren Subsystemen zusammengesetzt sind. Dazu gehören spezielle Anwendungen einzelner Abteilungen, wie z. B. *Labor-, Radiologie-* und *Arzneimittel-Informationssysteme* ((*Laboratory | Radiology | Pharmacy*) *Information System*).

[Ehlers93], [Hasselbring96a], [Hasselbring96b], [ITWM97*]

Arzneimittelinformationssysteme

Zu den Aufgaben eines Arzneimittelinformationssystems gehört die Bereitstellung von Arzneimittel-Monographien, d. h. deren Erfassung, Speicherung, Retrieval, etc.. Die Verarbeitung pharmazeutischer Daten besteht in erster Linie in deren Transport. Interpretiert werden sie vorwiegend von Benutzern. Der Bezug zu externen Datenobjekten (z. B. Patienten, Medikationen) wird oft nicht unterstützt.

Beim Übergang volltext-orientierter Datenbankanwendungen zu pharmazeutischen Informationssystemen werden entscheidende Unterschiede sichtbar. Mit dem Vokabular einfacher Datenmodelle sind komplexere Probleme gar nicht erst formulierbar, weil sie eine wesentlich höhere Granularität von Informationseinheiten erfordern. In natürlicher Sprache beschriebene Arzneimittel-Wirkungen sind bspw. weder inhaltlich vergleichbar noch maschinell kombinierbar. Ein Auffinden von Wechselwirkungen kann mit einfachen Datenmodellen höchstens durch Volltext-Vergleiche von Begriffen simuliert werden.

[Baetcke96]

Pharmazeutische Informationssysteme

Unter einem *pharmazeutischen Informationssystem* (*PIS*) soll in diesem Text ein Informationssystem verstanden werden, welches pharmazeutische Informationen verarbeitet und in der Lage ist, auf diesen Informationen *analytische Berechnungen* (z. B. Vergleiche, Prüfungen, Abbildungen) durchzuführen, unter Einbeziehung medizinischen Wissens in Form von Objekten und Beziehungen.

Pharmazeutische Informationssysteme können als Subsysteme nicht näher spezifizierter medizinischer Informationssysteme verstanden werden, z. B. Krankenhausinformationssysteme oder Arztpraxissysteme. Ihre Funktionalität geht über die von Arzneimittelinformationssystemen hinaus. Zwar basieren die Aufgaben eines pharmazeutischen Informationssystems vorwiegend auf Arzneimittel-Informationen, jedoch sind die Nutzer dieser Informationen nicht auf menschliche Aufgabenträger beschränkt. Speziell Textdokumente sind i. a. nur durch Menschen, nicht aber maschinell interpretierbar. Existierende Arzneimittelinformationssysteme sind durch die Funktionalität allgemeiner *Information Retrieval Systeme* geprägt.

Neben dem erhöhten semantischen Niveau zeichnen sich pharmazeutische Informationssysteme auch durch eine allgemeine umfassende Sicht auf mediznisch-pharmazeutische Informationen aus. Diese Sicht entsteht aus rein arzneimittel- und wirkstoffbezogenen Sichten durch Abstraktion (Generalisierung). Allgemeine Mittel umfassen neben Arzneimitteln auch Nahrungs- und Genußmittel. Stoffe umfassen neben Arzneistoffen auch andere chemische Substanzen, welche Arzneimitteltherapien beeinflussen können. Diese Unterschiede sollen durch die Begriffswahl hervorgehoben werden.

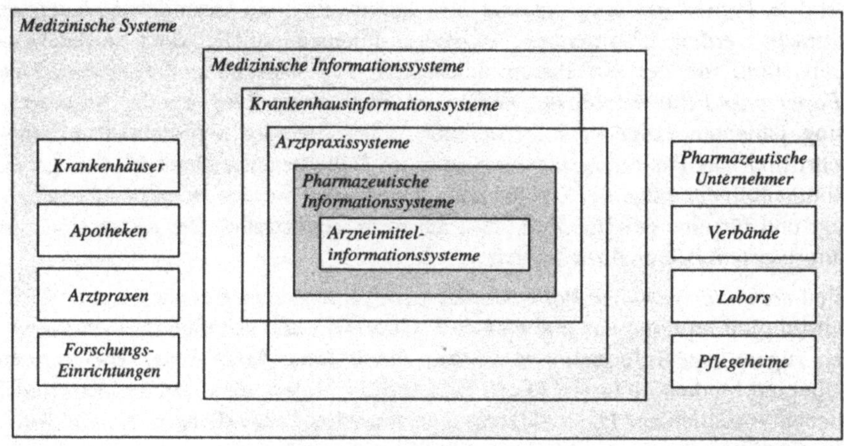

Abbildung 3.1: Medizinische Systeme

3.2 Gesundheitsakten

Medizinische Organisationen werden zunehmend mit neuen, umfangreicheren Anforderungen konfrontiert. Dazu gehören komplexe Regelsysteme zur Abrechnung, erweiterte Dokumentationspflichten, neue Kommunikationsformen und insgesamt ein höheres Informationsvolumen. In komplexen medizinischen Systemen schlägt sich dies in Form einer Neugestaltung der Finanzierung und eines detaillierteren Controlling nieder. Das Dokumentations- und Berichtswesen wird durch zahlreiche Verordnungen stärker reglementiert (z. B. Diagnose-/Operationsdokumentation, Datenübermittlung). Andererseits wachsen auch die Anforderungen an die Qualität der medizinischen Versorgung. Dazu gehört die

Disposition patientenbezogener Leistungen zur Verkürzung von Warte- und Behandlungszeiten, sowie die Verfügbarkeit medizinischer Dokumente an vielen Orten und damit auch der elektronische Transport.

Informationen über Patienten werden in zahlreichen Akten aufbewahrt, die in unterschiedlichen Formen dargestellt und bezeichnet werden. Die Formate und Inhalte dieser Akten sind vielfältig und kaum überschaubar. Im Rahmen von CORBAmed hat diese Vielfalt in eine Ordnung gebracht, die im folgenden zusammengefaßt wird.

Eine *Patientenakte (Patient Record, Patient Chart)* ist eine Sammlung aller einem Patienten zugeordneten gesundheitsrelevanten Daten, die von Medizinern ermittelt oder von Patienten angegeben wurden. Eine solche Akte wird vorwiegend in Papierform angelegt und dort aufbewahrt, wo Gesundheitsleistungen erbracht werden. Üblicherweise existieren unterschiedliche Akten für jede Organisation, mit der ein Patient interagiert. *Papiergebundene Patientenakten (Paper-based Patient Record, PPR)* sind die traditionelle Form der Aufbewahrung patientenbezogener Informationen. Diese werden typischerweise handschriftlich auf Papierbögen notiert oder als Dokumente anderer Medien (z. B. Röntgenbilder) eingefügt (eingeklebt). Die Bögen werden in einer Akte abgelegt und für eine gewisse Zeit (20 - 25 Jahre) aufbewahrt. Die Akten sind nur autorisiertem Personal zugänglich.

Eine *computer-gestützte Patientenakte (Computer-based Patient Record, CPR)* wird digital repräsentiert und elektronisch verarbeitet. Sämtliche einem Patienten zugeordnete Informationen werden durch diese Akten erfaßt und können beliebige Medien umfassen (Text, Bild, Audio, Video, etc.). Die Informationen dienen vor allem der Unterstützung medizinischer Behandlungen. Eine *elektronische Gesundheitsakte (Electronic Medical Record, EMR)* ist das digitale Abbild einer inhaltlich äquivalenten PPR. Ihre Inhalte können von denen von CPRs abweichen. *Langzeit-Patientenakten (Longitudinal Patient Record, LPR)* sind ebenfalls patientenbezogene Gesundheitsakten und sie bieten den Zugriff auf sämtliche relevanten Informationen, die zur Lebenszeit eines Patienten anfallen. Eine solche Akte ist ein Ideal und gegenwärtig nicht global realisierbar. Sie erfordert entweder die Sammlung aller patientenbezogenen Daten an einem zentralen Ort oder eine Sammlung von Verweisen auf diese.

Klinische Daten-Repositories (Clinical Data Repositories, CDR) beschreiben Strukturen klinischer Informationen. Sie enthalten neben den eigentlichen Daten auch Meta-Informationen. Sie unterstützen die Restrukturierung von Daten zwischen standardisierten Formaten und sichern die Identität von Datensätzen durch Verschlüsselung gemäß eines organisationsweiten Referenzsystems. Sie dienen auch der Überwachung von Integritätsbedingungen und Ablaufregeln.

Primäre CDRs (*Primary CDR*) sind zentral für den Anwendungsbereich eines CIS. Sie enthalten genau einen primären CPR für jeden Patienten, der mit der Organisation interagiert. In *Archiv-CDRs* (*Archival CDR*) werden alle inaktiven CPRs von Patienten aufbewahrt, die in einer Menge medizinischer Organisationen behandelt wurden. *Sekundäre CDRs* (*Secondary CDR*) enthalten ausschließlich abgeleitete CPRs und dienen vorwiegend nicht-klinischen Zwecken (z. B. Forschung, Statistik).

Computer-gestützte Patientenakten-Systeme (*Computer-based Patient Record System, CPRS*) basieren auf lokalen CDRs und dienen der Verarbeitung primärer CPRs. Sie werden i. a. dort eingesetzt, wo Behandlungen stattfinden. In ihren Bereich fallen auch Kommunikation und Verarbeitung (z. B. analytische Berechnungen). CPRS werden vorwiegend zur Unterstützung therapeutischer Entscheidungen eingesetzt. Sie können als Klasse medizinischer Informationssysteme verstanden werden, welche CPRs verarbeiten können.

3.3 Medizinische Datenbanksysteme

Literaturdatenbanken

Literaturdatenbanken enthalten bibliographische Angaben, Quellen, Schlüsselwörter und Kurzfassungen meist fachspezifischer Literatur. Teilweise werden auch Volltextartikel angeboten. Zu den wichtigsten medizinischen Literaturdatenbanken gehören *MEDLINE* (NLM, nordamerikanische Literatur) und *EMBASE* (europäische Literatur).

Faktendatenbanken

Faktendatenbanken enthalten aufbereitete fachspezifische Informationen aus unterschiedlichen Quellen (z. B. Bücher, Fachzeitschriften). Im Gegensatz zu Literaturdatenbanken sind sie auch inhaltlich strukturiert. Einträge in Faktendatenbanken bestehen aus Tupeln von Werten aus vorgegebenen Bereichen. Durch die Strukturierung nach fachspezifischen Kategorien sind auch komplexe Anfragen möglich, die über eine reine Stichwortsuche hinausgehen. Beispiele für medizinische Faktendatenbanken sind *ABDA* und *Micromedex*.

Naturwissenschaftliche Datenbanken

Wissenschaftliche Datenbanken werden vorwiegend in naturwissenschaftlichen Anwendungen aus Physik, Chemie und Biologie eingesetzt. Diese Datenbanken sind besonders durch ihren enormen Umfang gekennzeichnet. Eine Herausforderung für moderne Datenbanktechnologien ist das *Human Genome Project*, dessen ursprüngliches Ziel darin bestand, innerhalb von 15 Jahren die komplette DNA des Menschen zu erfassen.

Wissenschaftliche Informationen werden oft in heterogenen Datenbeständen in unterschiedlichen Strukturen und Schemata gehalten. Es existieren zahlreiche Sichten, Datenmodelle und -sprachen in verschiedenen DBMS. In der Molekular-Biologie finden heute z. B. verschiedene Erweiterung des ER-Modells, relationale und objektorientierte Modelle wie das Object-Protocol Model (OPM) Verwendung. Große Datenbanken wie die *Genome Data Base* (*GDB*) werden oft von relationalen DBMS verwaltet.

[Markowitz95], [Vossen94]

Medizinische Datenbanken

Der spezielle Charakter medizinischer Informationssysteme resultiert in erster Linie aus der starken Bedeutung untergeordneter Datenbanksysteme. In zahlreichen isolierten, hochspezialisierten Datenbanken finden sich in großen Mengen Informationen über medizinische Objekte und Verfahren, von Arzneistoffinformationen, Naturheilverfahren und umweltgefährdenden Substanzen bis hin zu Arzneimittelinteraktionen, Literaturhinweisen zu Wirkungen und Nebenwirkungen von Arzneimitteln oder 'potentiell' gefährlichen chemischen Substanzen.

Speziell Literatur- und Faktendatenbanken wie MEDLINE (ca. 8.5 Mio Zitate) und EMBASE (ca. 6.5 Mio Zitate) werden weltweit von Ärzten und Pharmazeuten genutzt. Umfassende Informationen über chemische und therapeutische Arzneistoff-Informationen bietet die Literaturdatenbank *CA* des Chemical Abstracts Service. Informationen zur Einführung neuer Arzneimittel sind über die Patentdatenbank *Inpadoc* und die Faktendatenbank *Drug-Launch* erhältlich. Für viele medizinische Wissensgebiete wurden kleinere spezialisierte Datenbanken entwickelt (z. B. BIOREP).

Es handelt sich dabei um 'rohe' Datenbestände, die vorwiegend zum Retrieval von Informationen genutzt werden. In Apotheken und Krankenhäusern werden entsprechende Informationssysteme zur Auffindung und Darstellung von Arzneimittel-Informationen verwendet. Geht die Nutzung nicht über Suche und Abruf hinaus, handelt es sich eher um ein einfach strukturiertes Informationssystem, welches mit relativ geringem Aufwand durch ein kommerzielles Datenbanksystem (z. B. ABDA, MEDLINE) und eine entsprechende Benutzeroberfläche realisiert werden kann. Online-Anbieter gehen dazu über, den Zugriff auf mehrere Datenbanken mit einer einheitlichen Benutzeroberfläche zu versehen.

[DIMDI97*]

Föderierte Datenbanksysteme

Ein *föderiertes Datenbanksystem* (*FDBS*) ist eine Sammlung kooperierender, autonomer und möglicherweise heterogener Komponent-Datenbanksysteme (*CDBS*). Bei den Komponenten handelt es sich um völlig eigenständige Systeme, die in unterschiedlichen Systemumgebungen mit individuellen Integritätsbedingungen und Sicherheitsanforderungen eingesetzt werden. Insbesondere sind auch die zugrundeliegenden Datenmodelle und -sprachen nicht identisch oder aufeinander abgestimmt. Trotz dieser Unterschiede weisen die Komponenten eine Reihe von Gemeinsamkeiten auf, weshalb man diese Klasse heterogener Systeme als föderierte Systeme bezeichnet. In großen Organisationen gibt es typischerweise viele Stellen mit unterschiedlichem Informationsbedarf und unterschiedlichen Datenbank-Sichten.

Die Komponenten eines FDBS gehören alle zu einer Organisation, welche eine gemeinsame Nutzung (*sharing*) der Datenbanken erfordert. Jedoch besitzt jedes CDBS jeweils sein individuelles Anwendungsprofil und muß den speziellen Anforderungen seiner Anwendung gerecht werden. Eine effiziente Nutzung der gemeinsamen Datenbestände erfordert eine globale Kontrolle, die in einer einzigen Architektur realisiert ist. Ein föderiertes Datenbanksystem muß für eine gemeinsame Datenbank-Nutzung sorgen, ohne die Integritätsbedingungen und Sicherheitsanforderungen seiner Komponenen zu verletzen. Die Komponenten eines FDBS stammen i. a. aus unterschiedlichen Generationen. Zu den in einem FDBS verwendeten Datenmodellen und -sprachen gehören also möglicherweise nicht nur moderne wie objektorientierte oder relationale, sondern auch veraltete wie Netzwerk- oder sogar hierarchische Modelle.

Zu den Anforderungen an föderierte Datenbanksysteme gehört der transparente Zugriff auf heterogene Datenbanken, lokale Autonomie der Datenbanken (*Entwurfsautonomie*), sowie die Unterstützung unterschiedlicher Modelle und Sprachen (multimodel, multilingual capabilities). Außerdem fordert man effiziente Zugriffs- und Kontrollmechanismen. Föderierte Datenbanksysteme werden in der Literatur auch als *Multidatenbanksysteme* bezeichnet, das Zusammenspiel der Komponenten auch als *Interoperabilität* heterogener Systeme. Der Prozeß der Herstellung dieser Interoperabilität wird oft als *Integration* bezeichnet. Diese Bezeichnung ist nicht unumstritten. Streng genommen handelt es sich dabei nicht um Integration, weil die einzelnen Systeme nicht zu einem abgeschlossenen homogenen Ganzen kombiniert werden, sondern weiterhin autonom bleiben.

[Hasselbrıng96b], [Hsıao92a]

Aktive Datenbanksysteme

Aktive Datenbankmanagementsysteme (*ADBMS*) sind in der Lage, automatisch auf Situationen in und um der Datenbank zu reagieren. Sie stellen eine Erweiterung passiver DBMS dar und erlauben die Spezifikation und Implementation von reaktivem Verhalten. Das Verhalten eines ADBMS wird mit sogenannten *ECA-Regeln* (*event, condition, action*) modelliert. Beim Eintritt eines entsprechenden Ereignisses wird für eine betroffene Regel deren Bedingung geprüft, und falls diese gegeben ist, wird die angegebene Aktion ausgeführt. Ist eine Menge solcher Regeln definiert (*Regelbasis*), werden die relevanten Ereignise vom ADBMS überwacht. Es *erkennt* das Auftreten relevanter Ereignisse und benachrichtigt die für die Regel-Ausführung verantwortliche Komponente (*Signalisierung*). Alle Regeln, die für das Ereignis definiert sind, werden ausgelöst (*trigger, fire*) und müssen ausgeführt werden. Eine Regelausführung beinhaltet die Evaluation der Bedingung und gegebenenfalls die Ausführung der Aktion.

Ereignisse können einfach oder zusammengesetzt sein. *Primitive Ereignisse* entsprechen elementaren Vorfällen und können direkt auf einen Zeitpunkt abgebildet werden, der durch das DBMS (z.B. Daten-Modifikation, Erfassung von Medikationen) oder durch seine Umwelt (z.B. absolute Zeitpunkte, 10:00 Uhr) bestimmt wird. *Zusammengesetzte Ereignisse* werden als Kombination anderer einfacher oder zusammengesetzter Ereignisse definiert, unter Verwendung einer Menge von Ereignis-Konstruktoren (*event constructors*) wie Disjunktion, Konjunktion, etc.. Zusammengesetzte Ereignisse werden auf einen Zeitpunkt abgebildet, der auf der Information der Zusammensetzung basiert, z.B. der Zeitpunkt des Auftretens der letzten Komponente.

Als Anwendung in medizinischen Informationssystemen sind z. B. externe Updates denkbar: aktuelle Informationen, Meldungen von medizinischen Organisationen, Rückrufe, Studien etc.. Gegenwärtig werden Medikationen in Papierform erfaßt (z. B. Verordnungsbögen). Geht man von einer elektronischen Erfassung aus, könnte eine automatische Prüfung dem behandelnden Arzt ein unmittelbares Feedback bereitstellen. In einzelnen medizinischen Systemen sind weitere Anwendungen reaktiven Verhaltens denkbar.

[Dittrich95], [Paton95]

Information Retrieval Systeme

Das Gebiet des *Information Retrieval* wurde ursprünglich zum Auffinden wissenschaftlicher Literatur entwickelt. Inzwischen haben sich Inhalte und Aufgabenstellungen erweitert. *Information Retrieval Systeme* berücksichtigen insbesondere auch 'vage' Anfragen und unsicheres Wissen. Ihre zentrale Aufgabe besteht darin, aus einer Menge von Dokumenten möglichst viele relevante (bzgl. einer Benutzer-Eingabe) und möglichst wenige nicht relevante zu bestimmen.

MEDLINE ist ein Beispiel für ein komplexes Online Retrieval System. Gegenstand des *Data Mining* (*Knowledge Discovery in Databases*) sind automatisierte Verfahren zum Auffinden von Regelmäßigkeiten in größeren Datenbeständen (*Machine Learning*) und deren Nutzbarmachung.

Information Retrieval Systeme basieren wesentlich auf großen Faktendatenbanken. Der Nutzen von Faktendatenbanken ist größer, wenn das dargestellte Wissen selbst systematisch geordnet ist. Zu den Inhalten der Datenbanken gehören Repräsentationen großer Mengen von Objekten. Suchanfragen bestimmen Bedingungen über solchen Repräsentationen und beinhalten Vergleiche verschiedener Repräsentationen. Dabei sollen letztendlich Dokumente gefunden werden, über die nur begrenzte semantische Informationen elektronisch verfügbar sind.

Das *Boolesche Retrieval* ist eine verbreitete Form des Information Retrieval und ermöglicht die Formulierung einfacher logischer Bedingungen über Dokumentattributen. Dabei werden Attribut-Wert-Paare durch logische Operatoren (AND, OR, NOT) verknüpft. In vielen Booleschen Systemen sind Attribute mathematisch geordnet und vergleichbar (z. B. Jahreszahlen) oder durch reguläre Ausdrücke beschreibbar (z. B. Wildcards, Pattern). Die Mächtigkeit dieser Verfahren ist im wesentlichen durch die Referenzierbarkeit der Attribute beschränkt.

Zu den Attributen von Textdokumenten gehören *Terme*, die in einem Text auftreten können. Neuere Verfahren des Information Retrieval zielen darauf ab, von der syntaktischen Vielfalt von Termen zu abstrahieren (z. B. Singular, Plural). Die *Trunkierung* von Termen durch Muster von Zeichenketten ist ein Hilfsmittel zur Abstraktion, das jedoch bei Unregelmäßigkeiten natürlicher Sprache versagt (z. B. 'mouse', 'mice').

Die Informationrecherche mit Termen wirft u. a. zwei Probleme auf. Bei mehrdeutigen Wortformen (*Polysemie*) ist ein Bezug zu einem eindeutigen Inhalt ohne zusätzliche Konstrukte nicht herstellbar. Werden gleiche Objekte mit verschiedenen Begriffen bezeichnet (*Synonymie*), ist für Vergleiche ebenfalls externes Wissen erforderlich. Deshalb enthalten Information Retrieval Systeme i. a. zusätzliche Komponenten (z. B. Synonymlexika, Nomenklaturen, INN) zur Lösung dieser Probleme.

[Ferber96] , [Rijsbergen79], [Rowley96]

Wissensrepräsentation

Konzepte der *Wissensrepräsentation* (*Knowledge Representation, KR*) dienen der Modellierung von Wissen aus beliebigen Gebieten. Dabei handelt es sich oft um fachspezifisches Expertenwissen. Ein wohldefinierter Ausschnitt der realen Welt wird in seine Bestandteile zerlegt, Objekte und Beziehungen. Bei diesem Prozeß werden wesentliche Merkmale von Objekten identifiziert und unwichtige vernachlässigt. Aufbauend auf einem solchen Modell besteht die Nutzung von Wissensbasen darin, Entscheidungen zu unterstützen, Fragen zu beantworten und automatisch Schlußfolgerungen zu generieren.

Die inhaltliche Vergleichbarkeit elektronischer Informationen ist in erster Linie eine Frage der Wissensrepräsentation. Es wurden mehrere Verfahren aus unterschiedlichen Disziplinen entwickelt, um diese Vergleichbarkeit zu verbessern. Bei wortorientierten Verfahren aus der Computerlinguistik versteht man Terme als Instanzen eines Wortes und faßt alle Formen eines Wortes zu einer Gruppe zusammen. Entsprechende Parser bilden Terme in ihre Gruppe ab (Grundformreduktion: Substantiv in Nominativ singular, Verb in Infinitiv, Stammformreduktion: gemeinsamer Stamm, z. B. 'finden', 'gefundenes'). Wortorientierte Verfahren erfassen fachspezifisches Wissen nur ausschnittsweise und stellen keine Lösung des Polysemie-Problems dar.

Allgemeinere Ansätze von Wissensrepräsentationen für das Information Retrieval basieren auf komplexeren Wissensstrukturen (z. B. semantische Netze) und stammen oft aus dem Bereich der Künstlichen Intelligenz. Dabei handelt es sich bisher vorwiegend um experimentelle Systeme. Sie beinhalten meistens sehr große Wissensbasen mit hohen Konsistenzanforderungen. Die Erfassung und Wartung dieser Datenbestände ist bisher nicht effizient automatisierbar (z. B. automatisches Extrahieren von Wissen aus Textdokumenten).

Ein vielversprechender Ansatz zur Wissensrepräsentation ist Nutzung verfügbarer Klassifikationen zur Ordnung des Wissens. Bereits in vielen Wissensgebieten erleichtern Klassifikationen die menschliche Orientierung und stellen gleichzeitig eine formale (i. a. hierarchische) Strukturierung dar. Eine Menge von Klassifikationen läßt sich als Menge von Bäumen (Wald) auffassen, wenn man auf Mehrfachvererbung verzichtet und nur disjunkte Gruppierungen zuläßt. In einem solchen Modell können komplexe Beziehungen zwischen beliebigen Knoten möglicherweise unterschiedlicher Bäume definiert werden. Inneren Knoten können Fakten zugewiesen werden, die für eine ganze Gruppe von Objekten gelten. Fakten über eine Gruppe (z. B. Antibiotika) müssen nicht für jedes Element dieser Gruppe wiederholt werden. Klassifikationen erlauben daher eine kompakte, konsistente Darstellung von Wissensgebieten.

[Ferber96], [Rowley96]

3.4 Anwendungsszenarien

Arzneimittel-Monographien enthalten medizinische und pharmakologische Informationen, die ein Arzt für therapeutische Entscheidungen benötigt. Der Prozeß der Nutzung verfügbarer Informationsbestände kann in mehreren Phasen gesehen werden. Zunächst muß die gesuchte Monographie lokalisiert werden (z. B. Nachschlagen, Abruf). Nach dem Lesen der relevanten Beschreibungen in teilweise natürlicher Sprache nutzt der Arzt sein Fachwissen zur Beurteilung der Monographie für therapeutische Entscheidungen. Erst in der letzten Phase (nach dem Lesen) kann der Arzt Standard-Situationen erkennen, die immer wieder auftreten und die konstante Entscheidungen nach sich ziehen.

Medikationsanalyse

Solange Wirkungen von Medikationen nicht vollständig berechenbar sind, kann ein pharmazeutisches Informationssystem nur Entscheidungsunterstützung für die Beurteilung von Chancen oder Risiken von Medikationen leisten. *Medikationsanalyse* stellt nach wohldefinierten Kriterien fest, ob eine Medikation manuell von einem Arzt validiert werden muß. Zu den Zielen solcher Prüfungen gehört die Einschränkung einer großen Menge anfallender Medikationen auf eine Teilmenge von Medikationen, die ärztlicher Aufmerksamkeit bedürfen. Die Prüfung einer Medikation kann in mehrere Teilprüfungen zerlegt werden. Neben einfachen Tests auf bestimmte Nebenwirkungen unterstützen heutige Systeme auch das Auffinden von Interaktionen. Interaktions-Monographien referenzieren die jeweils beteiligten Arzneistoffe bzw. -Gruppen. Damit ist die Verbindung zwischen Arzneimitteln und Wechselwirkungen herstellbar.

Ein großer Teil der Entscheidungen kann automatisiert durchgeführt werden, wenn häufige Medikationen von Benutzern einmalig als 'korrekt' oder 'unbedenklich' markierbar sind. Ein solches Konzept erfordert die Definition von Parameterräumen (z. B. Anwendungshäufigkeit: min, max), welche Mengen korrekter Medikationen beschreiben. Entsprechend können auch Mengen kritischer Medikationen beschrieben werden, die eine Anzeige erzwingen (z. B. wenn bestimmte Wirkstoffe in lebensgefährlichen Dosen verordnet sind). Eine Prüfung könnte gefundene Arzneimittel-Interaktionen mit einem Mitgliedstest einer Medikation in den definierten Mengen kombinieren.

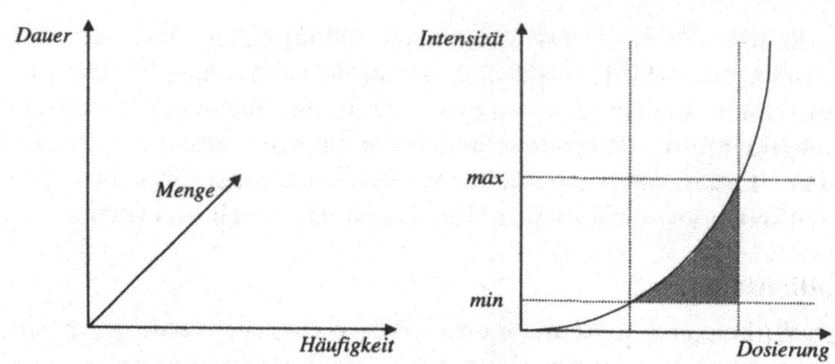

Abbildung 3.2: Parameterraume fur Dosierungen und Wirkungen

Medikationsabbildung

Krankenhausapotheken verfügen normalerweise über einen eigenen Vorrat an Medikamenten. Patienten, die langfristig bestimmte Präparate benötigen, müssen mit diesem Vorrat versorgt werden. Bei der Einlieferung ist deshalb eine Umstellung von der Menge der vom Patienten benötigten auf eine Menge verfügbarer Präparate notwendig. Dazu muß eine Ersatz-Medikation bestimmt werden, die therapeutisch äquivalent zu der ursprünglichen Medikation ist. Die neue Kombination muß ggf. zusätzlich auf Verträglichkeit geprüft werden.

Eine *Medikationsabbildung* ist eine funktionale Abbildung, die einer gegebenen Eingabe-Medikation eine therapeutisch äquivalente Ausgabe-Medikation zuordnet. Eine Eingabe-Medikation kann im Idealfall eine beliebige Medikation sein. Eine Ausgabe-Medikation enthält nur Arzneimittel, die in einer Krankenhausapotheke verfügbar sind. Auf der Ebene der Arzneimittel bestimmt eine *Ähnlichkeitsprüfung* die therapeutische Äquivalenz.

Zu einer gegebenen Eingabe-Medikation gibt es möglicherweise nicht nur eine sinnvolle Abbildung. Ein pharmazeutisches Informationssystem sollte alle äquivalenten Kombinationen finden und nach benutzerdefinierten Kriterien sinnvoll einschränken. Für eine benutzergerechte Darstellung dieser Ergebnisse müssen Medikationen nach verschiedenen Kriterien vergleichbar sein. Ein qualitativer Vergleich könnte bspw. Art und Intensität medizinischer Wirkungen berücksichtigen. Je nach Formalisierungsgrad der referenzierten Informationen können auch Vergleichskriterien komplexer werden.

Eine Medikationsabbildung kann auf einen Vergleich medizinischer Wirkungen von Arzneimitteln zurückgeführt werden, wenn eine hinreichend strukturierte Klassifikation von Wirkungen verfügbar ist. Ein solcher Vergleich ist nur dann automatisierbar, wenn Wirkungen durch semantisch gehaltvolle Strukturen dargestellt werden können. Im Rahmen einer Medikationsabbildung könnte dann die therapeutische Äquivalenz zweier Arzneimittel auf die Äquivalenz

die therapeutische Äquivalenz zweier Arzneimittel auf die Äquivalenz ihrer (arzneilichen) Wirkungen zurückgeführt werden. Unterscheidet man zwischen Wirkungsarten (Spezialisierungen), erscheint es sinnvoll, für Ersatz-Medikationen zusätzlich ein 'Minimum' an Neben- und Wechselwirkungen zu fordern. Dies erfordert die Vergleichbarkeit von Wirkungen bzgl. Minimalität. Die automatische Berechnung einer *optimalen* Ersatz-Medikation würde jedoch voraussetzen, daß sämtliche medizinischen Entscheidungen berechenbar sind.

3.5 Anforderungen

Die Aufgaben eines pharmazeutischen Informationssystems beinhalten die Aufgaben von Arzneimittelinformationssystemen. Es gibt jedoch Arzneimittelinformationssysteme, deren Funktionalität ausschließlich auf dem Retrieval von Textdokumenten beruht. Ein pharmazeutisches Informationssystem muß Informationen über Arzneimittel und deren Bestandteile darstellen und interpretieren. Die Leistungsfähigkeit solcher Systeme ist abhängig von dem Grad der Formalisierung des verarbeiteten Wissens. Die Formalisierung selbst erfordert entsprechende Klassifikationen. Sowohl Arzneimittel als auch Wirkstoffe müssen intern und extern eindeutig identifizierbar sein. Idealerweise sollten externe Repräsentationen benutzerorientiert gestaltet sein und auch Sichten für z. B. Patienten enthalten.

Aufbauend auf verfügbaren Arzneimittel- und Wirkstoff-Informationen muß ein pharmazeutisches Informationssystem Aufgaben unterstützen, die in typischen Anwendungsszenarien anfallen. Dazu gehören insbesondere Aufgaben einer Krankenhaus-Apotheke, und damit Informationen über Medikationen einzelner Patienten. Dies beinhaltet implizit die Darstellung von Indikationen, Dosierungen und arzneilichen Wirkungen, sowie von Beziehungen zwischen diesen Objekten.

Die hierarchische Darstellung von Medikationen und ihren Komponenten ist die Grundlage für die Definition von Beziehungen zwischen unterschiedlichen Objekten. Ein pharmazeutisches Informationssystem muß eine konsistente und auch effiziente Verwaltung von Beziehungen unterstützen. Die Prüfung einer Medikation auf Wechselwirkungen besteht im wesentlichen aus dem Auffinden von relevanten Beziehungen zwischen Arzneimittel-Objekten. Für medizinische Wirkungen sind unterschiedliche Beziehungstypen denkbar (z. B. Gegenteiligkeit, Verstärkung).

Die beschriebenen Aufgaben beziehen sich vorwiegend auf das Datenbank-Teilsystem bzw. das Datenmodell eines pharmazeutischen Informationssystems. Objekte und Beziehungen bilden ein internes Vokabular für analytische Berechnungen. Ein pharmazeutisches Informationssystem muß zur Durchführung analytischer Berechnungen in der Lage sein.

Strukturierung

In betrieblichen Informationssystemen sind detaillierte Zerlegungen oft nicht zwingend. Die verarbeiteten Informationen sind z. B. in Warenwirtschaftssystemen von sehr einfacher Natur. In komplexeren Systemen, z. B. solchen aus der Netzplantechnik, können Standard-Modelle aus der Informatik (z. B. aus der Graphentheorie) an die jeweiligen Anforderungen angepaßt werden. Haben ungenaue Modellierungen Performance-Verluste zur Folge, so ist ein Ausgleich durch technische Aufrüstungen oft billiger als eine aufwendigere Modellierung. Wirtschaftlichkeit wirkt sich teilweise auch auf die Modellierung aus.

An konkreten Entwurfsentscheidungen sind sowohl informations- als auch strukturunvollständige Abbildungen realer Objekte zu beobachten. Es soll EDI-Nachrichtenformate zur Erfassung von Personendaten geben, in denen ein Datum durch zweiziffrige Jahreszahlen dargestellt und genau 15 Einträge für die Namen der Kinder reserviert sind. Die Nutzbarkeit eines Informationssystems wird durch solche Modellierungsnachlässigkeiten jedoch oft nicht direkt gefährdet.

In pharmazeutischen Informationssystemen bestimmt der Strukturierungsgrad wesentlich die Nutzbarkeit des Systems. In vielen Arzneimittel-Datenbanken ist die Komplexität von Anfragen begrenzt, so daß nicht jedes Problem als Anfrage formuliert werden kann. Funktionen wie eine automatische Medikationsprüfung erfordern einen besonders hohen Strukturierungsgrad und sind u. a. aus diesem Grunde auf volltext-orientierten Informationsbeständen (z. B. *FachInfo*) nicht durchführbar. Weil Auswirkungen von Softwarefehlern gravierendere Auswirkungen haben können, werden an diese Systeme wesentlich höhere Erwartungen herangetragen. Verfahren der Software-Validierung (z. B. Verifikation) wurden nicht zuletzt durch medizinische Anwendungen gefördert.

Information

Information im funktionalen Sinne ('informieren') ist eine Aufgabe, die i. a. nur schwer zu konzeptualisieren ist. Speziell für Arzneimittelinformationssysteme sind jedoch gesetzlich verankerte und an der Apothekenpraxis orientierte Leit- und Richtlinien verfügbar, welche die bereitzustellenden Informationen zumindest ansatzweise spezifizieren. Geht man davon aus, daß ein pharmazeutisches Informationssystem direkt auf einem Datenbanksystem aufsetzt, gelten solche Anforderungen auch für pharmazeutische Informationssysteme.

Die Apothekenbetriebsordnung (*ApBetrO*) bildet die Rechtsgrundlage für die pharmazeutische Beratung in Apotheken. Während Zweck, Inhalt und Umfang der Informatisierung durch die Verordnung geregelt wird, bleibt die Auswahl der verwendeten Informationsmittel und -quellen davon unberührt. Arzneimittelinformationssysteme unterliegen keinen speziellen Normen oder Standards. Zur Sicherung der Qualität dieser Systeme entwickelte die Fachgruppe Arzneimittelinformation der *Arbeitsgemeinschaft für Pharmazeutische Verfahrenstechnik* (*APV*, e. V.) in Zusammenarbeit mit ABDATA eine Leitlinie in Form eines Anwendungsprofils für Arzneimittelinformationssysteme. Dabei bezieht man sich vor allem auf Aktualität, inhaltliche Vollständigkeit und Zugänglichkeit von Arzneimittel-Daten. Die Interpretation dieser Daten wird jedoch ausschließlich dem Apotheker überlassen.

Das Anforderungsprofil basiert auf einem Abaufplan, der die logische Abfolge des Informationsbedarfs bei der Arzneimittelabgabe vor Ort (*point of sale*) und zu Beginn eines Beratungsgesprächs systematisiert. Ausgangspunkt ist die *Erstinformation*, welche sowohl über die sogenannte *Pharmazentralnummer* (*PZN*, z. B. über Barcode) abrufbar als auch über Suchmechanismen (z. B. über Handelsnamen) auffindbar sein sollte. Die empfohlene Erstinformation umfaßt 9 Angaben, deren Auswahl an der Informationspflicht des Apothekers orientiert ist. Dazu gehört neben Fachinformationen zu Fertigarzneimitteln auch das Ergebnis eines (wahlweise automatisierbaren) Interaktionschecks. Auch aktuelle Informationen sowie Versionen und Aktualisierungsdaten sollten verfügbar sein.

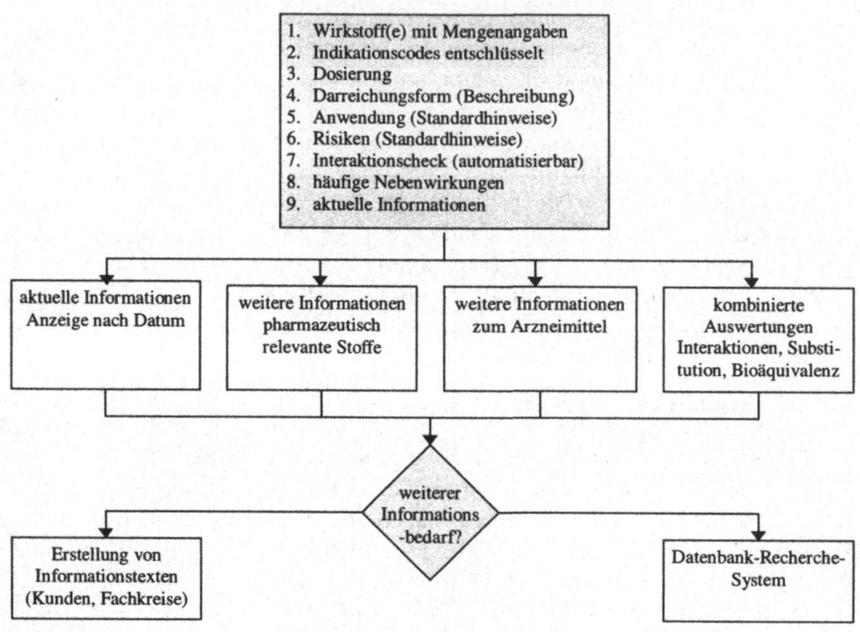

Abbildung 3.3: APV-Ablaufplan

[ApBetrO95], [Baetcke96]

Integrierbarkeit

Pharmazeutische Informationssysteme werden i. a. nicht isoliert eingesetzt, sondern sind mehr oder weniger in ein Umsystem integriert. Dazu gehören betriebliche und medizinische Informationssysteme (z. B. Warenwirtschaftssysteme, Krankenhausinformationssysteme), sowie allgemeine medizinische Systeme (z. B. Apotheken). Pharmazeutische Informationssysteme sollten deshalb über offene und standardisierte Schnittstellen verfügen, um in das jeweilige Umsystem und seine Arbeitsabläufe integriert werden zu können. Gegebenenfalls müssen auch die Arbeitsläufe selbst überdacht werden (*Process Reengineering*).

Skalierbarkeit

Die Integration pharmazeutischer Informationssysteme erfordert deren Anpassung an das jeweilige Umsystem. Es sind unterschiedliche Umsysteme denkbar, deren Systemkomponenten unterschiedliche Gewichtungen zugeordnet sind.

Ein pharmazeutisches Informationssystem sollte Mechanismen bereitstellen, die Einfluß auf die Lastverteilung zwischen einzelnen Subsystemen bereitstellen.

Übersicht

- Verarbeitung von Informationen über Arzneimittel und deren Bestandteile

- Verarbeitung von Informationen über Indikationen und Medikationen

- Darstellung von unterschiedlichen Beziehungen zwischen medizinischen Objekten

- Reduktion von Informationen über Medikationen auf Informationen und Beziehungen ihrer Bestandteile

- Reduktion von Informationen über Arzneimittel auf Informationen und Beziehungen ihrer Bestandteile

- Bereitstellung von Herleitungen pharmazeutischer Aussagen

- Integrierbarkeit

- Skalierbarkeit

3.6 Schnittstellen

Elektronische Patientenakte

Die Idee der elektronischen Patientenakte ist eine gesundheits- und personenbezogene Informationssammlung, die lebenslang an einen bestimmten Patienten gekoppelt ist. Elektronische Patientenakten können idealerweise beliebige Informationen enthalten, die für therapeutische Entscheidungen benötigt werden. Insbesondere personenbezogene Informationen über Medikationen, Allergien oder Ernährungsgewohnheiten können von pharmazeutischen Informationssystemen genutzt werden.

Das *Institute of Medicine* (*IOM*) untersuchte in einer Studie die funktionalen Anforderungen an Struktur und Funktion elektronischer Patientenakten, sowie Konzepte zur Nutzung technischer Möglichkeiten. Danach wird eine elektronische Patientenakte von einem System verwaltet, welches seinen Benutzern vollständige und korrekte patientenbezogene Daten sowie Verweise auf medizinische Wissensquellen zur Verfügung stellt und damit zur therapeutischen Entscheidungsunterstützung bestimmt ist.

Idealerweise sollte man eine elektronische Gesundheitsakte als einen abstrakten Behälter verstehen, welcher eine Menge zunächst nicht näher spezifizierter Informations-Objekte enthält. Dazu gehören aktuelle Medikationen, Labor-Ergebnisse, Röntgenaufnahmen, sowie die medizinische Geschichte eines Patienten. Es ist vorgesehen, daß bestimmte Informationen nur mit

enten. Es ist vorgesehen, daß bestimmte Informationen nur mit Einverständnis des Patienten abgerufen werden dürfen. Entsprechende Zugriffskontrollen sollen den Schutz personenbezogener Daten gewährleisten.

[CPRI97*]

A-Card

Die *A-Card* ist eine Chipkarte, deren Funktionalität einer patientenbezogenen elektronischen Gesundheitsakte entspricht. Mit dieser Karte können Medikationen gespeichert und automatisch auf Wechselwirkungen geprüft werden. Bei der Auswertung der gespeicherten Informationen muß berücksichtigt werden, daß die angegebenen Arzneimittel u. U. vom Patienten nicht mehr eingenommen werden. Andererseits erscheint es sinnvoll, daß Informationen über langfristig angewendete Arzneimittel dauerhaft auf der Karte gespeichert werden, denn es gibt Wechselwirkungen, die auch bei gelegentlicher Einnahme auftreten können. Für die praktische und situationsbezogene Verarbeitung der Informationen fordert man deshalb softwaretechnische Möglichkeiten, bestimmte Informationen auszublenden, um die aktuelle Medikation untersuchen zu können. Es ist vorgesehen, solche Informationen entsprechend zu kennzeichnen.

[Zagermann96]

3.7 Fallbeispiele

3.7.1 BfArM-AMIS

Im Rahmen des *Medizinproduktegesetzes* (*MPG*) wurden zahlreiche Richtlinien zur Informationsversorgung des Gesundheitssektors erlassen. Dazu gehört die Bereitstellung allgemein zugänglicher Datenbanken über Medizinprodukte (§ 36 MPG). Das *Bundesinstitut für Arzneimittel und Medizinprodukte* (*BfArM*) ist Hersteller eines deutschsprachigen Informationssystems über Arzneimittel. Die Datenbestände können über das DIMDI online abgefragt werden. Unter der Bezeichnung *BfArM-AMIS für die Bundesländer* werden werden zuständige Behörden mit entsprechenden Daten versorgt. Auch für andere Nutzerkreise werden Zugriffsmöglichkeiten eingerichtet. *BfArM-AMIS-Öffentlicher Teil* enthält die offiziellen Daten zugelassener Arzneimittel der BRD, gemäß § 34 AMG, ergänzt um Daten zur eindeutigen Identifizierung von Arzneimitteln. Die Datenbestände sind seit dem 12. 2. 1997 öffentlich über das DIMDI zugänglich.

Nachgewiesen werden u. a. Arzneimittelbezeichnung, (EU-) Zulassungsnummer, pharmazeutische Unternehmer, Darreichungsformen, Anwendungsgebiete und -art, Zielgruppe, sowie wirksame Bestandteile (Art, Menge) und weitere Bestandteile (ohne Mengenangaben). Die Datenbestände des Systems werden täglich aktualisiert und enthalten ca. 70000 Dokumente über Arzneimittel und ca. 60000 Dokumente über ca. 30000 Arzneistoffe.

Der folgende Datensatz soll einen Eindruck von den bereitgestellten Arzneistoff-Informationen vermitteln.

```
1.00/000001 DIMDI         : -BfArM-AMIS-Oeffentlicher Teil /COPYRIGHT BfArM
   ASK - Nr.              : 08720
   Grundsubstanznummer    : 08719
   CAS-Nr.                : 22204-88-2
   Summenformel           : C16-H26-C1-N-O2
   Formelstamm            : C16-H25-N-O2 . HCl
   Molgewicht             : 0299.8400
   1. Bezeichnung         · Tramadolhydrochlorid
      INN                 : (INN.L14)
      Zitat(e)            : USAN; GII
   2. Bezeichnung         : (RS,RS)-2-Dimethylaminomethyl-1-
                            (3-methoxyphenyl)cyclohexanol-hydrochlorid
   2. Bezeichnung-alt     : (+/-)-cis-2-Dimethylaminomethyl-1-
                            (3-methoxyphenyl)cyclohexanol-hydrochlorid
 * 1. Synonym             : U 26225A
 * 2. Synonym             : CG 315E
 * 3. Synonym             : Tramadoli hydrochloridum
      Zitat(e)            : DAC91
   Monographiebez.        : Tramadolhydrochlorid
   Ausgabe-Formate        : 1. Gesamte Information
2. Gesamte Stoffinformation
```

Abbildung 3.4: AMIS-Arzneistoff-Informationen

Die ASK-Nummer entstammt dem sogenannten *Arzneimittel-Stoff-Katalog* und identifiziert eindeutig einen Arzneistoff. Die Grundsubstanznummer ordnet einen Arzneistoff in eine bestimmte Gruppe von Substanzen und ist nicht eindeutig. Die CAS-Nummer bezieht sich auf eine fortlaufende Numerierung allgemeiner chemischer Substanzen und wird vom Chemical Astracts Service herausgegeben. Sowohl ASK-Nummer als auch CAS-Nummer besitzen Schlüsseleigenschaft im Sinne der relationalen Datenmodellierung. Für Bezeichnungen von Arzneistoffen werden auch Synonyme berücksichtigt. Die Schlüsseleigenschaften machen gleichnamige Arzneistoffe unterscheidbar und unterbinden damit Polysemie. Durch die Verwendung gebräuchlicher Kurzbezeichnungen (*International Nonproprietary Names, INN*) ist die verwendete Terminologie vollständig formalisiert.

```
1.00/000001 DIMDI      : -BfArM-AMIS - Oeffentlicher Teil /COPYRIGHT BfArM
Arzneimittelname       : Amadol Kapseln
Darreichungsform       : 068  Kapseln
Anmelder               : TAD Pharmazeutisches Werk GmbH
Zustaendigkeit         : BfArM
Satzart                : ZUL  Zulassung nach Par. 21 / 25 AMG
letzte Bescheidart     : POSITIV  Dem Antrag/Subantrag wurde zugestimmt
Zul./Reg-Nr. (AMG76): 32283.00.00
letztes Bescheiddat.: 12.10.95
letztes PZU-Datum      : 18.10.95
Zielgruppe             : Mensch
Anzahl Wirkstoffe      : 01
Anwendungsarten        : 041  Einnehmen
Indikation/ATC-Code : N02AX           ANALGETIKUM, OPIOID, ANDERES
Anmelderadresse        : 3044021          TAD Pharmazeutisches Werk GmbH
                                          Heinz-Lohmann-Str. 5
                                          D-27472 Cuxhaven
                                          03 Niedersachsen

Herstelleradresse      : 3044021          TAD Pharmazeutisches Werk GmbH
                                          Heinz-Lohmann-Str. 5
                                          D-27472 Cuxhaven
                                          03 Niedersachsen

Bezugsmenge            : 01  1 Stueck

- - - - arzneilich wirksame Bestandteile - - - - - -
  Stoff-Code  ASK-Nr  Menge / Masseinheit
        1       08720   50. mg          Tramadolhydrochlorid

- - - - Hilfsstoffe - - - - - - - - - - - - - - - -
  Stoff-Code  ASK-Nr
        2       00131                    Gelatine
        2       00785                    Titandioxid
        2       01457                    Eisenoxidhydrat
        2       01459                    Indigocarmin
        2       13376                    Calciumhydrogenphosphat
        2       15598                    Magnesiumstearat (DAB)
        2       15657                    Hochdisperses Siliciumdioxid

Packungsgroessen       :    OP10 OP30 OP50 UM10
Anwendungsgebiete      ·    Maessig starke bis starke Schmerzen
```

Abbildung 3.5: AMIS-Arzneimittel-Informationen

Darreichungsformen und Anwendungsarten von Arzneimitteln stammen aus vordefinierten und numerierten Listen (Tabellen, Relationen) und werden über Indizes referenziert. Die Zusammensetzung eines Arzneimittels wird als Liste von Stoffen mit Mengenangaben dargestellt. Mengenangaben sind aus Größen und Einheiten zusammengesetzt. Alle Mengenangaben beziehen sich auf eine Bezugsmenge, welche in gleicher Weise aufgebaut ist (hier: 1 Stück). Zur Referenzierung von Arzneistoffen wird der ASK-Schlüssel eingesetzt (Fremdschlüssel). Die Stoff-Codes repräsentieren die Prädikate 'arzneilich wirksamer Bestandteil' und 'Hilfsstoff'. Diese Rollen eines Arzneistoffs sind nicht konstant und werden vom Pharmazeutischen Unternehmer angegeben. Zur Darstellung von Indikationen wird das ATC-System verwendet.

Der Datensatz gibt Aufschluß über die Bedeutung von Klassifikationen und anderen statischen Systematisierungen zur Darstellung von Arzneimittelinformationen. Einfache Enumerationen von Alternativen (z. B. Anwendungsarten, 'Einnehmen') werden dadurch vergleichbar und eindeutig referenzierbar. Die mit Codes verbundenen Terminologien lassen sich auf einfache Weise austauschen, übersetzen oder mit Dokumenten verknüpfen. Offizielle Normen und Standards geben Schlüssel für klassifizierte Objekte vor (z. B. ATC-Code). Bis auf Wirkungen sind die gesetzlich vorgeschriebenen Informationen weitgehend formalisiert.

[DIMDI97*]

3.7.2 ABDATA Pharma-Daten-Service

Seit den fünfziger Jahren ist der *ABDATA Pharma-Daten-Service*, entstanden aus dem ehemaligen Arzneibüro der ABDA, als Anbieter von Arzneimitteldaten tätig. Zu seinen Zielsetzungen gehört die rationelle Datenorganisation von Arzneimittelninformationen. Sowohl pharmazeutische als auch wirtschaftliche Daten über Arzneimittel werden gesammelt, strukturiert, aktualisiert, ausgewertet und aufbereitet. Primäre Zielgruppe von ABDATA sind die Apotheken.

Die ABDA-Datenbank besteht aus fünf Modulen:

- Fertigarzneimittel
- Wirkstoffdossiers
- Interaktionen
- pharmazeutische Stoffliste
- aktuelle Informationen

Die Arzneimitteldatei enthält teilweise ausführliche Informationen zu ca. 42000 deutschen und ca. 105000 ausländischen Fertigarzneimitteln aus 53 Ländern (Stand 4/1997). Nachgewiesen werden Handelsnamen, Darreichungsform, Hersteller, Zusammensetzung (qualitativ und quantitativ) und Indikation (Schlüssel und Klassifikation).

Die Wirkstoffdossiers enthalten klinisch-pharmakologische Beschreibungen von ca. 2700 Wirkstoffen (Stand 4/97). Die Volltexte enthalten ausführliche Darstellungen verschiedener Aspekte der Arzneimitteltherapie und können entweder als Gesamtmonographie oder in einer situationsbezogenen Sicht abgerufen werden.

Die Interaktionsdatei enthält Informationen zu einer Auswahl von Interaktionen aus der Fachliteratur. Es gibt unterschiedliche Kriterien für die Aufnahme einer Interaktion in diese Datei. Alle Informationen müssen durch ausführliche klinische Studien belegt sein. Die Interaktion selbst muß eine besondere Gefährdung für Patienten darstellen. Aufgenommen werden auch Interkationen zwischen Arzneimitteln und Lebens- und Genußmitteln (z. B. Alkohol), sowie solche, deren Konsequenzen einen Mißerfolg in der beabsichtigten Therapie bedeuten können. Es werden auch Interaktionen berücksichtigt, die in der Literatur besonders häufig zitiert werden. Die Datei umfaßt ca. 500 Interaktionsmonographien. Damit können Interaktionen zwischen ca. 1300 Arzneistoffen, Nahrungs- und Genußmitteln und ca. 16000 Fertigarzneimitteln geprüft werden (Stand 4/1997). In der Monographie (Textteil) einer Interaktion finden sich u. a. vertiefende Informationen (z. B. Effekt, Mechanismus, Gegenmaßnahmen, Literaturzitate). Maßnahmen geben Hinweise zur Handhabung von Interaktionen. Zur praktischen, situationsorientierten Nutzung der Datenbestände werden Interaktionen unterschiedliche Wertungsstufen zugeordnet:

schwerwiegend	Arzneimittelkombination kann für Patienten lebensbedrohend sein oder es können Vergiftungen oder bleibende Schaden entstehen
mittelschwer	Kombination führt häufig zu therapeutischen Schwierigkeiten, kann jedoch bei sorgfältiger Uberwachung verabreicht werden
geringfugig	Interaktion gefährdet Patienten nicht direkt oder sie betrifft nur einen bestimmten Patientenkreis
unbedeutend	Interaktion hat keine oder nur geringe Auswirkungen, Monographien enthalten nur Kurzinformationen
Fremdangaben	Interaktionen sind nur in Einzelfallen beschrieben oder werden vermutet, klinische Relevanz unklar

Abbildung 3.6: Wertungsstufen für Interaktionen

Diese geordnete Liste ist ein Ansatz für die Vergleichbarkeit von Wirkungen. Eventuell lassen sich die Attribute auch auf Nebenwirkungen übertragen. Dann könnten komplette Medikationen auf Vorkommen besimmter benutzerdefinierter Wertungsstufen automatisch untersucht werden. Eine Benutzerkonfiguration könnte dann z. B. vorsehen, daß alle Medikationen angezeigt werden, in denen die Attribute 'schwerwiegend' oder 'mittelschwer' vorkommen (Positivkriterien). Umgekehrt könnten alle Medikationen, in denen ausschließlich das Attribut 'unbedeutend' auftritt, von einer Anzeige ausgeschlossen werden (Negativkriterien).

Die Stoffdatei enthält Monographien zu medizinisch und pharmazeutisch verwendeten Stoffen und umfaßt ca. 29000 Stoffmonographien (Stand 4/97). Außerdem enthält sie Informationen zu Hilfsstoffen, um der gesetzlichen Deklarationspflicht für Hilfsstoffe und wirksame Bestandteile gerecht zu werden.

Die Nutzbarkeit einer Interaktionsdatei zur Medikationsprüfung auf Arzneimittel-Wechselwirkungen bestimmt sich aus Strukturierung und Aktualität der Informationen. Medikationsprüfungen werden u. a. in Apotheken durchgeführt. Dabei geht man zunächst davon aus, daß der Patient alle verordneten Arzneimittel gleichzeitig einnimmt. Werden mögliche Wechselwirkungen gefunden, geben die Interaktionsmonographien Aufschluß über das Risiko für den Patienten. Bei der pharmazeutischen Beratung wird abgeklärt, ob die Interaktionen bereits von Arzt und Patient beachtet werden. Gegebenenfalls wird bei schweren Interaktionen Rücksprache mit dem behandelnden Arzt gehalten.

Fertigarzneimittel

inländische Arzneimittel (ca. 42000)

Basisinformationen: Handelsnamen, Darreichungsform, Hersteller, Abgabebestimmung, Verkehrskennzeichnung, Produktkennzeichnung

Zusammensetzung: Anzahl wirksamer Inhaltsstoffe, Bezugsmenge, Wirkstoffe (qualitativ, quantitativ), Hilfsstoffe

Klassifizierung: Indikationsverzeichnis, Indikationsschlüssel und -texte, Stichwortregister, ATC-Code, Index

Darreichungsformenstruktur: Abgabeform, Anwendungsform, Applikationsweg, Wirkort

Volltexte: Indikationen, Eigenschaften, Nebenwirkungen, Kontraindikationen, Anwendungen, Dosierung, Hinweise, Patientenhinweise, Lagerung

ausländische Arzneimittel (ca. 105000, 53 Länder)

Basisinformationen: Handelsname, Darreichungsform, Hersteller, Vertreiber, Herkunfstland

Zusammensetzung (qualitativ, quantitativ), ATC-Code

aktuelle Informationen

Neueinführungen, Änderungen, Rückrufe, Meldungen

Verknüpfung zu Artikelstamm durch Pharmazentral-, Mikropharm- und Stoffnummer

pharmazeutische Stoffliste

ca. 29000 Monographien zu weltweit medizinisch und pharmazeutisch verwendeten Stoffen

Nachweise: Titel (internationale Vorzugsbezeichnung), Synonyme, Summenformeln, pharmakologische, physikalische, chemische Klassifikation, sonstige Hinweise

Wirkstoffdossiers

klinisch -pharmakologische Beschreibungen von ca. 2700 Wirkstoffen

Volltexte: Stoffeigenschaften, Pharmakologie, Pharmakokinetik, klinische Angaben (Anwendungsgebiete, Dosierung, Art der Anwendung, Gegenanzeigen, unerwünschte Wirkungen, besondere Hinweise/Warnhinweise)

Interaktionen

Wechselwirkungen zwischen Arznei-, Nahrungs- und Genußmitteln auf Basis der Stoff- und Fertigarzneimitteldaten, ca. 500 Monographien, betreffen ca. 1300 Stoffe und 16000 Fertigarzneimittel

Schnellinformation, Effekt, Bewertung

Volltexte: pharmakologischer Effekt, Mechanismus, Maßnahmen, Kommentar, Literatur

Stoffteil: Zuordnung der Stoffe zu Interaktionen

Abbildung 3.7: ABDA-Datenbank (4/1997)

[Hempel94], [Tischlich95], [Pflugmann95], [Zagermann96]

Recherchefunktionen

Die Wirkstoffdossiers können sowohl nach textuellen (z. B. Monographietitel, Schlagwörter) als auch nach leicht formalisierten Auswahlfeldern (z. B. Anwendungsgruppen, Beeinflussung des Reaktionsvermögens) durchsucht werden. Zur Erreichung möglichst genauer Anfrageergebnisse, wurden Indikatio-

nen im Schlagwortregister teilweise besonders differenziert erfaßt (z. B. zahlreiche Husten-Formen).

Zur Orientierung in Mengen gleichartig strukturierter Informations-Objekte
wurden geeignete Gruppierungen gebildet. Gruppierungen fassen Objekte mit
ähnlichen Eigenschaften zusammen und unterstützen eine situationsorientierte
pharmazeutische Beratung. Gruppierungen sind häufig linear und werden als
Enumerationen dargestellt. Disjunkte Gruppierungen können auf einfache Weise dargestellt und referenziert werden (z. B. Fremdschlüssel im Relationenmodell).

Die ABDA-Datenbank unterstützt Stoffgruppen sowie pharmakologische und
indikationsbezogene Gruppierungen. Anwendungsgruppen definieren Patien-
tenkreise und werden u. a. in Arzneimittel-Dokumentationen referenziert. Arzneimitteln sind einfache Prädikate zugeordnet, die in Anfragen verwendet werden können (z. B. 'Beeinflussung des Reaktionsvermögens': 'ja', 'nein', 'keine
Aussage'). Arzneistoffen und Arzneimitteln werden teilweise von sogenannten
Aufbereitungskommisionen Bewertungen zugeordnet (z. B. positive, negative,
ohne Beurteilung). Große Anfrageergebnisse können damit sinnvoll eingeschränkt werden.

Anwendungsgruppen		Kurzhinweise für Patienten
Neugeborene	(bis 4 Wochen)	(A04) Einnahme vor den Mahlzeiten
Säuglinge	(bis 12 Monate)	(A05) Einnahme zu den Mahlzeiten
Kleinkinder	(bis 2 Jahre)	(A06) Einnahme nach den Mahlzeiten
Kinder	(bis 6 Jahre)	(A07) Einnahme wahrend oder nach den Mahlzeiten
Schulkinder	(bis 12 Jahre)	(A09) Einnahme mit viel Flussigkeit
Jugendliche	(bis 18 Jahre)	(A10) Einnahme nicht mit Milchprodukten
Erwachsene		(A11) Einnahme zwischen den Mahlzeiten
Senioren	(ab 65 Jahre)	(A12) Einnahme nicht mit schwarzem Tee (Gerbstoff)
Schwangere		(W01) Beeintrachtigung des Reaktionsvermogens, insbesondere wenn dazu Alkohol getrunken wird
Stillende		(W04) Alkoholeinnahme vermeiden
		(W06) Urin kann verfärbt werden
		(W12) ubermaßige UV-Strahlung meiden

Abbildung 3.8: Gruppierungen

Gruppierungen sind in statischen Relationen darstellbar. Anwendungsgruppen
und Einnahmehinweise können durch Codes oder Schlüssel dargestellt werden.
Bei den Kurzhinweisen für Patienten wurden offenbar alle Kombinationen
durchnumeriert.

[Pflugmann95], [Schuchmann95]

Patientenberatungsmasken

Die *Patientenberatungsmasken* wurden speziell für die pharmazeutische Beratung durch den Apotheker entwickelt. Sie stellen Sichten auf verschiedene Aspekte bereit. Dazu gehören Kurzinformationen zu Stoffen und Einsatzgebieten (Cito) und die vom Gesetzgeber vorgeschriebene Patienteninformationen (Rp, Rezeptbelieferung). Außerdem wird zu OTC-Präparaten eine spezielle Sicht auf Gegenanzeigen, Anwendungsgruppen, Dosierungen, Nebenwirkungen und Interaktionen mit Nahrungsmitteln bereitgestellt, gemäß §20 Apothekenbetriebsordnung.

Bezeichnung der Maske	Kurzbegriff	Inhaltlicher Schwerpunkt	Anwendung/Zielgruppe
Schnellinfo	cito	Klassifizierung und Anwendung	Apotheker zur Eigeninformation
Patientenberatung Rezeptbelieferung	Rp	Anwendung und Dosierung, Hinweise für den Patienten	Apotheker zur Beratung des Patienten mit ärztlicher Verordnung
Patientenberatung	OTC	Nebenwirkungen, Selbstmedikation, Gegenanzeigen, Anwendung	Apotheker zur Beratung des Patienten in der Selbstmedikation
Pädiatrie	Pädi	Anwendung und Dosierung bei Kindern	Apotheker zur Beratung der Eltern über die Anwendung des Arzneimittels bei Kindern
Heilberufsberatung	§5ABO	Angaben gemäß Apothekenbetriebsordnung zur Beratung der Heilberufe	Apotheker zur Beratung des Arztes
Krankenhausapotheke	KVA	Antimikrob. Spektrum, Inkompatibilitäten	krankenhausversorgender Apotheker
Überdosierung	Tox	Überdosierung, Gegenmaßnahmen	Apotheker zur Eigeninformation
Reproduktion	Gravi	Schwangerschaft	Apotheker zur Eigeninformation
Apothekenindividuelle Maske	A		

[ApBetrO95], [Tischlich95]

3.8 Zusammenfassung

Die Integration pharmazeutischer Informationssysteme erfordert die Integration von Normen und Standards. In vielen Bereichen der Telemedizin existieren heute zahlreiche (und damit eigentlich keine) Standards aus unterschiedlichen Interessengemeinschaften zur Darstellung unterschiedlicher Aspekte medizinisch-pharmazeutischer Objekte. Damit erfordert die Integration medizinischer Systeme Mechanismen zur Abbildung von Codes, Schlüsseln und Terminologien. Existierende Systematisierungen unterscheiden sich stark in Umfang und semantischem Niveau, so daß eine Übersetzung in Spezialfällen nur in einer Richtung möglich ist. Eine Integration medizinischer Systeme wird deshalb durch die Definition eines *semantischen Referenzsystems* unterstützt.

Die APV-Leitlinie überläßt die Interpretation von Arzneimittel-Daten ausdrücklich dem Pharmazeuten. Ein Grund für dieses Prinzip liegt möglicherweise darin, daß automatisierte medizinische Entscheidungen in der Gesellschaft nicht unumstritten sind. Auf der anderen Seite werden in großen medizinischen Systemen immer wieder dieselben Entscheidungen getroffen und ein entscheidungsunterstützendes Informationssystem beabsichtigt auch nicht, diese zu automatisieren. Es dient lediglich als Werkzeug zur Bereitstellung situationsorientierter Sichten nach benutzerdefinierten Kriterien. Wenn ein Pharmazeut ein Kriterium vorgibt, nach dem ein pharmazeutisches Informationssystem Medikationen ein- oder ausblendet, handelt das System immer noch nach seinen Vorgaben. Die Kriterien sollten allerdings eindeutig und unmißverständlich formulierbar sein (z. B. alle Medikationen, in denen mindestens eine Interaktion des Typs 'schwerwiegend' vorkommt).

Existierende Datenbanken enthalten Informationen über die Äquivalenz von Fertigarzneimitteln. Eine Medikationsabbildung kann auf das Auffinden solcher Äquivalenzen zurückgeführt werden. Letztendlich basieren komplette Abbildungen auf diesen einmalig von Medizinern festgelegten Informationen. Möglicherweise läßt sich auch für ganze Medikationen ein Äquivalenzbegriff definieren und damit eine an Äquivalenzklassen orientierte externe Sicht aufbauen, nach dem Grundsatz, äquivalente Medikationen auch äquivalent zu behandeln. Wenn ein Arzt seine persönliche Sicht mit einem solchen Äquivalenzbegriff konfiguriert, gibt er auch damit keine Verantwortung aus der Hand.

Die Fallbeispiele zeigen, daß die Formalisierung pharmazeutischen Wissens teilweise bereits weit fortgeschritten ist. Einige Informationsangebote wurden erst vor kurzer Zeit eingeführt und die Entwicklung ist sicher noch nicht abgeschlossen. Online-Dienste sind bisher vorwiegend auf interaktiven Zugriff (z. B. Anfragesprachen) und spezielle Nutzergruppen (z. B. nur Patienten, nur Ärzte) ausgerichtet, während automatisierte Zugriffsmöglichkeiten und unterschiedlichen Repräsentationen nur in Einzelfällen angeboten werden. Letztere sind jedoch erforderlich für den Bau von Informationssystemen, die ihren Benutzern situationsorientierte Sichten auf aktuelle Informationen bereitstellen. Mit dem Internet als Informationsinfrastruktur sind die technischen Voraussetzungen für automatisierte Zugriffsmöglichkeiten gegeben.

4 Pharmazeutische Datenstrukturen

Der Entwurf eines pharmazeutischen Datenmodells erfordert die wiederholte Zerlegung von Expertenwissen und Informationen über reale Objekte in einfachere Komponenten handhabbarer Größe. Ein hinreichend detailliert strukturiertes Datenmodell ist die Grundlage eines pharmazeutischen Informationssystems. Es soll die anwendungsbezogene Darstellung der verarbeiteten Informationen (Daten) beschreiben, und wird als Vorgabe für die Entwicklung eingesetzt. Ein Datenmodell liefert das Vokabular zur Spezifikation der Funktionen eines Informationssystems und die Vorgabe für den systemunabhängigen Entwurf einer Datenbank. Ein Datenmodell hat rein konzeptionellen und keinen technischen Charakter. Es beschreibt die statische Struktur und Semantik von Daten und nicht Abläufe zu ihrer Verarbeitung. Eine konsistente Zerlegung ist Voraussetzung für die Definition von Beziehungen zwischen einzelnen Objekten.

Pharmazeutische Datenstrukturen sind Träger pharmazeutischer Informationsstrukturen. Erst die durch ein Modell definierte Semantik macht sie für analytische Berechnungen nutzbar. Semantisch gehaltvolle Strukturen (z. B. Gruppierungen, Klassifikationen) bilden ein formales Vokabular zur Beschreibung von Prädikaten und Beziehungen. Diese Strukturen müssen von Experten vorgegeben werden, unter Berücksichtigung von Modellierungsanforderungen. Diese Anforderungen bestehen im wesentlichen aus der Eignung der Strukturen als Vokabular zur Formulierung von Interaktionsbeziehungen. Disjunkte Gruppierungen ermöglichen ein effizienteres Auffinden von Interaktionen in Medikationen, während nicht disjunkte (überlappende) Gruppierungen mit einem erhöhten Verarbeitungsaufwand, aber auch mit einer höheren Flexibilität bei der Formulierung von Beziehungen verbunden sind. Stark hierarchische Gruppierungen mit vielen Ebenen erlauben eine feinere, kompaktere Darstellung als flache Strukturen.

Ein *Modell* für pharmazeutische Datenstrukturen identifiziert Klassen von Informationsobjekten und beschreibt deren relevante Zusammenhänge. Zur Beurteilung verschiedener Modellierungsansätze ist es notwendig, Kriterien für die Qualität von Datenmodellen für pharmazeutische Informationsbestände zu finden. Dazu sind zunächst die Anforderungen an Modelle pharmazeutischer Datenstrukturen zu bestimmen. Aus den Anforderungen an pharmazeutische Informationssysteme ergibt sich die Formalisierbarkeit von Expertenwissen als wichtige Bedingung für die Modellierung. Natürliche Sprache wird heute noch in vielen Wissensbasen (sowohl Dokumentationen auf Papier als auch Datenbanken) als 'Datentyp' (Text) eingesetzt. Pharmazeutische Normen und Standards in Form von Klassifikationen, Nomenklaturen oder anderen Strukturen bestätigen jedoch, daß sich in natürlicher Sprache beschriebenes Wissen zumindest ausschnittsweise formalisieren läßt.

Eine objektorientierte Modellierung pharmazeutischer Datenstrukturen beinhaltet die Identifikation von Klassen und Assoziationen. Ein wesentlicher Vorteil einer objektorientierten Sichtweise besteht in der Nutzung polymorpher Strukturen für eine kompakte Darstellung von Informationsbeziehungen zwischen unterschiedlichen Objekten. Beziehungen können dadurch zwischen Objekten einer abstrakten Basisklasse definiert und an Objekte abgeleiteter Klassen vererbt werden. Ererbte Beziehungen und Eigenschaften müssen nicht für abgeleitete Klassen parallel definiert werden, so daß ein weiterer Vorteil in der Wiederverwendbarkeit gesehen werden kann. Zudem erhöht sich die Konsistenz eines Modells, wenn Konzepte nicht überlappen, sondern aufeinander aufbauen. Pharmazeutische Datenstrukturen sind nicht zuletzt durch eine mengenorientierte Sichtweise beschreibbar, denn es sind in erster Linie Mengen von Objekten, die von Experten aufgrund bestimmter gemeinsamer Merkmale zusammengefaßt und hinsichtlich bestimmter Kriterien als äquivalent betrachtet werden. Eine Beziehung zwischen Objekten gilt demnach auch für jeweils äquivalente Objekte und kann aus mengenorientierter Sicht als eine Beziehung zwischen Äquivalenzklassen (bzgl. einer Äquivalenzrelation) verstanden werden. Dies gilt insbesondere für Interaktionsbeziehungen zwischen Mengen (Gruppen) von Mitteln.

Im Rahmen der Modellierung pharmazeutischer Datenstrukturen werden zunächst Klassen von Objekten und Beziehungen identifiziert und in einem Objektmodell (OMT) beschrieben, und damit der relevante Realitätsausschnitt abgegrenzt. Dabei enstehen Generalisierungen, die eine verallgemeinerte Sichtweise auf Zustandsänderungen von Patienten erlauben und Einflußfaktoren berücksichtigen, die außerhalb von Medikationen liegen (z. B. Ernährung, Allergien). Diese Strukturen werden anschließend durch mathematische Präzisierungen verfeinert und in einer mengenorientierten Sichtweise beschrieben. Objektorientierte und relationale Sichten ergänzen sich und ergeben zusammen eine umfassendere Sicht, in der Mengen von Instanzen abstrakter Basisklassen in Beziehung gebracht werden. Anwendungen des Modells können in Form von Algorithmen und Datenbank-Anfragen (SQL) veranschaulicht werden.

4.1 Anforderungen

Syntaktische Anforderungen

Modelle basieren auf Sprachen zur Beschreibung von Entwurfsüberlegungen. Sprachen zur Beschreibung pharmazeutischer Datenstrukturen sollten hinreichend ausdrucksstark sein und die Formulierung von Beziehungen erlauben. Die Syntax einer solchen Sprache sollte eindeutig, aber auch flexibel sein. Zur Unterstützung der Analysephase könnte man verlangen, daß die Syntax einer Sprache möglichst den Wahrnehmungsmustern ihrer Benutzer (hier: Personen, die sich mit Modellen beschäftigen) entspricht. Grafische Notationen werden i. a. als besonders anschaulich empfunden, und eignen sich besonders zur Präsentation objektorientierter Sichten (z. B. Vererbung). Grafische Notationen können mengenorientierte Zusammenhänge und Probleme aber nur in begrenztem Umfang erfassen, und sie sind von einer 'internen' Repräsentation sehr weit entfernt. In einigen Zusammenhängen sind mathematische Formulierungen hinsichtlich Präzision und Flexibilität überlegen. Aus mengenorientierten Überlegungen lassen sich direkt relationale Anfragen ableiten, die aufgrund der Standardisierung von Anfragesprachen (SQL) als Leitlinie für eine Implementation dienen können.

Semantische Anforderungen

Mehr als Information Retrieval Systeme mit Funktionen wie Stichwort- oder Volltextsuche muß ein pharmazeutisches Informationssystem (und damit auch sein Datenmodell) *semantische Anforderungen* erfüllen, d. h. Anforderungen an die Fähigkeit eines Systems zur Interpretation pharmazeutischer Daten. Jede Interpretation muß bis hin zum Benutzer transparent sein, d. h. es muß ersichtlich sein, wie Ergebnisse zustande kommen. Die Fähigkeit zur Interpretation ist im wesentlichen durch die Verfügbarkeit geeigneter Klassifikationen begrenzt. Ein Modell muß eine geeignete Darstellung dieser hierarchischen Strukturen erlauben. Objekte müssen in solche Gruppierungen eingeordnet werden können. Jede Einordnung beinhaltet einen geringen semantischen Gehalt. Eine Menge von Einordnungen 'charakterisiert' ein Objekt.

Werden Instanzen einer Datenstruktur in analytischen Berechnungen referenziert, dann sollten sie zwei Bedingungen erfüllen: Sie sollten *inhaltlich vergleichbar* und *maschinell kombinierbar* sein. Inhaltliche Vergleichbarkeit umfaßt neben Gleichheit oder Äquivalenz auch Vergleiche abgeleiteter Größen. Speziell für Dosierungen erscheint es sinnvoll, eine Ordnung zu definieren, möglicherweise durch eine Berechnungsvorschrift, welche Einzelangaben von Dosierungen in reelle Zahlen abbildet. Eine Ordnung auf Dosierungen würde die Formulierung von *Interaktionsbedingungen* unterstützen (z. B. min, max). Maschinelle Kombinierbarkeit beinhaltet, daß bestimmte logische Funktionen auf Objekten definiert werden können (z. B. Gegenteiligkeit, Summenwirkung). Je nach Komplexität solcher Funktionen erfordern diese eine starke Formalisierung des Wissens.

Ein Formalismus für medizinische Wirkungen würde heute einen bedeutenden Fortschritt für die Entwicklung pharmazeutischer Informationssysteme bedeuten. Bestandteil eines solchen Formalismus ist eine geeignete Klassifikation bekannter medizinischer Wirkungen (Typen, Klassen, Gruppen). Die Eignung eines solchen Vokabulars besteht im wesentlichen aus der Formulierbarkeit von Wissen in Form von Beziehungen (z. B. Äquivalenz, Summe) zwischen Knoten der Klassifikation. Eine geeignete Klassifikation wurde noch nicht entwickelt, ist jedoch Forschungsgegenstand einzelner Organisationen. Neben einer geeigneten Klassifikation muß ein Formalismus für Wirkungen auch die Darstellung von Intensitäten erlauben (sonst gäbe es unendlich viele Wirkungen). Maschinelle Kombinierbarkeit medizinischer Wirkungen beinhaltet auch Abbildungen von Mengen von Wirkungen in Mengen von (Summen-) Wirkungen. Wissen über medizinische Wirkungen ist Expertenwissen und kann nur von Experten geordnet (klassifiziert) werden.

Pragmatische Anforderungen

Bei der Entwicklung medizinischer Informationssysteme kann nicht selbstverständlich von der Akzeptanz zukünftiger Benutzer ausgegangen werden. Aktuelle Diskussionen um Systeme, die nach außen wie maschinelle Entscheidungsträger erscheinen, zeigen, daß die Grenze zwischen Entscheidungsunterstützung und Verantwortung fließend ist. Deshalb sollten die von einem medizinischen Informationssystem bereitgestellten Informationen wertfrei sein und keine Handlungsanleitung suggerieren. Aus der Sicht des Benutzers sollte die *Transparenz* analytischer Berechnungen als ein Qualitätsmerkmal angesehen werden.

Verlustlosigkeit

Eine Zerlegung (Dekomposition) von Informationen in ihre Bestandteile dient in erster Linie der kompakten Darstellung und der Vermeidung von Anomalien. Die Eigenschaft der *Verlustlosigkeit* einer Zerlegung ist bekannt aus der Theorie relationaler Datenbanken. Im Zusammenhang mit pharmazeutischen Datenmodellen erscheinen zusätzliche Forderungen nach ähnlichen Eigenschaften sinnvoll: Das Modell sollte zu jedem Zeitpunkt die Rekonstruktion bestimmter Sichten auf die Datenbasis erlauben. Zu den Kandidaten für Sichten, welche für ein Modell gefordert werden, gehören einerseits die aktuellen ('gewohnten') Sichten zukünftiger Benutzer (z. B. Rote Liste) und andererseits die aus Anwendungsszenarien hergeleiteten 'neuen' Sichten (z. B. Charaktere, Konflikte, s. u.).

Die Forderung nach der Herstellbarkeit alter und neuer Sichten kann unterschiedlich gerechtfertigt werden: Die Qualität der Modellbildung wird zunächst nach unten abgegrenzt. Bei Erfüllung der Forderung nach alten Sichten kann ein Modell im ungünstigsten Fall keine Verbesserung der Informationsdarstellung, aber auch keine Verschlechterung bewirken. Es geht keine Information verloren. Zur Vermeidung von Informationsverlusten sollte man die Herstellbarkeit der alten Benutzer-Sichten auch dann fordern, wenn sie für einige Anwendungsszenarien ungeeignet sind. Mit jeder zusätzlich geforderten Sicht werden Entscheidungsfreiheiten bei der Modellbildung weiter eingeschränkt und eventuell bestimmte Zerlegungen erzwungen. Zusätzlich zu fordernde Sichten lassen sich aus formalisierten Anwendungsszenarien herleiten.

Die Erhaltung von Sichten kann als ein Prinzip der Qualitätssicherung gesehen werden. Verlustlosigkeit bedeutet für ein pharmazeutisches Datenmodell insbesondere, daß die Auswahl konkreter Gruppierungen nicht Bestandteil der Modellierung sein darf. Eine im Modell verankerte ('fest verdrahtete') Klassifikation würde ein darauf aufbauendes pharmazeutisches Informationssystem nur bestimmten Nutzerkreisen zugänglich machen. Dies ist möglicherweise darauf zurückzuführen, daß international standardisierte und empfohlene Klassifikationen nicht in allen medizinischen Systemen Anwendung finden. Stattdessen kommen auch systeminterne Formalisierungen ('Hauslisten') zum Einsatz, die für einzelne Anwendungsbereiche besser geeignet sind.

Repräsentation von Expertenwissen

Wesentlicher Bestandteil eines pharmazeutischen Datenmodells ist ein *Formalismus*, der den Aufbau eines Vokabulars und dessen Anwendung zur Formulierung fachspezifischer Wissenselemente durch Experten gestattet. Ein solcher Formalismus sollte problemorientierte Sichten unterstützen und aus der Sicht der Experten anschaulich sein. Daneben sollte er einen angemessenen Detaillierungsgrad aufweisen, um auch komplexere Zusammenhänge darstellen zu können. Pharmazeutisches Expertenwissen beinhaltet Informationen über große Mengen von Objekten (insbesondere Stoffe und Mittel). Speziell Zusammenhänge zwischen einzelnen Objekten gehören zu dem Informationsbestand, der in speziellen Nachschlagewerken dokumentiert und von Experten genutzt wird. Diese Nutzung beinhaltet das Auffinden von Zusammenhängen in einer Menge von Objekten. Dabei muß (theoretisch) jedes Objekt mit jedem anderen verglichen werden.

Spezialisiert man eine solche Menge von Objekten zu einer Menge von Arzneimitteln, läßt sich das Auffinden von Interaktionsbeziehungen mit wenigen manuellen Arbeitsschritten am Beispiel der Roten Liste umschreiben. Ein einzelnes Arzneimittel ist in einer speziellen Dokumenteinheit (Eintrag) dokumentiert. Dort befinden sich neben zahlreichen Einzelinformationen auch Verweise (Codes, z. B. 'A42') auf Einträge eines anderen Dokumentabschnitts, einer Sammlung von (u. a.) Interaktionsbeschreibungen. Jeder Verweis ordnet das betrachtete Arzneimittel in die Gruppe ein, in die es verwiesen wird. Folgt man einem solchen Verweis, erhält man zusätzliche Informationen über das Arzneimittel, sowie eine weitere Menge von Verweisen. Letztere zeigen auf andere Gruppen von Arzneimitteln, die mit dem ursprünglichen Arzneimittel interagieren können (z. B. steht bei 'A42' unter Wechselwirkungen: 'blutdrucksenkende Pharmaka'). Ein Arzneimittel, das in eine solche Gruppe eingeordnet wurde, kann also mit Arzneimitteln interagieren, die in der Gruppe umschrieben werden. Genau aus diesem Grunde ist die Formalisierung der Roten Liste zu schwach (was sind 'blutdrucksenkende Pharmaka'?). Die Feststellung, ob ein konkretes Arzneimittel in einer umgangssprachlich beschriebenen Gruppe enthalten ist, erfordert zusätzliches Expertenwissen. Die Gruppierung der Roten Liste könnte (von Experten) formalisiert werden, indem diese umgangssprachlichen Verweise ('Arzneimittel in A42 interagieren mit blutdrucksenkenden Pharmaka') durch formale Verweise ('Arzneimittel in A42 interagieren mit Arzneimitteln in X23', dabei sei X23 Element einer geeigneten Gruppierung) ersetzt werden.

[BPI93]

4.2 Klassifikation

Objektorientierung und die Verbreitung objektorientierter Modellierungsverfahren gehört zu den wichtigsten Errungenschaften des Software Engineerings der 90er Jahre. Sie hat ihren Ursprung in Konzepten von Programmiersprachen. Während konventionelle Programmiersprachen Softwareentwickler in vielen Fällen zu Denkweisen zwingen, die möglicherweise komplexer sind als das eigentlich zu lösende Problem selbst, erlauben objektorientierte Programmiersprachen die Beschreibung komplexer Zusammenhänge in einer besonders natürlichen Art und Weise. Durch die Anwendung von Vererbung und Polymorphie wird die Wiederverwendbarkeit von Modulen und Systemen wesentlich erhöht und dadurch die Entwicklungskosten (nach einer Aufbauphase) stark reduziert.

Im Bereich der objektorientierten Modellierung wurden eine Reihe von Methodologien entwickelt (z. B. Booch, Rumbaugh, Jacobson), welche die Objektorientierung in verschiedene Gemeinden aufgesplittet haben. Die unterschiedlichen Anschauungen ('Glaubensbekenntnisse') sind nicht selten auf Paradigma der Datenmodellierung (z. B. OO, RM) oder auf favorisierte Programmiersprachen (z. B. C++, Smalltalk) zurückzuführen. Die Abgrenzung einzelner Methoden geschieht teilweise auf dem Niveau der grafischen Notation (z. B. Kardinalitäten: Linien, Pfeile, 'Krähenfüße'). Ihre inhaltlichen Schwerpunkte reichen von implementierungsnahen bis hin zu benutzerorientierten Sichten. Einige Modellierungsmethoden beinhalten eine Fülle von Konstrukten, die im wesentlichen der Komplexitätsreduktion dienen (z. B. Booch). Andere beschränken sich auf einen kleinen Satz universeller Mechanismen lassen die Art der weiteren Spezifikation offen (z. B. Rumbaugh). Obwohl einzelne Methodologien über herausragende Konzepte verfügen (z. B. Booch zur Klassifikation), sind ihre Anwendungen oft auch eine Frage des Stils.

Letztendlich können auf grafischen Notationen basierende Methoden nur eine vereinfachte, intuitive Sicht auf einen Gegendstandsbereich erfassen und ihre Semantik sollte in einer formalen Sprache spezifiziert werden. Aufgrund der Anschaulichkeit grafischer Notationen und der Notwendigkeit eines Formalismus erscheint es sinnvoll, die Grenze zwischen diesen beiden Ebenen genauer zu ziehen und auf eine formal angereicherte grafische Notation zu verzichten. Die Anschaulichkeit eines konzeptionellen Bezugsrahmens sollte insbesondere auch für Experten erhalten bleiben. Die Vollständigkeit (angemessene Detaillierung) eines Modells kann in einer weiteren Modellierungseinheit durch eine formale Sprache gesichert werden. Diese Trennung dient auch der interdisziplinären Zusammenarbeit.

Ein *Objektmodell* beschreibt wesentliche Klassen von Objekten eines gegebenen Gegenstandsbereichs, sowie Beziehungen zwischen (Klassen von) Objekten. Die Strukturen, die ein Objektmodell beschreibt, sind statische Strukturen, die sowohl vom dynamischen Verhalten eines Systems (z. B. Zustandsübergänge) als auch von funktionalen Abbildungen (z. B. Datenflüsse) unabhängig sind. Ein Objektmodell stellt eine intuitive, anschauliche Sicht bereit und wird i. a. durch eine grafische Sprache beschrieben. Es gibt zahlreiche Notationen und Terminologien zur Darstellung von Objektmodellen, jedoch kein allgemein anerkanntes mechanisches Verfahren (Handlungsanleitung) zur Identifkation von Klassen und Beziehungen. Die Eignung einer Klassifikation bezieht sich auch auf ihren Anwendungszweck.

Eine *Klassifikation* im objektorientierten Sinne stellt den Inhalt (das Ergebnis) einer Objektmodellierung dar und muß von weiteren semantischen Inhalten des Klassifikationsbegriffs abgegrenzt werden. Medizinische Klassifikationen ordnen Mengen gleichartiger Objekte nach bestimmten Kriterien in Klassen und

Unterklassen (Klassifikation als Strukturierung von Expertenwissen). Sie sind hierarchisch strukturiert und ihre Einträge werden durch Schlüssel referenziert (vgl. Pharmazeutische Normen und Standards). Diese Strukturen werden in diesem Abschnitt synonym als Gruppierungen bezeichnet. Klassifikation als Modellbildung führt zu einer Klassenhierarchie (Vererbungshierarchie).

Die folgende Klassifikation dient als konzeptioneller und terminologischer Bezugsrahmen zur Darstellung pharmazeutischer Datenstrukturen und läßt Aspekte der Systemumgebung offen. Speziell für eine relationale Sichtweise sei für jede Klasse angenommen, daß sie ein identifizierendes Attribut (Primärschlüssel) besitzt, falls dies nicht anders angegeben wird. Über die Implementierung zusammengesetzter Attribute (z. B. Mengenangaben) wird nichts ausgesagt. Eine Verflachung durch Ersetzung durch ihre Komponenten (z. B. bei Dosierungen) ist im relationalen Modell vorteilhaft, weil sonst zusätzliche (1:1-) Beziehungen verwaltet werden müssen. In objektorientierten Modellen ist dies nicht unbedingt notwendig (z. B. Klassen, abstrakte Datenstrukturen). Aus Gründen der Orthogonalität sei für alle beschriebenen Klassen angenommen, daß sie (direkt oder indirekt vererbt) von der Klasse der Objekte abstammen. Auf Mehrfachvererbung wird in diesem Abschnitt verzichtet, weil sie Probleme lediglich durch neue ersetzt.

Mengenangaben

Eine Mengenangabe beinhaltet zwei Einzelinformationen zur Angabe einer absoluten Größe in einer bestimmten Einheit. Jede Mengenangabe enthält die Angabe einer Größe, i. a. eine reelle Zahl. Physikalische Maßeinheiten sind nach DIN 1301 normiert. Für pharmazeutische Anwendungsszenarien ist die Hinzunahme weiterer Maßeinheiten erforderlich (z. B. Kapseln bzw. Stückzahl). Insgesamt können Maßeinheiten in einer statischen linearen Liste dargestellt und durch ihre Schlüssel bzw. OIDs referenziert werden. Diskrete Maßeinheiten erzwingen entsprechende Integritätsbedingungen (z. B. Größe ganzzahlig). Beispiele für Mengenangaben sind (0.7, mg), (2, Stück), (4, Wochen).

```
┌─────────────────────────────┐
│           Menge             │
├─────────────────────────────┤
│ Große         : Zahl        │
│ Einheit       : Zahl        │
│                             │
│                             │
└─────────────────────────────┘
```

Abbildung 4.1: Mengenangaben

[DIN/1301]

Stoffe

Ein *Arzneistoff* (med.: *Wirkstoff*) ist eine chemische Substanz, welche bei der Herstellung von Arzneimitteln als wirksamer Bestandteil verwendet wird. Für Arzneistoffe existieren unterschiedliche Systematisierungen, angefangen von einfachen Enumerationen (z. B. CAS-Numerierung) oder flachen Bezeichnungslisten (z. B. INN) bis hin zu mehrdimensionalen Klassifikationen (z. B. ATC-Klassifikation). Arzneistoffe sind also durch Nummern, Namen oder Codes eindeutig identifizierbar.

Neben Arzneistoffen existieren auch andere Stoffe, die nicht bei der Herstellung von Arzneimitteln verwendet werden, sondern in anderen Mitteln enthalten sind. *Nährstoffe* sind Bestandteile von Nahrungsmitteln und können mit Arzneistoffen interagieren.

Für den Aufbau pharmazeutischer Informationssysteme könnte die Anwendung geeigneter Klassifikationen von Stoffen zusätzliche Sicherheitsfunktionen ermöglichen. Für besonders gefährliche Stoffe könnten bspw. Dosierungsgrenzen (min, max, Voraussetzung: Ordnung) definiert werden, um bei Eingabefehlern (z. B. '55 mg' statt '5 mg') angemessen zu reagieren. Die Beschreibung von Mitteln erfordert möglicherweise zusätzliche Informationen (z. B. unterschiedliche Zubereitungen).

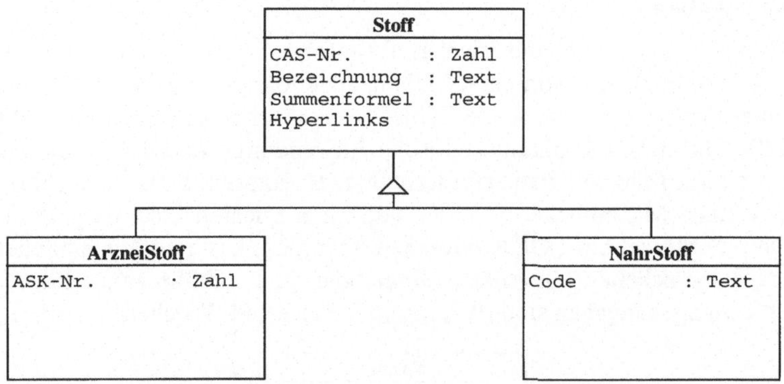

Abbildung 4.2: Stoffe und mögliche Spezialisierungen

Mittel

Ein *Mittel* ist ein aus Stoffen zusammengesetztes Produkt, das für die Anwendung (Einnahme) bei einer Zielgruppe (hier: Menschen) bestimmt ist. Ein *Arzneimittel* (Heilmittel) setzt sich aus einem oder mehreren Arzneistoffen zusammen. Jedem Bestandteil ist ein relativer Anteil zugeordnet. Dokumentationen ordnen Bestandteilen i. a. absolute Mengen zu, welche sich auf eine Referenzgröße beziehen (z. B. '0.5 ml enthalten Tramadol-HCl 50 mg'). Durch Hinzunahme einer Bezugsmenge (z. B. (1, Kapsel)) sind auch prozentuale Mengenangaben aus absoluten Werten berechenbar. Prozentuale Mengenangaben als nicht abgeleitete Größen erfordern die Einhaltung zusätzlicher Integritätsbedingungen (Summe = 100 %). Absolute Mengenangaben, die sich auf eine Bezugsgröße beziehen (und damit wieder relativ sind) vermeiden mögliche Probleme durch Rundungsfehler und werden auch in existierenden Informationssystemen verwendet.

Nahrungsmittel und *Genußmittel* können ebenfalls den Gesundheitszustand von Patienten oder die Wirkungsweise von Arzneimitteln beeinflussen. Aus objektorientierter Sicht liegt es nahe, von diesen Details zu abstrahieren und alle Mittel zu betrachten, die aus Stoffen zusammengesetzt sind und alle zusammen auf den Zustand des Patienten wirken. Analog stellen Fertigarzneimittel eine Spezialisierung von Arzneimitteln dar, denn es sind wirtschaftliche Güter und sie werden von einem pharmazeutischen Unternehmer vertrieben. Durch diese Polymorphie ist es möglich, Beziehungen zwischen unterschiedlichen Formen von Mitteln gleichförmig darzustellen. Es lassen sich insbesondere Interaktionen zwischen Arznei-, Nahrungs- und Genußmitteln in natürlicher und einheitlicher Weise beschreiben. Interaktionsbeziehungen zwischen Arzneimitteln sind demnach ein Spezialfall von Interaktionsbeziehungen zwischen allgemeinen Mitteln.

Auch Stoffe sind polymorphe Strukturen und können z. B. als Arzneistoffe (Wirkstoffe) oder andere Stoffe auftreten. Damit können auch Zusammensetzungen (Aggregationen) von Arzneimitteln aus Arzneistoffen auf Zusammensetzungen allgemeiner Mittel aus allgemeinen Stoffen zurückgeführt werden. Damit sind Zusammensetzungen unterschiedlicher Mittel durch einheitliche Strukturen darstellbar. Arzneimittel unterscheiden sich von anderen Mitteln lediglich durch ihren Einsatzzweck im Rahmen therapeutischer Maßnahmen und die damit verbundenen Informationen.

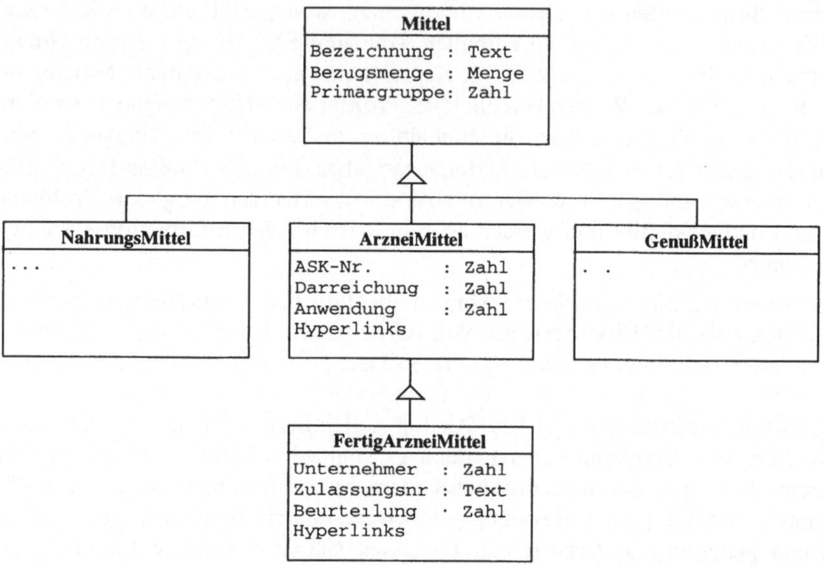

Abbildung 4.3: Mittel als polymorphe Strukturen

[AMG94], [BPI88]

Zusammensetzungen

Als *Zusammensetzung* könnte an eine Struktur bezeichnen, die eine Menge von
Beziehungen zwischen Mitteln und Stoffen beschreibt. Einem Mittel ist eine
Menge von Stoffen zugeordnet, die es enthält. Jede Zuordnung beinhaltet eine
Mengenangabe (Anteil). Jeder Anteil bezieht sich auf die Bezugsmenge des be-
troffenen Mittels (z. B. Bezugsmenge: (1, Kapsel), Anteil: (0.5, mg)).

Abbildung 4.4: Zusammensetzungen als Beziehungen zwischen Mitteln und Stoffen

Therapeutika

Letztendlich sind Mittel nichts anderes als Aggregationen von Stoffen (von ihrer Zubereitung abgesehen). Die Anwendung eines Mittels beinhaltet auch die Anwendung von (in ihm enthaltenen) Stoffen. Informationen über Stoffe können in Medikationsprüfungen einfließen, da eine Medikation indirekt (über drei Ebenen in einer Medikationshierarchie) auch Stoffe referenziert. Es können also auch Stoffe mit Mitteln (genauer: mit Stoffen, die in verordneten Mitteln enthalten sind) in Konflikt stehen. Auch isolierte Informationen über einzelne Stoffe können berücksichtigt werden (z. B. maximale Dosen). Ein *Therapeutikum* (med.: Heilmittel) soll in dieser Klassifikation ein beliebiges Behandlungsobjekt darstellen, das auf den Zustand eines Patienten einwirkt. Eine Abstraktion von Stoffen, Mitteln und möglicherweise auch anderen Objekten (Maßnahmen) zu Therapeutika berücksichtigt insbesondere auch den hohen Einsatz von Monopräparaten (z. B. in Krankenhäusern).

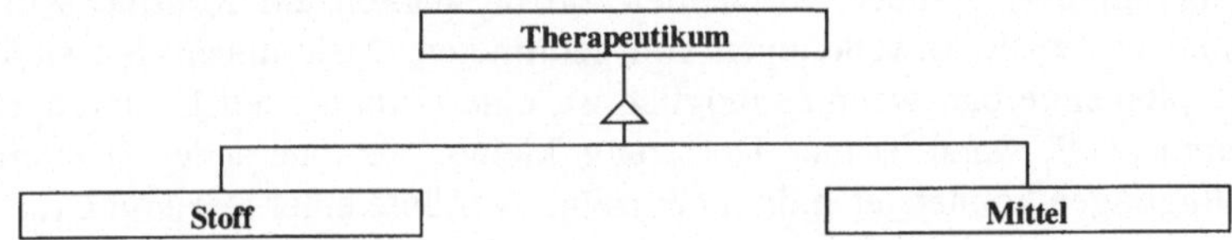

Abbildung 4.5: Therapeutika als mogliche Abstraktionsebene

Indikationen

Eine *Indikation* gibt an, zu welchem Zweck ein Arzneimittel im Rahmen therapeutischer Maßnahmen verordnet wird. Auf internationaler Ebene wird von der WHO die ATC-Klassifikation zur Angabe von Indikationen empfohlen. In realen medizinischen Systemen werden aber auch eigenentwickelte 'Hauslisten' eingesetzt. Einem einzelnen Arzneimittel können unterschiedliche Indikationen mit unterschiedlichen Anwendungsbestimmungen zugeordnet sein.

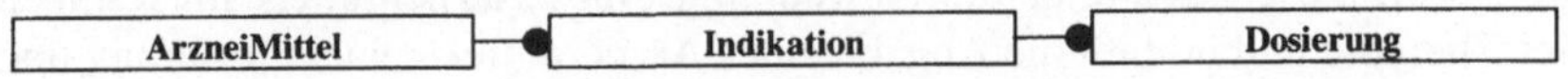

Abbildung 4.6: Indikationen zur Differenzierung von Anwendungen

Dosierungen

Eine *Dosierung* beschreibt einen Teil der Anwendung eines bestimmten Arzneimittels. Sie besteht aus einer Mengenangabe (z. B. 3) in einer dem Arzneimittel zugeordneten Maßeinheit (z. B. g, ml, Anzahl), einer Angabe über die Häufigkeit (Frequenz) der Anwendung (z. B. einmal täglich), einer Anwendungsdauer (z. B. 2 Wochen), sowie sonstigen Anwendungshinweisen.

dungsdauer (z. B. 2 Wochen), sowie sonstigen Anwendungshinweisen. Eine Dosierung bezieht sich immer auf ein bestimmtes Arzneimittel, referenziert jedoch keine seiner Eigenschaften. Eine Datenstruktur zur Aufnahme von Informationen über eine Dosierung in obigem Sinne besteht im wesentlichen aus Zahlen (Menge, Häufigkeit, Dauer) und Referenzen auf vordefinierte Größen (z. B. Einheit: Kilogramm, Stück, Tage, Wochen).

Dosierungen stellen ein wichtiges Vokabular zur Formulierung spezieller Informationsbeziehungen dar. Auf der Ebene von Stoffen könnten Intervalle 'erlaubter' Dosierungen beschrieben werden (min, max). Ein System könnte dann diese Informationen berücksichtigen, indem es Stoffmengen aus den Zusammensetzungen der Mittel einer Medikation berechnet. Konflikte zwischen Therapeutika sind statische Informationsbeziehungen, die unter bestimmten Bedingungen gegeben sein können oder auch nicht. Wurde ein solcher 'potentieller' Konflikt innerhalb einer Medikation berechnet, könnte eine Bedingung (Interaktionsbedingung) darüber entscheiden, ob tatsächlich ein Konflikt vorliegt. Dies sind nur zwei Anwendungen von geordneten Dosierungen. Sie sind nur dann implementierbar, wenn es möglich ist, eine *Ordnung* auf Dosierungen zu definieren (z. B. wann ist eine Dosierung 'kleiner' als eine andere?) Interaktionsbedingungen können auch direkt einzelne Attribute einer Dosierung referenzieren.

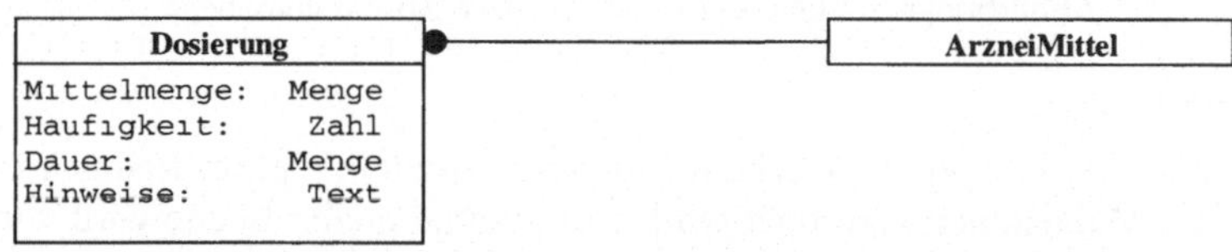

Abbildung 4.7: Dosierungen zur Spezifikation von Anwendungen

Verordnungen

Eine *Verordnung* beschreibt die Anwendung eines Arzneimittels im Rahmen einer Therapie und umfaßt die Angabe eines Arzneimittels, einer Dosierung und ggf. einer Indikation. Eine Verordnung beinhaltet alle Informationen einer Behandlung, die sich auf die Anwendung eines einzelnen Arzneimittels beziehen. Dazu gehört auch die Information über den behandelnden Arzt, der diese Anwendung verordnet hat. Theoretisch könnte auch im Rahmen von Verordnungen von Mitteln abstrahiert werden. Unter dieser Sichtweise könnte eine Verordnung als die Zuordnung eines beliebigen Behandlungsobjekts (z. B. auch 'Bettruhe', 'Bewegung') zu einer Behandlung verstanden werden. Im folgenden wird dieser Ansatz jedoch nicht weiter verfolgt.

Eine Verordnung beschreibt also die Anwendung eines einzelnen Arzneimittels. Eine solche Anwendung an sich kann bereits Gegenstand von Überprüfungen sein. Sind z. B. für einige Arzneimittel (oder Stoffe) bestimmte Höchstgrenzen vorgegeben (z. B. bzgl. der Mengenangabe einer Dosierung), können Verordnungen auf die Einhaltung solcher Grenzen überprüft werden (z. B. zum Auffinden möglicher Eingabefehler). Ist bekannt, daß ein Arzneimittel nur bei bestimmten Indikationen angewendet werden darf (oder bei bestimmten Indikationen nicht), kann auch dies in Form *anwendungsorientierter Integritätsbedingungen* formuliert werden (Referenzierbarkeit von Indikationen vorausgesetzt).

Abbildung 4.8: Verordnungen als aggregierte Strukturen

Medikationen

Eine *Medikation* kann als ein abstrakter Behälter aufgefaßt werden, der eine Menge von Verordnungen enthält. Informationen über therapeutische Maßnahmen können sich auf eine Medikation als Ganzes oder auf einzelne Verordnungen beziehen. Verordnungen können ggf. nach Indikationen gruppiert werden. Eine Medikation ist immer einem Patienten zugeordnet und kann im Behandlungsverlauf durch eine andere Medikation ersetzt bzw. fortgesetzt werden (z. B. bei Erfassung, Modifikation). Auf diese Weise wird die Krankheitsgeschichte des Patienten dokumentiert.

Medikationen sind Gegenstand von Interaktionsprüfungen. Ein möglicher Abstraktionsschritt besteht darin, auch die Einnahme von Nahrungs- und Genußmitteln zu berücksichtigen und damit zu vernachlässigen, <u>warum</u> ein Mittel eingenommen wird. Eine Medikationsprüfung kann dann durch das Auffinden von Interaktionsbeziehungen in einer Menge von Mitteln realisiert werden. Die Polymorphie erhöht wesentlich die Wiederverwendbarkeit von Modulen und Subsystemen.

Ein weiterer Ansatz zur Verallgemeinerung dieser Strukturen besteht darin, Medikationen als Komponenten von *Therapien* aufzufassen. Ein solches Objekt wäre dann ebenfalls als Container zur Aufnahme von aggregierten Behandlungsobjekten zu verstehen und könnte neben medikamentösen Behandlungseinheiten auch andere therapeutische Maßnahmen umfassen (z. B. Verhaltensweisen, sonstige Behandlungen: Bestrahlungen). Eine solche Verallgemeinerung bedeutet auch zusätzliche Benutzersichten und sollte nur dann in eine Objektmodellierung mit einfließen, wenn zusätzliche Beziehungen zwischen verschiedenen Behandlungsobjekten auch formuliert und genutzt werden können.

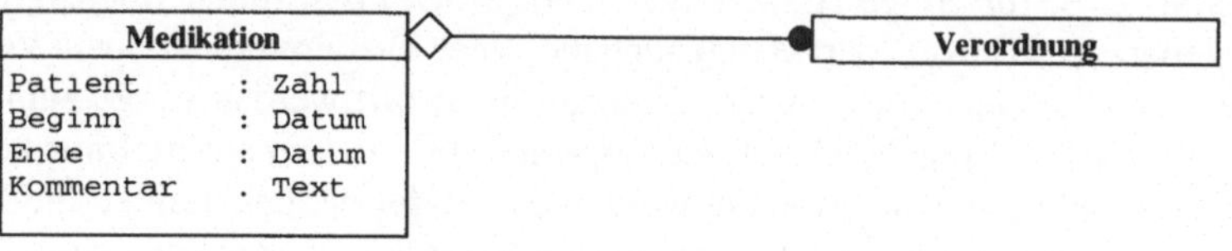

Abbildung 4.9: Medikationen als Mengen von Verordnungen

Internationale Klassifikation der Krankheiten

Wie bereits im Abschnitt *Pharmazeutische Normen und Standards* beschrieben, arbeiten verschiedene Fachgesellschaften an der Dokumentation von medizinischen Klassifikationen. Der Fortschritt dieser Arbeiten ist u. a. im Gesundheitsstrukturgesetz verankert. Für die BRD bildet die ICD-10 (seit dem 1. 1. 1998 auf freiwilliger Basis) einen Rahmen für die medizinische Dokumentation, jedoch erfordern viele Disziplinen erweiterte Spezialausgaben der ICD-10, welche durch eine höhere Stelligkeit die Codierung detaillierterer Informationen in Schlüsseln ermöglicht. In Anbetracht einer benutzergerechten externen Repräsentation und der Integration unterschiedlicher medizinischer Informationssysteme erscheint die Kompatibilität eines Datenmodells mit der Terminologie und Verschlüsselung der ICD-10 äußerst sinnvoll und die Herstellbarkeit einer unterstützenden Sicht sollte als Qualitätsmerkmal für das Modell angesehen werden.

Die ICD (ICD-10) kann als dreistufiger Baum dargestellt werden. Die Gruppen (auch: 'Kapitel') teilt die Klassifikation grob in 21 Bereiche, die selbst wieder aus Klassen zusammengesetzt sind. Die dritte Stufe enthält die Viersteller (vierstellige Codes, Klassen sind dreistellig). Sowohl diese drei einzelnen Strukturen als auch die Gesamtstruktur können generalisiert werden (Gruppierungen, s. u.).

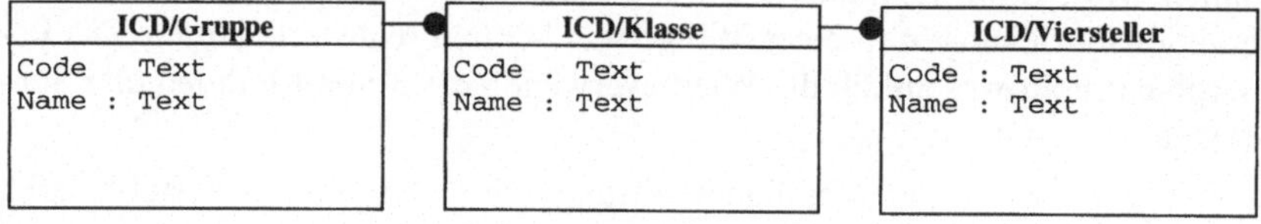

Abbildung 4.10: Grobstruktur der ICD

Wirkungen

Unabhängig von ihrer medizinischen Bedeutung kann eine *Wirkung* nach ihrem Bezug zu einem oder mehreren Mitteln und ihrer Erwünschtheit klassifiziert

werden. Unter einer arzneilichen Wirkung (ArzneiWirkung) versteht der Gesetzgeber die von einem Arzneimittel bezweckten, erwünschten Zustandsverän-
derungen des Patienten. Unter Neben- und Wechselwirkungen werden i. a. unerwünschte Wirkungen verstanden. Sie werden jedoch in Einzelfällen auch ge-
zielt als erwünschte Wirkungen eingesetzt. Arznei- und Nebenwirkungen beziehen sich auf ein einzelnes Arzneimittel, während Wechselwirkungen mehrere
Mittel referenzieren. Möglicherweise ist die Anwendung eines Rollenkonzeptes
angemessener als eine direkte Vererbung. Die Entscheidung dieser Frage setzt
die Verfügbarkeit einer geeigneten Klassifikation voraus.

Wirkungen werden in heutigen pharmazeutischen Informationssystemen mehr
dokumentiert als repräsentiert. Informationen über Arzneimittel werden in zahlreichen Bereichen kategorisiert (u. a. auch Arznei-, Neben- und Wechselwirkungen). Innerhalb solcher Kategorien sind Wirkungen lediglich als Textab-
schnitte vorhanden, die nur von menschlichen Experten interpretiert und kombiniert werden können. Informationen über einzelne Wirkungen (z. B. 'stark
blutdrucksenkend') können intuitiv in mehrere logische Bestandteile (z. B. Typ,
Intensität) zerlegt werden. Betrachtet man Intensität als ein Kontinuum, gibt es
unendlich viele Wirkungen. Ein vollständiger Formalismus für medizinische
Wirkungen muß demnach auch eine *Parametrisierung* von Wirkungen beinhalten.

Es kann als eine spezielle Herausforderung für Experten angesehen werden, eine geeignete Klassifikation für medizinische Wirkungen zu entwickeln. Eine
sinnvolle Vorgehensweise könnte durch folgende vereinfachte Handlungsanleitung am Beispiel der Roten Liste beschrieben werden: Man erstelle eine Liste
sämtlicher natürlichsprachlichen Umschreibungen medizinischer Wirkungen (z.
B. 'blutdrucksenkend'), die in der Dokumentation vorkommen. Anschließend
komprimiere man diese Liste durch Elimination von Polysemie und Synonymie,
sowie durch Abstraktion von Parametern (z. B. Zusammenfassung von 'senkt
den Blutdruck', 'stark blutdrucksenkend' zu 'blutdrucksenkend'). Schließlich
formalisiere man diese Liste durch Zuordnung eindeutiger Codes und ersetze
jede ursprüngliche natürlichsprachliche Beschreibung innerhalb der Dokumentation durch ihre Codes. Eine so entstandene Gruppierung würde den Anforderungen an die Formalisierung genügen. Bei diesem Prozeß können durchaus
spezielle Informationen über einzelne Parameter (z. B. Intensität) von Wirkungen verloren gehen (bzw. am Ort der Referenz angegeben werden). Als erster
Meilenstein sollte die *Identifizierbarkeit* von Wirkungen (Gruppen) im Vordergrund stehen. Ihre Parametrisierung würde den Formalismus vervollständigen.

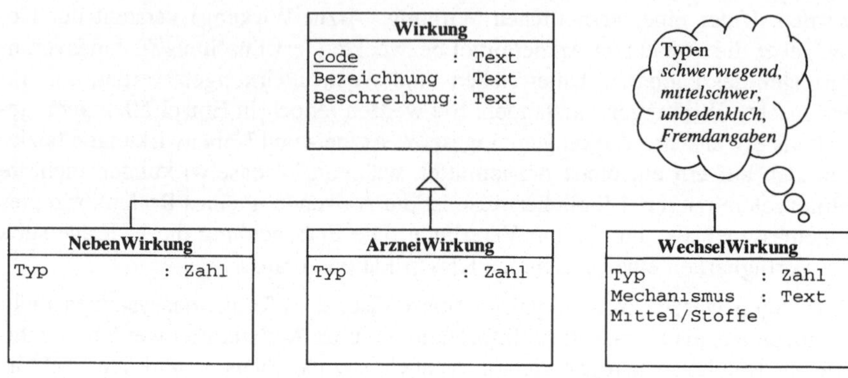

Abbildung 4.11: Wirkungen

Personen

Personen können die Rollen von *Patienten* und *Ärzten* einnehmen. In einem
medizinischen System wie einem Krankenhaus werden diese Rollen normalerweise als konstant betrachet. Beide Spezialisierungen stehen mit Medikationen
in Beziehung, denn Medikationen sind Patienten zugeordnet und aus Verordnungen zusammengesetzt, welche von Ärzten bestimmt werden. In einem Krankenhaus werden Verordnungen auf diese Weise dokumentiert, so daß jede Verordnung einen Arzt referenziert, der sie zu verantworten hat. Patienten werden
mit einem Diagnoseschlüssel der ICD charakterisiert und befinden sich in genau
einer Station des Krankenhauses. Im Zusammenhang mit großen medizinischen
Systemen (z. B. Krankenhaus) sind weitere Spezialisierungen denkbar (z. B.
Schwester, Pfleger), etwa zur Beschreibung von Verantwortlichkeiten, Rechten
und Pflichten im Umgang mit pharmazeutischen Informationssystemen. Perso-
nelle Informationen sind Gegenstand der Einbettung (Integration) pharmazeutischer Informationssysteme in übergeordnete Systeme.

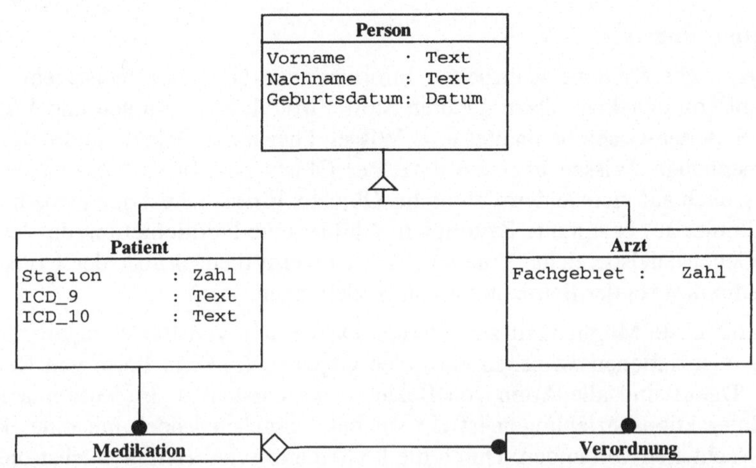

Abbildung 4.12: Personen und ihre Beziehungen zu pharmazeutischen Datenstrukturen

Ernährungen

Betrachtet man alle Mittel, die gleichzeitig auf den Zustand eines Patienten einwirken können, erscheint es sinnvoll, auf der Ebene von Anwendungsszenarien zwischen Arzneimitteln und anderen Mitteln zu unterscheiden. Die *Ernährung* eines Patienten kann sicher nicht so exakt erfaßt werden, wie seine Medikation ('Wieviel mg Lakritz nehmen Sie täglich?'). Die unterschiedlichen Mittel sollten vielmehr in unterschiedlichen Sichten und Detaillierungen gesehen werden. Die Polymorphie von Mitteln dient in erster Linie der internen Repräsentation, denn letztendlich wirken alle einem Patient zugeordneten Mittel zusammen. Eine externe Repräsentation sollte die Detailsichten jedoch erhalten.

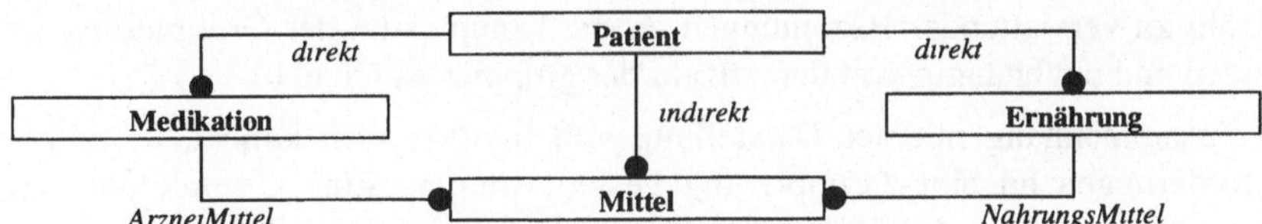

Abbildung 4.13: Indirekte Beziehungen zwischen Patienten und Mitteln

Gruppierungen

Medizinische Systeme verarbeiten Informationen über eine meist sehr große Anzahl von Objekten. Dazu gehören Stoffe, Mittel, Interaktionen und Wirkungen. Expertenwissen beinhaltet u. a. Wissen über diese Objekte und deren Zusammenhänge. Wissen über ein einzelnes Objekt bezieht sich in den meisten Fällen auch auf viele andere, 'ähnliche' Objekte. Eine solche Äquivalenz bezieht sich immer auf bestimmte Kriterien und bildet eine Partitionierung des jeweiligen Gegenstandsbereichs. Eine solche Sichtweise dient primär der Komplexitätsreduktion bei der Betrachtung von Beziehungen.

Die einfachste Möglichkeit zur internen Darstellung von Beziehungen sind direkte Assoziationen zwischen einzelnen Objekten (z. B. in Form von Relationen). Damit sind alle Arten von Beziehungen darstellbar. Im Zusammenhang mit Interaktionsbeziehungen ist ein solches Vorgehen jedoch mit einer Reihe von Nachteilen verbunden. Durch die kombinatorische Vielfalt wächst die Anzahl zu verwaltender Beziehungen mit zunehmender Anzahl von Objekten sehr stark an. Ihre Pflege gestaltet sich ebenfalls äußerst umständlich, wenn Objekte, die bzgl. eines bestimmten Kriteriums äquivalent sind, wiederholt die gleiche Beziehung eingehen (z. B. alle Antibiotika). Dokumentationen von Interaktionen beziehen sich i. a. auch nicht auf konkrete Arzneimittel, sondern auf Mengen ('Gruppen') von Arzneimitteln.

Diese zweite Möglichkeit zur Darstellung von Beziehungen besteht in der Darstellung von Beziehungen zwischen Mengen von Objekten. Eine solche Menge von Objekten wird zu einer *Gruppe* zusammengefaßt. Eine *Gruppierung* beinhaltet eine Menge von Gruppen, die nach bestimmten Kriterien definiert wurden. Eine *Einordnung* eines Objekts in eine Gruppierung ordnet ihm genau eine Gruppe zu. Aussagen über eine Gruppe beziehen sich ebenfalls auf alle ihre Untergruppen. Durch die Definition von Beziehungen zwischen Gruppen ist die Anzahl zu verwaltender Beziehungen an die Komplexität der Gruppierung gebunden und unabhängig von der Anzahl der gruppierten Objekte.

Im Zusammenhang mit der Darstellung von Interaktionen können bestimmte Anforderungen an eine Gruppierung gestellt werden. Eine Gruppierung von Arzneimitteln bildet das Vokabular für die Definition von *Interaktionsregeln*, Beziehungen zwischen Gruppen. Grundsätzlich muß eine Gruppierung als Vokabular für die Beschreibung solcher Informationsbeziehungen geeignet sein. Unter diesem Gesichtspunkt erscheint es sinnvoll, disjunkte Gruppierungen zu verwenden: Jedes Arzneimittel gehört zu genau einer Gruppe. Die Darstellung von Interaktionen ist mit erhöhten Konsistenzanforderungen verbunden, wenn nicht-disjunkte Gruppierungen eingesetzt werden. Nicht-disjunkte Gruppierungen erlauben jedoch eine flexiblere Umsetzung von Expertenwissen. Die Verarbeitung nicht-disjunkter Gruppierungen sollte bei einer Implementation optimiert werden.

Geeignete Gruppierungen müssen von Experten unter Berücksichtigung von später zu formulierenden Interaktionsregeln bestimmt werden. Die Eignung einer Gruppierung bezieht sich auf die Art der Beziehungen, die zwischen ihren Gruppen definiert werden sollen. Unterschiedliche Beziehungen können möglicherweise nur mit unterschiedlichen Gruppierungen beschrieben werden. Die Darstellung von Interaktionsbeziehungen erfordert eine Gruppierung, deren Gruppen Mittel oder Stoffe enthalten, die sich bzgl. Wechselwirkungen mit anderen Objekten äquivalent verhalten. Gruppierungen und Gruppenbeziehungen enthalten Expertenwissen und können nicht Gegenstand der Modellierung sein. Die Modellierung sollte insbesondere offen lassen, welche konkreten Gruppierungen ('Hauslisten') verwendet werden.

Gruppierungen sind demnach abstrakte Strukturen, deren semantischer Gehalt zur Entwurfszeit nicht bekannt ist. Ein pharmazeutisches Informationssystem (und damit auch sein Datenmodell) sollte die Entwicklung und Pflege von Gruppierungen unterstützen und ihren Einfluß auf die Formulierbarkeit von Wissen für den Benutzer sichtbar machen.

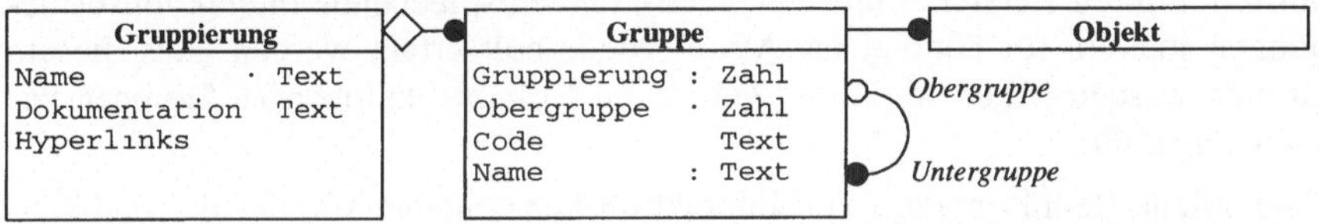

Abbildung 4.14: Gruppierungen als Sammlungen abstrakter Wissenselemente

Konflikte

Eine *Interaktion* (Interaktionsbeziehung) ist eine Beziehung zwischen Objekten, die gleichzeitig auf den Zustand eines Patienten einwirken können. Die Darstellung von Interaktionen kann theoretisch in mehreren Dimensionen erfolgen, abhängig von der Art der Objekte, die in Beziehung gebracht werden. Eine Interaktion kann zunächst als eine Beziehung zwischen Stoffen oder Mitteln aufgefaßt werden. Dabei handelt es sich um eine *direkte Interaktionsbeziehung*, weil sie konkrete (Behandlungs-) Objekte referenziert. Ordnet man alle Objekte in einer oder mehreren Gruppierungen, können Beziehungen zwischen Gruppen definiert werden. Eine solche *indirekte Interaktionsbeziehung* impliziert entsprechende direkte Beziehungen zwischen den Objekten, die in den referenzierten Gruppen enthalten sind. Durch die kompakte Darstellung besitzen diese Beziehungen einen höheren semantischen Gehalt. Die Verwendung indirekter Informationsbeziehungen hat einen positiven Einfluß auf Konsistenz, Redundanz und Wartbarkeit.

Interaktionsbeziehungen zwischen Stoffen sind auf der untersten Ebene einer Medikationshierarchie angesiedelt und sind unabhängig von den erfaßten Mitteln. Interaktionsbeziehungen zwischen Mitteln können aus ihren Zusammensetzungen berechnet (abgeleitet) werden, sofern ihre Bestandteile (Stoffe) verfügbar sind. Es gibt jedoch Gründe, die Vollständigkeit dieser Sicht anzuzweifeln, denn es ist fraglich, ob das 'Verhalten' eines Mittels (bzgl. Interaktionen) aus medizinischer Sicht allein durch seine Zusammensetzung erklärt werden kann (z. B. bei unterschiedlichen Zubereitungen). Dies führt zur Betrachtung der nächst höheren Ebene in der Medikationshierarchie: Interaktionsbeziehungen zwischen Mitteln.

Werden Interaktionen als Beziehungen zwischen Mitteln aufgefaßt, bleiben deren Zusammensetzungen unberücksichtigt. Interaktionsbeziehungen zwischen Mitteln können nicht berechnet werden, sondern müssen explizit definiert werden. Eine solche Sichtweise ist zwar vollständig (bzgl. Interaktionen zwischen Mitteln), jedoch auch umständlich: Viele unterschiedliche Mittel interagieren auf die gleiche Weise mit anderen Mitteln (z. B. wenn sich Fertigarzneimittel nur durch ihren Hersteller unterscheiden), und entsprechende Interaktionsbeziehungen müssen für äquivalente Mittel wiederholt erfaßt werden. Aus diesem Grunde werden Mittel in pharmazeutischen Dokumentationen zu Gruppen zusammengefaßt.

Eine solche Repräsentation von Interaktionsbeziehungen verläßt die Medikationshierarchie (dynamisch) und basiert auf ganz anderen (statischen) Baumstrukturen: Gruppierungen. Gruppierungen können sich auf beliebige Objekte beziehen und sind nicht an eine bestimmte Klasse von Objekten gebunden. Ein wesentlicher Abstraktionsschritt besteht darin, Interaktionen als *Konflikte* zwischen beliebigen Gruppen zu betrachten und völlig offen zu lassen, welche Art von Objekten diese Gruppen enthalten. Eine solche Sichtweise bedeutet also eine Integration der oben beschriebenen Dimensionen, denn eine Gruppe kann insbesondere auch Stoffe und Mittel enthalten.

Unter dieser objektorientierten Sichtweise kann man eine Medikation als einen universellen Container verstehen, der eine Menge von Objekten ('Behandlungsobjekte') enthält. Jedes dieser Objekte kann in Gruppen beliebiger Gruppierungen enthalten sein. Konfliktbeziehungen können als Muster ('Schablonen') aufgefaßt werden, in die eine Auswahl konkreter Behandlungsobjekte entweder hineinpaßt oder auch nicht.

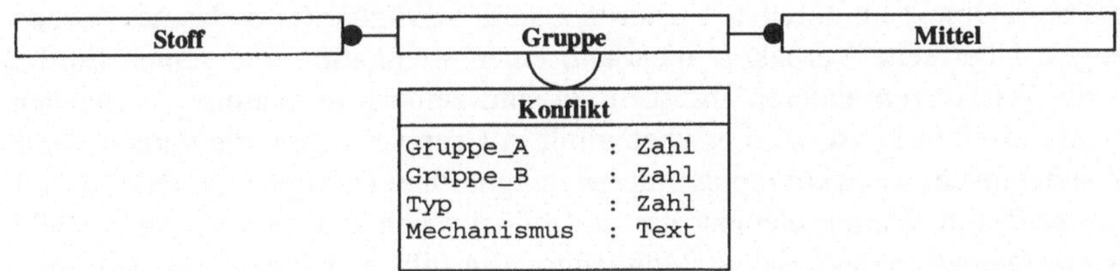

Abbildung 4.15: Interaktionen zwischen Stoffen und zwischen Mitteln als Konflikte
zwischen Gruppen

Charaktere

Eine Gruppierung ordnet eine Menge von Objekten nach bestimmten Merkmalen. Die Einordnung eines Objekts in eine Gruppierung beinhaltet nur einen geringen Informationsgehalt, weil eine Gruppierung selbst nur ausgewählte Kriterien erfaßt. Existieren mehrere Gruppierungen für eine Klasse von Objekten, können diese durch mehrere Einordnungen in unterschiedliche Gruppierungen detaillierter beschrieben oder 'charakterisiert' werden. Jede Gruppierung kann dabei eine spezielle Ordnung, Sicht oder Terminologie darstellen, wie auch verschiedenen pharmazeutischen Normen und Standards entsprechen. Läßt man nicht-disjunkte Gruppierungen zu, können sogar Beziehungen zwischen Gruppen unterschiedlicher Gruppierungen definiert werden (z. B. zwischen 'Antibiotika' und 'alkoholhaltige Mittel'). Eine solche Sichtweise erhöht wesentlich die Flexibilität bei der Formulierung von Beziehungen und motiviert Experten zur Entwicklung geeigneter Gruppierungen.

Nach diesen Überlegungen könnte man den *Charakter* eines beliebigen Objekts als die Menge aller Gruppen verstehen, in denen es implizit enthalten ist. Dazu gehören auch (aber nicht nur) die Gruppen, in die es eingeordnet wurde. Eine Menge von Einordnungen beinhaltet einen höheren semantischen Gehalt als eine einzelne Einordnung allein. Alle Einordnungen zusammen sind für analytische Berechnungen nutzbar: Eine Medikationsprüfung kann sämtliche Beziehungen zwischen Gruppen unterschiedlicher Gruppierungen berücksichtigen. Die 'Herkunft' gefundener Konflikte ist eine Menge von Gruppierungen. Eine Interaktion ist immer auf einen Konflikt in einer oder mehreren Gruppierungen zurückzuführen.

Der semantische Gehalt eines Charakters, d. h. die Menge der verfügbaren Informationen über ein Objekt, ist variabel. Betrachtet man den Lebenszyklus eines Objekts (z. B. eines Fertigarzneimittels), könnte man mehrere Phasen unterscheiden. Nach seiner Erfassung sind lediglich obligatorische Informationen,

die einem Objekt unmittelbar zugeordnet sind, verfügbar (z. B. Name, Bezugsmenge). Über sein 'Verhalten' innerhalb einer Medikation und seinen Einfluß
auf die Wirkungen anderer Therapeutika sind keine Informationen vorhanden.
In einer zweiten Phase wird es wiederholt in Gruppierungen, die unterschiedliche semantische Aspekte repräsentieren, eingeordnet (Lernphase). Jede Einordnung stellt ein Wissenselement dar und bildet einen Baustein im Gesamtbild,
das ein Objekt charakterisiert. Möglicherweise gibt es Objekte, die von ihren
Benutzern detaillierter charakterisiert werden als andere (z. B. weil sie gefährli-
cher sind). Werden Charaktere durch Beziehungen dargestellt, nehmen sie Ressourcen auch nur in dem Ausmaß in Anspruch, wie jeweils Informationen über
ein Objekt vorhanden sind (nicht vorhandene Informationen führen nicht zu
'Nullwerten').

Innerhalb einer Hierarchie von Gruppen propagiert sich ein Charakter nach o-
ben: Objekte, die in eine Gruppe eingeordnet werden, sind implizit auch in allen
Obergruppen dieser Gruppe enthalten. Beziehungen zwischen Gruppen hingegen propagieren sich nach unten: Alle Aussagen über eine Gruppe gelten auch
für alle ihre Untergruppen (Teilbaum). Durch die Wahl entsprechender Stufen
bei der Formulierung von Beziehungen können diese in kompakter Form als
konzentriertes Wissen dargestellt werden. Die Konzentration hängt wesentlich
von Grad der Hierarchisierung ab.

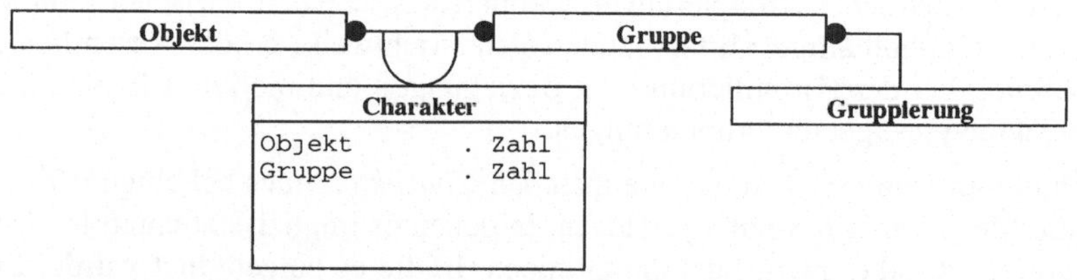

Abbildung 4.16: Charaktere als elementare Wissenselemente

Vererbungshierarchie

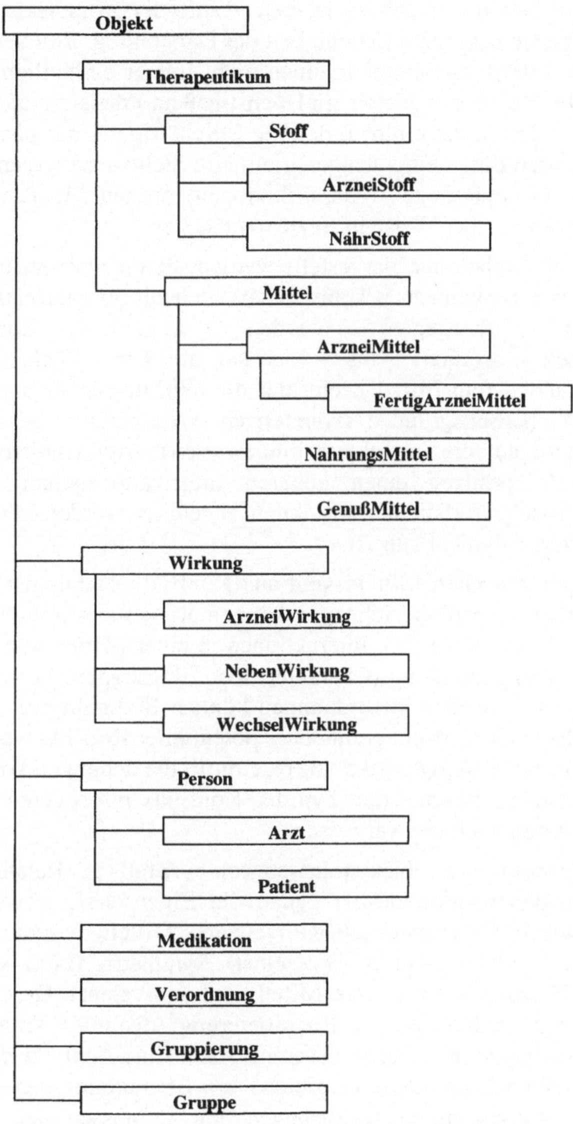

Abbildung 4.17: Vererbungshierarchie

4.3 Mathematische Präzisierungen

Anschauliche grafische Notationen dienen in erster Linie der Komplexitätsreduktion und bieten nur eine begrenzte Genauigkeit der Darstellung. Ihre Semantik wird aufgrund von Interpretationsspielräumen nicht immer einheitlich verstanden. Mathematische Notationen bieten ein Höchstmaß an Präzision und ihre Semantik ist eindeutig. Dem kommt hinzu, daß die Beschäftigung mit pharmazeutischen Datenstrukturen durch eine mengenorientierte Sichtweise wesentlich unterstützt wird, denn Gruppierungen (Klassifikationen) ordnen Mengen von Objekten, die in unterschiedlicher Weise in Beziehung stehen.

Beziehungen können als Relationen dargestellt werden, deren mathematische Eigenschaften (Reflexivität, Symmetrie, Transitivität) auch auf pharmazeutische Anwendungsszenarien übertragen werden können. Speziell Interaktionsbeziehungen werden aus pharmazeutischer Sicht als antisymmetrisch verstanden (ein Mittel beeinflußt die Wirkung eines anderen Mittels), jedoch aus Sicherheitsgründen symmterisch dokumentiert (bei allen betroffenen Mitteln wird auf die Interaktion hingewiesen). Antisymmetrische Relationen auf Mitteln besitzen einen höheren Informationsgehalt, weil entsprechende symmetrische Relationen aus ihnen abgeleitet werden können, was für den umgekehrten Fall nicht zutrifft.

Interaktionsbeziehungen zwischen Mitteln sind aus Konfliktbeziehungen zwischen Gruppen herleitbar. Konfliktbeziehungen können als symmetrische Relationen auf Gruppen verstanden werden. Interaktionen in einer Menge von Mitteln sind durch Schnittmengenbildung (Charakter, Konfliktgruppen) berechenbar. Konfliktbeziehungen zwischen Verordnungen können Bedingungen zugeordnet werden, die entscheiden, ob ein gefundener potentieller Konflikt tatsächlich zutrifft (z. B. *'Dosierung.Menge* > (0.5, mg)'). Konfliktbeziehungen können ebenfalls Attribute besitzen, die über den Typ des Konflikts informieren oder auf weiterführende Dokumentationen verweisen.

Äquivalenzbeziehungen zwischen Objekten lassen sich ebenfalls als Relationen auffassen. Eine Äquivalenzrelation besitzt genau die Eigenschaften, welche auch Beziehungen zwischen therapeutisch äquivalenten Mitteln beschreiben: Reflexivität (ein Mittel ist äquivalent zu sich selbst), Symmetrie (zwei Mittel sind äquivalent) und Transitivität (mehrere Mittel sind äquivalent). Durch Äquivalenzklassenbildung erhält man eine Partitionierung (disjunkte Gruppierung), die äquivalente Objekte in Gruppen zusammenfaßt. Eine *Ähnlichkeitsbeziehung* zwischen Objekten kann durch Vergleiche von Charakteren berechnet werden. Je nach Charakterisierung der verglichenen Objekte müssen mehr oder weniger Einordnungen übereinstimmen (z. B. Ähnlichkeit: 75 %).

Eine *Medikationsanalyse* beinhaltet das Auffinden sämtlicher Interaktionsbeziehungen zwischen den in einer Medikation enthaltenen Mittel. Aus diesen Mitteln lassen sich direkt deren Charaktere berechnen, Mengen von (Referenzen auf) Gruppen, in denen es enthalten ist. Dabei handelt es sich tatsächlich um eine Berechnung, denn ein Mittel ist nicht nur in den Gruppen enthalten, in die es eingeordnet wurde, sondern auch in allen deren Obergruppen (kompletter Pfad eines Knotens zur Wurzel). Eine solche Berechnung ähnelt einer Hüllenbildung und sollte bei einer Implementation optimiert werden. Ist der Charakter eines Mittels berechnet, kann daraus wiederum eine Menge von Konfliktgruppen berechnet werden, die mit ihm in Konflikt stehen. Nach einer solchen Berechnung kann eine Medikationsprüfung im wesentlichen auf eine Schnittmengenbildung zurückgeführt werden: Ist die Schnittmenge zwischen dem Charakter eines Mittels und den Konfliktgruppen eines anderen Mittels nicht leer, stehen die beiden Mittel in Konflikt.

Wirkungen können als Elemente einer endlichen Menge von Gruppen oder Kategorien aufgefaßt werden. Konkrete Wirkungen müssen dann durch weitere Parameter (z. B. Intensität) beschrieben werden. Eine Wirkung kann im Kontext einer Therapie erwünscht oder unerwünscht sein. Ein einzelnes Mittel ruft eine Menge von Wirkungen hervor. Die Wirkungen, die von einer Menge von Mitteln hervorgerufen werden, unterscheiden sich i. a. von der Summe der Einzelwirkungen, denn sie können durch Wechselwirkungen beeinflußt werden. Spezialisierungen von Wirkungen können mit einfachen Prädikaten (z. B. Erwünschtheit) beschrieben werden. Unter Anwendung unbekannter Funktionen können auch Wechselwirkungen formal als Differenz zwischen Mengen definiert werden.

Um die Terminologie in Grenzen zu halten, werden die Bezeichner von Funktionen überladen (*overloading*), d. h. eine Funktion kann in Abhängigkeit ihrer Parameter unterschiedliche Rümpfe besitzen (z. B. *Gruppen* für Mittel und Mengen von Mitteln). Objekte werden als atomare Elemente verstanden, deren Attribute durch Funktionen beschrieben werden. Es werden in erster Linie relevante (strukturbeschreibende) Attribute berücksichtigt.

Domains

OBJEKT	Menge aller Objekte	*BOOL*	Menge der Wahrheitswerte
INTE-GER	Menge der ganzen Zahlen	*STRING*	Menge der Zeichenketten
REAL	Menge der reellen Zahlen	*DATUM*	Menge der Datumsangaben

Einheiten, Mengen

Eine *Einheit e* ist ein Element einer endlichen Menge von Maßeinheiten.
Es bezeichne *EINHEIT* die Menge aller Einheiten.

$e \in EINHEIT = \{\ Kilogramm,\ Liter,\ Stück,\ \dots\ \}$

Für jede Einheit *e* sei *GrundEinheit* eine Funktion, welche die zugehörige
Grundeinheit (z. B. Gewicht: *g*) liefert:

$GrundEinheit\colon EINHEIT \rightarrow EINHEIT$

Beispiele: $GrundEinheit(kg) = g,\ GrundEinheit(mg) = g,\ GrundEinheit(ml) = l$

Grundeinheiten können willkürlich definiert werden und dienen nur der
Normalisierung von Mengenangaben.

Für jede Einheit *e* sei *Faktor* eine Funktion, welche den Faktor einer Einheit
bzgl. ihrer Grundeinheit liefert:

$Faktor\colon\quad EINHEIT \rightarrow REAL$

Beispiele: $Faktor(kg) = 1000,\ Faktor(mg) = 0.001,\ Faktor(g) = 1$

Eine *Mengenangabe m* ist ein Tupel (*Wert, Einheit*).
Es bezeichne *MENGE* die Menge aller Mengenangaben.

$m = (Wert,\ Einheit) \in MENGE = REAL \times EINHEIT,$

$Wert \in REAL,\ Wert \geq 0 \land Einheit \in EINHEIT$

Beispiel: $(2, mg)$

Für eine Menge *m* seien *Wert* und *Einheit* Funktionen, welche ihre Komponenten liefern:

$Wert\colon\quad MENGE \rightarrow REAL$

$Einheit\colon\quad MENGE \rightarrow EINHEIT$

Für eine Menge *m* und eine (Ziel-) Einheit *e* sei *Umrechnung* eine Funktion,
welche *m* in die Einheit *e* umrechnet:

$$Umrechnung\colon\qquad MENGE \times EINHEIT \rightarrow MENGE$$

$$Umrechnung(m, e) = \left(\frac{Wert(m) \cdot Faktor(Einheit(m))}{Faktor(e)}, e \right)$$

$$\forall\ m \in MENGE,\ e \in EINHEIT$$

Beispiel: $m = (0.05, kg);\ e = mg;\ GrundEinheit(mg) = GrundEinheit(kg) = g;$

$\qquad\quad Faktor(kg) = 1000;\ Faktor(mg) = 0.001;$

$$Umrechnung(m, e) = \left(\frac{0\,05 \;\; 1000}{0\,001}, mg \right) = (50000, mg)$$

Für Mengenangaben *m* sei die Addition folgendermaßen definiert:

$$+: \qquad MENGE \times MENGE \rightarrow MENGE$$
$$m + n \;\; = \; (Wert(Umrechnung(m, g)) + Wert(Umrechnung(n, g)), g)$$
$$\text{falls } g = GrundEinheit(Einheit(m)) = GrundEinheit(Einheit(n))$$

$$\forall \; m, n \in MENGE$$

Diese Definition kann um die Umrechnung verschiedener Grundeinheiten (z. B. *l* und *g*) ergänzt werden. In den folgenden Anwendungen von Mengenangaben wird davon ausgegangen, daß alle Mengen ineinander umrechenbar sind.

Stoffe

Ein *Stoff* ist ein Element einer endlichen Menge von Objekten.
Es bezeichne *STOFF* ⊂ *OBJEKT* die Menge aller Stoffe.

Für alle Stoffe sei *Höchstmenge* eine Funktion, die einem Stoff eine Höchstmenge zuordnet.

$$H\ddot{o}chstmenge: \qquad STOFF \rightarrow MENGE$$
$$H\ddot{o}chstmenge(s) \;=\; \begin{cases} m & \text{falls } s \text{ höchstens in Menge } m \text{ verordnet werden darf} \\ \varnothing & \text{falls } s \text{ keine Höchstmenge zugeordnet ist} \end{cases}$$

$$\forall \; s \in STOFF$$

Mittel

Ein *Mittel* ist ein Element einer endlichen Menge von Objekten.
Es bezeichne *MITTEL* ⊂ *OBJEKT* die Menge aller Mittel.

Jedem Mittel sei eine *Bezugsmenge* zugeordnet:

$$Bezugsmenge: \qquad MITTEL \rightarrow MENGE$$

Eine *Zusammensetzung* ist eine Menge von Elementen (*Stoff*, *Anteil*) des kartesischen Produktes aus Stoffen und Mengen. Anteile beziehen sich auf die Bezugsmenge eines Mittels.

Für alle Mittel sei *Zusammensetzung* eine Funktion:

$$Zusammensetzung: \qquad MITTEL \rightarrow 2^{STOFF \times MENGE}$$
$$Zusammensetzung(m) = \{ \; (Stoff, Anteil) \mid \text{'}Stoff \text{ ist mit } Anteil \text{ in } m \text{ enthalten'} \}$$

$$\forall\; m \in MITTEL$$

Für alle Mittel sei *Stoffe* eine Funktion, die jedem Mittel die Menge aller in ihm enthaltenen Stoffe liefert.

$$
\begin{aligned}
&\textit{Stoffe}: &&\textit{MITTEL} \rightarrow 2^{STOFF}\\
&\textit{Stoffe}(m) &&= \{\; s \in \textit{STOFF} \mid \exists\, t \in \textit{MENGE}: (s, t) \in \textit{Zusammensetzung}(m) \;\}\\
& && \hspace{4cm} \forall\; m \in \textit{MITTEL}
\end{aligned}
$$

Für Stoffe und Mittel sei *Anteil* eine Funktion, die einem Stoff einen Anteil in einem gegebenen Mittel zuordnet:

$$
\begin{aligned}
&\textit{Anteil}: &&\textit{STOFF} \times \textit{MITTEL} \rightarrow \textit{MENGE}\\
&\textit{Anteil}(s, m) = &&\begin{cases} k & \text{falls } (s, k) \in \textit{Zusammensetzung}(m)\\ 0 & \text{sonst} \end{cases}
\end{aligned}
$$

$$\forall\; s \in STOFF,\; m \in MITTEL$$

Dosierungen

Eine *Dosierung d* ist ein Tupel (*Menge, Häufigkeit, Dauer*):

$$
\begin{aligned}
d = (\textit{Menge, Häufigkeit, Dauer}) \;&\in \textit{DOSIERUNG}\\
&= \textit{MENGE} \times \textit{MENGE} \times \textit{MENGE}
\end{aligned}
$$

Beispiel: ((1, *Kapsel*), (1, *täglich*), (2, *Wochen*))

Für eine Dosierung seien *Menge, Häufigkeit* und *Dauer* Funktionen, welche die Komponenten einer Dosierung bestimmen:

$$
\begin{aligned}
&\textit{Menge}: &&\textit{DOSIERUNG} \rightarrow \textit{MENGE}\\
&\textit{Häufigkeit}: &&\textit{DOSIERUNG} \rightarrow \textit{MENGE}\\
&\textit{Dauer}: &&\textit{DOSIERUNG} \rightarrow \textit{MENGE}
\end{aligned}
$$

Verordnungen

Ein *Indikation* ist ein Element einer endlichen Menge von Objekten.
Es bezeichne *INDIKATION* $\subset$ *OBJEKT* die Menge aller Indikationen.

Eine *Verordnung* v ist ein Tripel über Mitteln, Dosierungen und Indikationen.
Es bezeichne *VERORDNUNG* die Menge aller Verordnungen.

$$v \in VERORDNUNG \quad = MITTEL \times DOSIERUNG \times INDIKATION$$

Mengenangaben von Dosierungen beziehen sich auf die Bezugsmenge des verordneten Mittels. Entsprechend seien *Mittel*, *Dosierung* und *Indikation* Funktionen, welche die Komponenten einer Verordnung bestimmen:

$$
\begin{aligned}
\textit{Mittel}: &\quad \textit{VERORDNUNG} \rightarrow \textit{MITTEL} \\
\textit{Dosierung}: &\quad \textit{VERORDNUNG} \rightarrow \textit{DOSIERUNG} \\
\textit{Indikation}: &\quad \textit{VERORDNUNG} \rightarrow \textit{INDIKATION}
\end{aligned}
$$

Der Anteil eines Stoffes, der indirekt durch eine Verordnung bestimmt wird ergibt sich aus Zusammensetzung und Bezugsmenge des verordneten Mittels:

$$
\begin{aligned}
\textit{Anteil}: &\quad \textit{STOFF} \times \textit{VERORDNUNG} \rightarrow \textit{MENGE} \\[2mm]
\textit{Anteil}(s, v) = &\left(
\begin{array}{l}
\textit{Wert}(\textit{Anteil}(s,\textit{Mittel}(v))) \cdot \dfrac{\textit{Wert}(\textit{Menge}(\textit{Dosierung}(v)))}{\textit{Wert}(\textit{Bezugsmenge}(\textit{Mittel}(v)))}, \\[3mm]
\textit{Einheit}(\textit{Anteil}(s,\textit{Mittel}(v)))
\end{array}
\right)
\end{aligned}
$$

$$\forall\, s \in \textit{STOFF}, v \in \textit{VERORDNUNG}$$

Alle Mengenangaben müssen ineinander umrechenbar sein. Eine einfache Möglichkeit dazu besteht darin, alle Mengen in die jeweiligen Grundeinheiten umzurechnen, so daß gilt:

$$
\begin{aligned}
\textit{Einheit}(\textit{Bezugsmenge}(\textit{Mittel}(v))) \quad &= \textit{Einheit}(\textit{Anteil}(s, \textit{Mittel}(v))) \\
&= \textit{Einheit}(\textit{Menge}(\textit{Dosierung}(v)))
\end{aligned}
$$

Beispiel:

$Bezugsmenge(Mittel(v)) = (1, Tablette)$, $Anteil(s, Mittel(v)) = (3, mg)$, $Menge(Dosierung(v)) = (2.5, Tablette)$

$$Anteil(s, v) \ = \ \left(3 \cdot \frac{2.5}{1}, mg \right) \ = (7.5, mg)$$

Medikationen

Eine *Medikation m* ist eine Menge von Verordnungen.
Es bezeichne *MEDIKATION* die Menge aller Medikationen.

$$m \in MEDIKATION = 2^{VERORDNUNG} = 2^{MITTEL \times DOSIERUNG \times INDIKATION}$$

Für alle Medikationen *m* seien *Mittel* und *Stoffe* Funktionen:

$$
\begin{aligned}
&Mittel: && MEDIKATION \rightarrow 2^{MITTEL} \\
&Mittel(m) &&= \{\, t \in MITTEL \mid \exists\, v \in m: Mittel(v) = t \,\} \\
&&&= \bigcup_{v \in m} Mittel(v) && \forall\, m \in MEDIKATION \\[2ex]
&Stoffe: && MEDIKATION \rightarrow 2^{STOFF} \\
&Stoffe(m) &&= \{\, s \in STOFF \mid \exists\, t \in MITTEL: t \in Mittel(m) \wedge s \in Stoffe(t) \,\} \\
&&&= \bigcup_{t \in Mittel(m)} Stoffe(t) && \forall\, m \in MEDIKATION
\end{aligned}
$$

Der Anteil eines Stoffes innerhalb einer Medikation ergibt sich aus den Verordnungen:

$$
\begin{aligned}
&Anteil: && STOFF \times MEDIKATION \rightarrow MENGE \\
&Anteil(s, m) &&= \left(\sum_{v \in m} Umrechnung(Anteil(s, v), e), e \right)
\end{aligned}
$$

$$\forall\, s \in STOFF, m \in MEDIKATION$$

falls *e* die gemeinsame Grundeinheit aller Anteile darstellt.

Überdosen

Eine *Überdosis* eines Stoffes s ist im Rahmen einer Medikation m gegeben, falls s insgesamt in einer größeren Menge als seine Höchstmenge verordnet ist:

$$\textit{Überdosis:} \quad MEDIKATION \times STOFF \rightarrow BOOL$$

$$\textit{Überdosis}(m, s) = \begin{cases} 1 & \text{falls } \textit{Höchstmenge}(s) \neq \varnothing \wedge \\ & \textit{Anteil}(s,m) > \textit{Höchstmenge}(s) \\ 0 & \text{sonst} \end{cases}$$

$$\forall\, s \in STOFF,\, m \in MEDIKATION$$

Eine *Überdosis* ist im Rahmen einer Medikation m gegeben, falls es mindestens einen Stoff gibt, der insgesamt in einer größeren Menge als seine Höchstmenge verordnet ist:

$$\textit{Überdosis:} \quad MEDIKATION \rightarrow BOOL$$

$$\textit{Überdosis}(m) = \begin{cases} 1 & \text{falls } \exists s \in \textit{Stoffe}(m) : \textit{Überdosis}(m, s) = 1 \\ 0 & \text{sonst} \end{cases}$$

$$\forall\, m \in MEDIKATION$$

Für eine Medikation m sei *Überdosen* eine Funktion, die sämtliche überdosierten Stoffe liefert:

$$\textit{Überdosen:} \quad MEDIKATION \rightarrow 2^{STOFF \times MENGE}$$

$$\textit{Überdosen}(m) = \{\, (s, \textit{Anteil}(s, m)) \in STOFF \times MENGE \mid$$
$$\textit{Überdosis}(m, s) = 1 \,\}$$

$$\forall\, m \in MEDIKATION$$

Gruppierungen

Eine *Gruppe* ist Element einer endlichen Menge von Gruppen.
Es bezeichne $GRUPPE \subset OBJEKT$ die Menge aller Gruppen.

Eine *Gruppierung* ist ein Baum $\mathbf{G} = (G, O)$ mit

$$G \subseteq GRUPPE \quad \text{und} \quad O \subseteq GRUPPE \times GRUPPE$$
$$\forall\, g_1, g_2 \in G:\ (g_1, g_2) \in O \Leftrightarrow \ \text{'}g_1 \text{ ist Obergruppe von } g_2\text{'}$$

Für eine Gruppierung $\mathbf{G} = (G, O)$ seien *Gruppen* und *Ordnung* Funktionen, welche ihre Komponenten liefern:

$$Gruppen: \qquad GRUPPIERUNG \rightarrow 2^{GRUPPE}$$
$$Gruppen(\mathbf{G}) \;= G \qquad\qquad\qquad\qquad \forall\, \mathbf{G} \in GRUPPIERUNG$$
$$Ordnung: \qquad GRUPPIERUNG \rightarrow 2^{GRUPPE \times GRUPPE}$$
$$Ordnung(\mathbf{G}) \;= O \qquad\qquad\qquad\qquad \forall\, \mathbf{G} \in GRUPPIE\text{-}RUNG$$

Für alle Gruppen g seien *Gruppierung, Obergruppe, Obergruppen, Untergruppen, Nachfolger, Stufe* Funktionen:

$$Gruppierung: \qquad GRUPPE \rightarrow GRUPPIERUNG$$
$$Gruppierung(g) \;= \text{'Gruppierung von } g\text{'} \qquad\qquad \forall\, g \in GRUPPE$$

$$Obergruppe: \qquad GRUPPE \rightarrow GRUPPE$$
$$Obergruppe(g) \;= \begin{cases} g' & ,\text{falls } (g', g) \in Ordnung(Gruppierung(g)) \\ \varnothing & \qquad\text{sonst} \end{cases}$$
$$\forall\, g \in GRUPPE$$

$$Obergruppen: \qquad GRUPPE \rightarrow 2^{GRUPPE}$$
$$Obergruppen(g) \;= \{\, t \in GRUPPE \mid \exists\, g_1, \dots g_n \in GRUPPE:$$
$$g_1 = g \wedge g_n = t \wedge$$
$$(n > 1 \rightarrow (\forall\, i, 1 \le i < n: Obergruppe(g_i) = g_{i+1})\,\}$$
$$\forall\, g \in GRUPPE$$

$$Untergruppen: \qquad GRUPPE \rightarrow 2^{GRUPPE}$$
$$Untergruppen(g) \;= \{\, t \in GRUPPE \mid \exists\, g_1, \dots g_n \in GRUPPE:$$
$$g_1 = t \wedge g_n = g \wedge$$
$$(n > 1 \rightarrow (\forall\, i, 1 \le i < n: Obergruppe(g_i) = g_{i+1})\,\}$$
$$\forall\, g \in GRUPPE$$

$$Nachfolger: \qquad GRUPPE \rightarrow 2^{GRUPPE}$$
$$Nachfolger(g) \;= \{\, t \in GRUPPE \mid Obergruppe(t) = g\,\} \qquad \forall\, g \in GRUPPE$$

$$Stufe: \qquad GRUPPE \rightarrow INTEGER$$
$$Stufe(g) \;= \mid Obergruppen(g) \mid \qquad\qquad\qquad \forall\, g \in GRUPPE$$

Außerdem gelte: $\forall\, g \in GRUPPE\colon g \in \mathbf{G} \Leftrightarrow g \in Gruppen(\mathbf{G})$

Charaktere

Eine *Einordnung e* ist Element des kartesischen Produkts von Objekten und Gruppen.
Es bezeichne *EINORDNUNG* die Menge aller bekannten Einordnungen.

$$e = (Objekt, Gruppe)\ \in EINORDNUNG \subset OBJEKT \times GRUPPE$$

Die Tatsache, daß ein Objekt logisch in einer Gruppe enthalten ist, soll mit $\subseteq$ gekennzeichnet werden:

$$\forall\, o \in OBJEKT\colon \forall\, g \in GRUPPE\colon o \subseteq g \Leftrightarrow\ (o, g) \in EINORDNUNG$$

Durch die hierarchische Struktur einer Gruppierung ergibt sich, daß sich eine Einordnung in eine Gruppe auch auf alle ihre Obergruppen auswirkt:

$$\forall\, o \in OBJEKT\colon \forall\, g \in GRUPPE\colon o \subseteq g \Rightarrow \forall\, g' \in Obergruppen(g)\colon o \subseteq g'$$

Beispiel: Ein pflanzliches Antibiotikum ist auch ein Antibiotikum.

Für Gruppen und Mengen von Gruppen sei *Objekte* eine Funktion, die alle eingeordneten Objekte zurückliefert:

$$
\begin{aligned}
Objekte\colon &\quad GRUPPE \rightarrow 2^{OBJEKT} \\
Objekte(g) &\quad = \{\, o \in OBJEKT \mid (o, g) \in EINORDNUNG \,\} \\
&\qquad\qquad\qquad\qquad\qquad\qquad \forall\, g \in GRUPPE
\end{aligned}
$$

$$
\begin{aligned}
Objekte\colon &\quad 2^{GRUPPE} \rightarrow 2^{OBJEKT} \\
Objekte(G) &\quad = \bigcup_{g \in G} Objekte(g) \qquad\qquad \forall\, G \subseteq GRUPPE
\end{aligned}
$$

Beispiel: alle Arzneimittel in 'Antibiotika'

Für ein Objekt sei *Gruppen* eine Funktion, die ihm sämtliche Gruppen zuordnet, in die es eingeordnet ist:

$$
\begin{aligned}
Gruppen\colon &\quad OBJEKT \rightarrow 2^{GRUPPE} \\
Gruppen(o) &\quad = \{\, g \in GRUPPE \mid (o, g) \in EINORDNUNG \,\} \\
&\qquad\qquad\qquad\qquad\qquad\qquad \forall\, o \in OBJEKT
\end{aligned}
$$

$$
\begin{aligned}
Gruppen\colon &\quad 2^{OBJEKT} \rightarrow 2^{GRUPPE} \\
Gruppen(O) &\quad = \bigcup_{o \in O} Gruppen(o) \qquad\qquad \forall\, O \subseteq OBJEKT
\end{aligned}
$$

Durch die hierarchische Struktur ergibt sich, daß sich Einordnungen im Baum nach oben (zur Wurzel) hin ausdehnen. Ein Objekt ist nicht nur logisch in den Gruppen enthalten, in die es eingeordnet ist, sondern auch in deren Obergruppen.

Für jedes Objekt $o \in OBJEKT$ sei *Charakter* eine Abbildung, die ihm sämtliche Gruppen zuordnet, in denen es implizit enthalten ist:

$$\textit{Charakter}: \qquad OBJEKT \rightarrow 2^{GRUPPE}$$
$$\textit{Charakter}(o) \quad = \textit{Gruppen}(o) \cup \bigcup_{g \in \textit{Gruppen}(o)} \textit{Obergruppen}(g)$$
$$\forall\, o \in OBJEKT$$

Die linke Seite der Vereinigung ist nach der Definition von *Obergruppen* in der rechten Seite enthalten und dient nur der Anschaulichkeit.

Den *Wissensgehalt* eines Objekts ist abhängig von Anzahl und Tiefe seiner Einordnungen:

$$\textit{Wissensgehalt}: \qquad OBJEKT \rightarrow INTEGER$$
$$\textit{Wissensgehalt}(o) \quad = |\,\textit{Charakter}(o)\,| \qquad\qquad \forall\, o \in OBJEKT$$

Konflikte

Eine *Aussage A* über eine Gruppe enthält allgemeines Wissen über eine Menge von Gruppen, welche das Vokabular für die Aussage darstellen. Die Gruppen (Wörter), auf die sich eine Aussage bezieht, sei mit *Gruppen(A)* bezeichnet.

Ein *Konflikt k* (Konfliktbeziehung) ist eine spezielle Aussage und Element des kartesischen Produkts zweier Gruppen. Es bezeichne $KONFLIKT \subset OBJEKT$ die Menge aller Konflikte.

$$k = (a, b) \ \in KONFLIKT \subset GRUPPE \times GRUPPE$$

Diese Definition folgt einer verbreiteten Terminologie, welche die an einer Interaktion beteiligten Gruppen mit *A* und *B* bezeichnen.

Für alle Gruppen und eine Menge $K \subseteq KONFLIKT$ bekannter Konfliktbeziehungen gelten folgende Schreibabkürzungen:

$$\forall\, g_1, g_2 \in GRUPPE: \quad g_1 \rightarrow g_2 \quad \Leftrightarrow \quad (g_1, g_2) \in K$$
$$\forall\, g_1, g_2 \in GRUPPE: \quad g_1 \leftarrow g_2 \quad \Leftrightarrow \quad (g_2, g_1) \in K$$
$$\forall\, g_1, g_2 \in GRUPPE: \quad g_1 \leftrightarrow g_2 \quad \Leftrightarrow \quad g_1 \rightarrow g_2 \wedge g_1 \leftarrow g_2$$

Für die Implementation der Medikationsanalyse von Bedeutung sind Ausschnitte für $STOFF \subset OBJEKT$ und $MITTEL \subset OBJEKT$, sowie Vorbereiche und Nachbereiche dieser Relationen:

$$\forall\, g \in GRUPPE: \quad Vorbereich(g) = \{\, t \in GRUPPE \mid t \rightarrow g \,\}$$
$$\forall\, G \subseteq GRUPPE: \quad Vorbereich(G) = \{\, t \in GRUPPE \mid \exists\, g \in G: t \rightarrow g \,\}$$
$$= \bigcup_{g \in G} Vorbereich(g)$$

$$\forall\, g \in GRUPPE: \quad Nachbereich(g) = \{\, t \in GRUPPE \mid t \leftarrow g \,\}$$
$$\forall\, G \subseteq GRUPPE: \quad Nachbereich(G) = \{\, t \in GRUPPE \mid \exists\, g \in G: t \leftarrow g \,\}$$
$$= \bigcup_{g \in G} Nachbereich(g)$$

Für Objekte bedeutet das:

$$\forall\, o \in OBJEKT: \quad Vorbereich(o) = Objekte(Vorbereich(Charakter(o)))$$
$$\forall\, o \in OBJEKT: \quad Nachbereich(o) = Objekte(Nachbereich(Charakter(o)))$$

Für beliebige Behandlungsobjekte können die Vor- und Nachbereiche folgendermaßen interpretiert werden: Der Vorbereich eines Objekts liefert alle anderen Objekte, die seine Wirkungen beeinflussen. Der Nachbereich eines Objekts liefert alle anderen Objekte, deren Wirkungen es selbst beeinflußt. Die Vereinigung der beiden Bereiche eines Objekts liefert eine Menge von Objekten, mit denen es in Konflikt steht, unabhängig von der Richtung des jeweiligen Konflikts.

Für beliebige Gruppen und eine symmetrische Sichtweise gelte die *Konfliktrelation* $\otimes$:

$$\otimes \subseteq GRUPPE \times GRUPPE$$
$$\forall\, g_1, g_2 \in GRUPPE:\quad g_1 \otimes g_2 \quad \Leftrightarrow \quad g_1 \rightarrow g_2 \vee g_1 \leftarrow g_2$$

Für gruppierte Objekte gelte ebenfalls eine Konfliktrelation $\otimes$:

$$\otimes \subseteq OBJEKT \times OBJEKT$$
$$\forall\, o_1, o_2 \in OBJEKT:$$
$$o_1 \otimes o_2 \quad \Leftrightarrow \quad \exists\, g_1, g_2 \in GRUPPE:$$
$$g_1 \in Charakter(o_1) \wedge g_2 \in Charakter(o_2) \wedge g_1 \otimes g_2$$

Es bezeichne *Konflikte* eine Abbildung, die einer Gruppe alle anderen Gruppen zuordnet, mit denen sie in Konflikt steht:

$$Konflikte \quad : \quad GRUPPE \rightarrow 2^{GRUPPE}$$
$$Konflikte(g) \quad := \quad \{\, t \in GRUPPE \mid g \otimes t \,\}$$
$$= Vorbereich(g) \cup Nachbereich(g) \qquad \forall\, g \in GRUPPE$$

Analog gelte für Objekte:

$$Konflikte \quad : \quad OBJEKT \rightarrow 2^{OBJEKT}$$
$$Konflikte(o) \quad := \quad \{\, t \in OBJEKT \mid o \otimes t \,\}$$
$$= Objekte(Konflikte(Charakter(o))) \qquad \forall\, o \in OBJEKT$$

Eine *Interaktion i* ist eine Instanz eines Konflikts. Sie entsteht aus einem Konflikt durch Ersetzung der Gruppen durch konkrete Objekte, die implizit in ihnen enthalten sind.

Es bezeichne *INTERAKTION* die Menge aller Interaktionen.

$$i = (a, b) \in INTERAKTION \subset OBJEKT \times OBJEKT$$

Somit sind die einer Interaktion zugeordneten Mittel geordnet. In pharmazeutischen Dokumentationen werden Interaktionen i. a. als gerichtete Beziehungen beschrieben: Ein Mittel beeinflußt die Wirkung eines anderen Mittels. Dabei wird bei allen betroffenen Mitteln auf die Interaktion hingewiesen. Diese künstliche Symmetrie kann durch die Konfliktrelation $\otimes$ erreicht werden. Zur 'Erklärung' einer Interaktion kann der Konflikt, der sie ausgelöst hat, herangezogen werden. Dieser kann weitere (natürlichsprachliche) Dokumentationen der Wechselwirkungen, sowie Verweise auf Publikationen (z. B. im Internet) enthalten. Es sei also *Konflikt* eine Funktion, die einer Interaktion den Konflikt zuordnet, auf dem sie beruht:

$$Konflikt \quad : \quad INTERAKTION \rightarrow KONFLIKT$$

[Zobel87]

Äquivalenzen

Äquivalenz ist eine Äquivalenzrelation auf Objekten:

$$\begin{aligned}
\dot{A}quivalenz &\subset OBJEKT \times OBJEKT \\
\ddot{A}quivalenz &= \{ (o_1, o_2) \subset OBJEKT \times OBJEKT \,| \\
&\qquad 'o_1 \text{ ist therapeutisch äquivalent zu } o_2' \} \\
\forall\, o_1, o_2 &\in OBJEKT: \quad o_1 \approx o_2 \quad \Leftrightarrow \quad (o_1, o_2) \in \ddot{A}quivalenz
\end{aligned}$$

Äquivalenz besitzt die Eigenschaften einer Äquivalenzrelation:

$$\begin{aligned}
\forall\, o \in OBJEKT: &\quad o \approx o & &\text{(Reflexivität)} \\
\forall\, o_1, o_2 \in OBJEKT: &\quad o_1 \approx o_2 &\Rightarrow\ o_2 \approx o_1\ &\text{(Symmetrie)} \\
\forall\, o_1, o_2, o_3 \in OBJEKT: &\quad o_1 \approx o_2 \wedge o_2 \approx o_3 &\Rightarrow\ o_1 \approx o_3\ &\text{(Transitivität)}
\end{aligned}$$

Für spezielle Objekte (z. B. Mittel) können weitere Parameter (z. B. Dosierung, Indikation) eine Äquivalenzrelation detaillierter beschreiben. Denkbar sind aussagenlogische Bedingungen, die zusätzlich für eine Interaktion erfüllt sein müssen (z. B. '*a.Dosierung.Menge* > (0.05, *mg*)'). Äquivalenzbeziehungen zwischen Gruppen (als spezielle Objekte) sind für die Abbildung von Gruppierungen relevant (s. u.).

Für ein Objekt o bezeichne *Äquivalenzen* die Menge aller dazu äquivalenten
Objekte:

$$\text{Äquivalenzen} \quad : \quad OBJEKT \rightarrow 2^{OBJEKT}$$
$$\text{Äquivalenzen}(o) \quad := \quad \{\, o' \in OBJEKT \mid o \approx o' \,\} \qquad\qquad \forall\, o \in OBJEKT$$

Medikationsanalyse

Gegeben sei eine Menge $M = \{\, m_1, \ldots, m_n \,\}$ von Mitteln.

Je zwei Mittel m_i, m_j stehen in Konflikt, falls gilt:

$$Charakter(m_i) \cap Konflikte(m_j) \neq \emptyset \vee Charakter(m_j) \cap Konflikte(m_i) \neq \emptyset$$

Die Menge M heißt *konfliktfrei*, falls gilt:

$$\forall\, i, 1 \leq i \leq n: \forall\, j, 1 \leq j \leq n: Charakter(m_i) \cap Konflikte(m_j) = \emptyset$$

Für Medikationen sei *Konflikte* eine Abbildung, die einer Medikation alle Konflikte zuordnet:

$$Konflikte: \qquad MEDIKATION \rightarrow 2^{KONFLIKT}$$
$$Konflikte(m) \quad := \quad \{\, (a, b) \in KONFLIKT \mid \exists\, v, v' \in m:$$
$$a \in Charakter(Mittel(v)) \wedge b \in Charakter(Mittel(v')) \,\}$$
$$\forall\, m \in MEDIKATION$$

Für Medikationen sei *Interaktionen* eine Abbildung, die einer Medikation alle
Interaktionen zuordnet:

$$Interaktionen: \qquad MEDIKATION \rightarrow 2^{INTERAKTION}$$
$$Interaktionen(m) \quad := \{\, (a, b) \in MITTEL^2 \mid a \in Mittel(m) \wedge b \in Mittel(m) \wedge$$
$$Charakter(a) \cap Konflikte(b) \neq \emptyset \,\}$$
$$\forall\, m \in MEDIKATION$$

Zusammen mit den Überdosierungen ergibt sich folgende Funktionalität der
Medikationsanalyse:

$$Medikationsanalyse: \qquad MEDIKATION \rightarrow 2^{INTERAKTION} \times 2^{STOFF \times MENGE}$$

$$Medikationsanalyse(m) \; := \; (Interaktionen(m), \; Überdosen(m))$$

$$\forall \; m \in MEDIKATION$$

Für eine Medikation *m* und eine Menge $K \subseteq KONFLIKT$ bekannter Konflikte ergibt sich die Anzahl der elementaren Vergleiche einer Medikationsanalyse aus den Verordnungskombinationen. Greift man eine der |*m*| Verordnung heraus, bleiben |*m*| - 1 Verordnungen, mit denen diese in Konflikt stehen kann. Für diese |*m*| - 1 Verordnungen gilt das gleiche und man kann diesen Prozeß fortsetzen. Insgesamt ergibt sich die Summe von 1 bis |*m*| - 1 als Anzahl der Verordnungskombinationen. Alle Kombinationen müssen auf die |*K*| bekannten Konflikte überprüft werden.

$$Vergleiche: \qquad MEDIKATION \rightarrow INTEGER$$

$$Vergleiche(m) \; := \quad |K| \cdot \sum_{k=1}^{|m|-1} k \; = \; |K| \cdot \frac{(|m|-1)\cdot|m|}{2}$$

$$\forall \; m \in MEDIKATION$$

Abbildung von Gruppierungen

Gruppierungen sind Sprachen zur Formulierung von Aussagen. Um eine Aussage in eine andere Gruppierung zu übersetzen, muß zu jeder Gruppe, die sie referenziert, eine äquivalente Gruppe in der Zielgruppierung existieren. Zur Übersetzung einer Aussage *A* über der Gruppierung *G* in die Gruppierung *G'* muß folgende Voraussetzung erfüllt sein:

$$\forall \; g \in Gruppen(A): \exists \; g' \in G': g \approx g'$$

Zur Übersetzung aller Aussagen in *G* muß gelten:

$$\forall \; g \in G: \exists \; g' \in G': g \approx g'$$

Sollen alle Aussagen in beide Richtungen übersetzbar sein, muß sogar gelten:

$$(\forall \; g \in G: \exists \; g' \in G': g \approx g') \wedge (\forall \; g' \in G': \exists \; g \in G: g \approx g')$$

Dies trifft für die wenigsten Gruppierungen zu, so daß die Übersetzbarkeit von Gruppierungen grundsätzlich begrenzt ist. Dies ist ein Argument dafür, daß nur ein standardisiertes Referenzsystem die Informationsflüsse im Gesundheitswesen effektiv beschleunigen kann. Die Folge ist, daß eine Aussage *A* in *G* nur dann in *G'* übersetzt werden kann, wenn sie folgende Bedingung erfüllt:

$$Gruppen(A) \subseteq \{ \; g \in G \mid \exists \; g' \in G': g \approx g' \}$$

Beispiel:

Aussagen über 'pflanzliche Antibiotika' sind nicht übersetzbar, wenn in der Zielgruppierung 'Antibiotika' nicht weiter unterteilt ist.

Etwas anders verhält es sich bei Charakteren von Objekten. Die Abbildung eines Charakters beinhaltet die Abbildung seiner Gruppen. Ist eine Gruppe in der Zielgruppierung nicht vorhanden, kann die *tiefste gemeinsame Obergruppe* als gemeinsamer Nenner herangezogen werden. Für eine beliebige Gruppe $g \in G$ und eine Zielgruppierung G' bezeichne *tgo* diese gemeinsame Gruppe:

$$tgo: \quad GRUPPE \times GRUPPIERUNG \to GRUPPE$$

$$tgo(g, G') = \begin{cases} g' & \text{,falls } g' \in G' \land (\exists t \in Obergruppen(g): g' \approx t) \land \\ & \quad \neg((\exists g'' \in Obergruppen(g'): \exists t \in Obergruppen(g): \\ & \quad g'' \approx t) \land Stufe(g'') > Stufe(g')) \\ \varnothing & \text{sonst} \end{cases}$$

$$\forall g \in GRUPPE, \forall G' \in GRUPPIERUNG$$

Beispiel:

G = 'Rote Liste 1988'; G' = 'Hausliste Gummersbach'; g = '10.B.2.1.2. Oxytetracyclin'

$tgo(g, G')$ = '015 Tetracycline' $\approx$ '10.B.2 Tetracycline'

Da '015 Tetracycline' in der Hausliste nicht weiter unterteilt ist, stellt sie die tiefste gemeinsame Obergruppe dar. Sie ist äquivalent zu '10.B.2 Tetracycline'. Ein Medikament, daß in '10.B.2.1.2. Oxytetracyclin' enthalten ist, ist ebenfalls in '10.B.2 Tetracycline' und damit in '015 Tetracycline' enthalten. Der übersetzte Charakter enthält weniger Wissen über das Medikament, weil die Hausliste mehr Wissen nicht darstellen kann.

Ähnlichkeitsprüfung

Nach der Definition der Einordnung und der impliziten Gruppenzugehörigkeit sind grundsätzlich alle Objekte, die einer Gruppe angehören, ähnlich. Eine solche Ähnlichkeit betrifft jedoch nur das Kriterium, nach dem eine Gruppe gebildet wurde. Eine wesentlich feinere Ähnlichkeitsprüfung zwischen Objekten kann durch die Ähnlichkeit von Charakteren realisiert werden: Je mehr gemeinsame Gruppen existieren, umso mehr haben die Objekte gemeinsam. Entsprechend sei *Ähnlichkeit* eine Funktion, welche die prozentuale Übereinstimmung der Einordnungen bestimmt:

$$\text{Ähnlichkeit:} \qquad OBJEKT \times OBJEKT \to REAL$$

$$\text{Ähnlichkeit}(o_1, o_2) := \begin{cases} \dfrac{|\,Charakter(o_1) \cap Charakter(o_2)\,|}{|\,Charakter(o_1) \cup Charakter(o_2)\,|} \cdot 100 \\[2ex] \qquad\qquad \text{falls}\,|\,Charakter(o_1) \cup Charakter(o_2)\,| \neq 0 \\[2ex] 0 \\[1ex] \qquad\qquad \text{sonst} \end{cases}$$

Wirkungen

Annahme: Es existiere eine Gruppierung **G**,
welche die Menge aller (Kategorien von) Wirkungen
vollständig erfaßt.

Dann sei eine *Wirkung w* Element einer endlichen Menge von Objekten.
Es bezeichne $WIRKUNG \subset OBJEKT$ die Menge aller Wirkungen.

Für alle Wirkungen gelten auch die für Objekte definierte Funktionen, speziell *Gruppen* und *Charakter*.

Für alle Wirkungen sei *erwünscht* eine boolesche Funktion:

$$\text{erwünscht:} \qquad WIRKUNG \to BOOL$$
$$\text{erwünscht}(w) = \text{'}w \text{ ist erwünscht'} \qquad\qquad \forall\, w \in WIRKUNG$$

Diese Funktion kann weitere Parameter (z. B. Indikation) erfordern.

Für alle Mittel sei *Wirkungen* eine Funktion, die sämtliche Wirkungen zurückliefert, die das Mittel bewirkt:

$$\text{Wirkungen:} \qquad MITTEL \to 2^{WIRKUNG}$$
$$\text{Wirkungen}(m) := \{\, w \in WIRKUNG \mid \text{'}w \text{ ist mögliche Wirkung von } m\text{'} \,\}$$

Diese Funktion gelte auch für Mengen von Mitteln:

$$Wirkungen: \quad 2^{MITTEL} \rightarrow 2^{WIRKUNG}$$
$$Wirkungen(M) \quad := \quad \{\, w \in WIRKUNG \mid 'w \text{ ist mögliche Wirkung von } M' \,\}$$

Das 'Phänomen der veränderten Arzneimittelwirkung' (vgl. Glossar) kann jetzt formal ausgedrückt werden:

$$Wirkungen(M) \quad \neq \quad \bigcup_{m \in M} Wirkungen(m) \qquad\qquad \forall\, M \subseteq MITTEL$$

Für alle Mittel seien *ArzneiWirkungen* und *NebenWirkungen* Funktionen:

$$ArzneiWirkungen: \quad MITTEL \rightarrow 2^{WIRKUNG}$$
$$ArzneiWirkungen(m) \quad := \quad \{\, w \in Wirkungen(m) \mid erw\ddot{u}nscht(w) \,\}$$
$$NebenWirkungen: \quad MITTEL \rightarrow 2^{WIRKUNG}$$
$$NebenWirkungen(m) \quad := \quad \{\, w \in Wirkungen(m) \mid \neg erw\ddot{u}nscht(w) \,\}$$

Für eine Menge $M \subseteq MITTEL$ sei *WechselWirkungen* eine Funktion:

$$WechselWirkungen: \quad 2^{MITTEL} \rightarrow 2^{WIRKUNG}$$
$$WechselWirkungen(m) \quad := \quad Wirkungen(\bigcup_{m \in M} m) \;-\; \bigcup_{m \in M} Wirkungen(m)$$

Die Berechenbarkeit der Funktion *WechselWirkungen* hängt von der Berechenbarkeit ihrer linken Seite, der (Summen-) Wirkungen einer Mittelmenge ab. Diese stellt eine unbekannte Funktion dar, die eine Menge von Mitteln in eine Menge von Wirkungen abbildet, die i. a. verschieden von der Summe der Einzelwirkungen ist. Letztere werden durch die rechte Seite der Subtraktion beschrieben und beinhalten alle Wirkungen, die den Mitteln einzeln in Form von Arznei- und Nebenwirkungen zugeordnet wurden. 'Subtrahiert' man von allen Wirkungen einer Medikation alle Einzelwirkungen der Medikamente, ergibt sich genau die Menge der Wechselwirkungen. Es handelt sich grundsätzlich um Kategorien 'potentieller' Wirkungen, die dadurch beschrieben werden. Ob diese tatsächlich eintreten, kann von weiteren Parametern (z. B. Dosierungen) abhängen.

Vielleicht kann irgendwann diese Summe als Zwischenergebnis berechnet werden, welches anschließend von Interaktionen modifiziert wird. Intuitive Formen solcher Modifikation sind z. B. Hinzufügen/Entfernen von Wirkungen oder Änderung von Intensitäten. Solche Operationen sind als einfache Regeln darstellbar. Ein geeigneter Ort zu ihrer Unterbringung sind Konflikte: Die Regeln gefundener Konflikte modifizieren in wohl-definierter Reihenfolge die Wirkungen, welche initial genau die Vereinigung aller Einzelwirkungen darstellen. Diese Sichtweise entspricht auch der Realität: Werden in einer Medikation keine Konflikte gefunden, wird die Menge der Einzelwirkungen nicht modifiziert. Jeder gefundene Konflikt könnte eine Menge von Regeln besitzen, deren Verarbeitung eine wirkliche Berechnung von Wirkungen darstellen würde.

4.4 Anwendungen

Analytische Berechnungen

Charakterisierte Objekte stehen im Mittelpunkt analytischer Berechnungen. Im folgenden sei angenommen, daß es sich bei diesen Objekten um Mittel handelt. Einem einzelnen Mittel lassen sich verschiedene Mengen zuordnen. Diese Mengen repräsentieren Wissen und bestehen aus Referenzen auf Gruppen (Fremdschlüssel, Object Identifier). Jede einzelne Menge bildet eine Hülle um ein Mittel und beschreibt seine individuellen Eigenschaften.

Eine wichtige Hülle ist der Charakter eines Mittels. Er wird aus den Einordnungen des jeweiligen Mittels in verschiedene Gruppierungen berechnet und enthält sowohl explizites (Einordnungen) als auch implizites (Untergruppen) Wissen. Ein Charakter identifiziert ein Mittel, denn es gehört inhaltlich in jede seiner Gruppen. Charaktere erlauben ebenfalls eine sehr detaillierte Vergleichbarkeit von Mitteln, denn Äquivalenzen können die Gleichheit (Ähnlichkeit) großer Mengen von Gruppen verlangen. Obwohl Charaktere sehr viel über Mittel aussagen (das Wissen ist in den Gruppen enthalten), sind sie durch kompakte Datenstrukturen (evtl. Maschinenwörter) effizient darstellbar.

Eine zweite Hülle ist die Menge der Konfliktgruppen (Konfliktpotential) eines Mittels. Sie beinhaltet alle Gruppen, die mit beliebigen Gruppen des Charakters in Konflikt stehen. Jede einzelne Konfliktbeziehung referenziert zwei Gruppen, die in Konflikt stehen. Die Berechnung der Konfliktgruppen eines Mittels basiert auf seinem Charakter: Für jede im Charakter enthaltene Gruppe müssen alle anderen Gruppen (Vor- und Nachbereiche der Konfliktrelation) berechnet werden, mit denen sie in Konflikt steht. Die Menge der Konfliktgruppen eines Mittels identifiziert alle anderen Mittel, mit denen es interagieren kann.

Eine Medikation bestimmt eine Menge von Mitteln. Für jedes Mittel können die oben beschriebenen Hüllen berechnet werden, so daß mit jedem Mittel ein Charakter und eine Menge von Konfliktgruppen assoziiert ist. Betrachtet man zwei beliebige Mittel, die in einer Medikation enthalten sind, stellt sich die Frage, was diese Hüllen über sie aussagen. Hüllen können disjunkt, überlappend oder identisch sein. Information kann aus dem Vergleich entgegengesetzter Hüllen gewonnen werden: Ist die Schnittmenge zwischen dem Charakter eines Mittels und den Konfliktgruppen eines anderen Mittels nicht leer, so heißt das, daß sich Gruppen in dieser Schnittmenge befinden. Für diese Gruppen gilt, daß sie in unterschiedlichen Hüllen enthalten sind und für das eine Mittel identifizierend sind und für das andere einen Konflikt bedeuten.

Tatsächlich muß die Berechnung von Konflikthüllen nicht implementiert werden, wenn eine Abfragesprache wie SQL verwendet wird. Der Charakter eines Mittels kann als String repräsentiert werden, der eine Menge von Schlüsseln enthält (z. B. '(102, 389, 253)'). Somit ist der Charakter eines Mittels in einem elementaren Datentyp darstellbar. Diese Strings können als Bausteine in Anfragen verwendet werden, die alle Konflikte auswählen, die zwischen zwei Mitteln gegeben sind (z. B. '*Konflikt.GRUPPE_A* IN (102, 389, 253)'). Es ist Aufgabe eines DBMS, solche Anfragen zu optimieren.

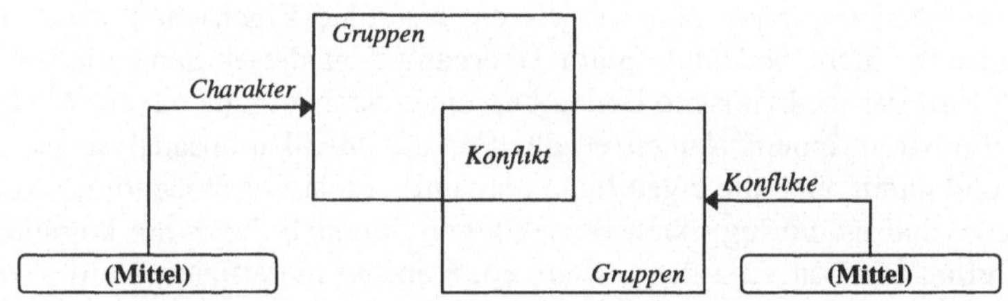

Abbildung 4.18: Interaktionen als Uberlappungen von Hullen

Drei-Ebenen-Modell für Medikationen

Die Zerlegung von Medikationen führt zu Baumstrukturen, deren Wurzeln allgemeine Informationen über die gesamte Behandlung eines Patienten enthalten. Die nächst tiefere Ebene besteht aus Verordnungen, die medizinische Entscheidungen darstellen. Indirekt referenziert eine Medikation über ihre Verordnungen eine Menge von Arzneimitteln. Diese sind Gegenstand von Interaktionsbeschreibungen, die als pharmazeutische Fachinformationen dokumentiert werden. Eine solche Medikationshierarchie kann in mehreren Ebenen als Kette von 1:n-Beziehungen gesehen werden. Durch diese natürliche Baumstruktur ist es durch einfache Anfragen (z. B. verschachtelte SQL-Abfragen) möglich, direkt auf alle Details einer Medikation (z. B. die durch sie referenzierten Stoffe) zuzugreifen.

Informationsbeziehungen (z. B. Konflikte) sind logische Beziehungen zwischen Objekten und nicht Teil einer Medikationshierarchie. Diese logische Ebene durchdringt eine Medikationshierarchie und verläuft 'orthogonal' zu den Ebenen einer Medikation. Aussagen, die in einer bestimmten Ebene getroffen werden, sind auch in anderen Ebenen sichtbar. Ein Konflikt zwischen zwei Arzneistoffen kann z. B. bewirken, daß damit auch zwei (oder mehr) Arzneimittel und damit zwei Verordnungen in Konflikt stehen. Es ist auch denkbar, Patienten Risikofaktoren (z. B. Allergien) zuzuordnen, und die dadurch entstehenden Gefahren als Konflikte zwischen Stoffen und Risikofaktoren zu modellieren. Die Klassen der Probleme, die erkannt werden können, sind beliebig erweiterbar.

In dem Charakter eines Objekts sind alle seine Eigenschaften zusammengefaßt. Dabei kann es sich um beliebig komplexe medizinische Eigenschaften handeln, denn ihre Semantik ist in den Gruppierungen verankert. Die einzige Voraussetzung, eine Eigenschaft zu erfassen, besteht darin, daß Mediziner eine Gruppe bilden und diese mit einem eindeutigen Namen versehen können.

Genaugenommen handelt es sich dabei um eine, denn die Namen der Gruppen dienen nur den Experten. Nur sie wissen, was eine Eigenschaft wirklich aus medizinischer Sicht bedeutet. Beim Übergang von dieser Semantik zu einer Gruppe wird die medizinische Bedeutung eines Sachverhalts nur für Mediziner interpretierbar in einem Namen erfaßt. Für die Medikationsanalyse ist dieser Name, und damit auch die eigentliche Semantik, nicht von Bedeutung. Auf dieser Ebene sind es die logischen Beziehungen, die sich durch die kombinatorische Vielfalt ergeben. Erst dann, wenn ein Konflikt identifiziert wurde, werden die Namen wieder verwendet, um dem Benutzer die Interaktion zu erklären. Diese *semantische Gleichschaltung* ist der Kerngedanke der Medikationsanalyse. Er kann besonders anschaulich damit erklärt werden, daß auch ein medizinischer Laie in der Lage ist, in der Roten Liste im alphabetischen Index Medikamente nachzuschlagen, den Verweisen in den Abschnitt der Wechselwirkungen zu folgen (Codes vergleichen), um dort eine Liste von Gruppen-Codes vorzufinden, welche indirekt alle interagierenden Medikamente identifiziert.

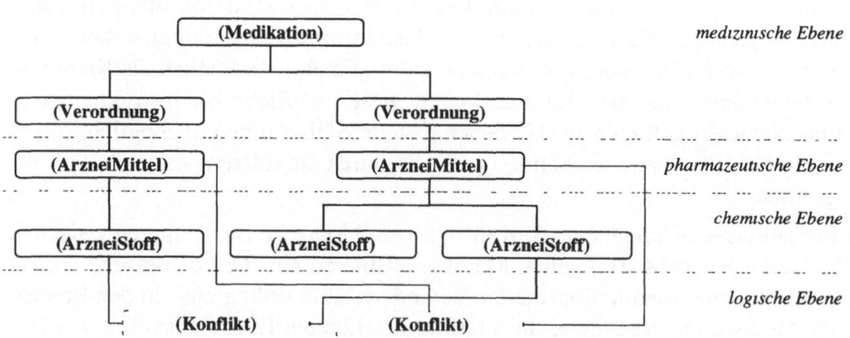

Abbildung 4.19: Drei-Ebenen-Modell für Medikationen

Vererbung

Vererbung ist auch im relationalen Modell möglich und kann über gemeinsame
Schlüssel als Abfrage definiert werden. Folgende Abfrage bezieht verschiedene
Informationen über Arzneimittel aus Ober- und Unterklasse:

```
SELECT       Mittel.oid,Mittel.Name,ArzneiMittel.Darreichungsform
FROM         Mittel INNER JOIN ArzneiMittel
             ON Mittel.oid = ArzneiMittel.oid
```

Gruppierungen

Untergruppen: $\quad GRUPPE \rightarrow 2^{GRUPPE}$

Untergruppen(g) $= \{\, t \in GRUPPE \mid Obergruppe(t) = g \,\}$

$$\forall\, g \in GRUPPE$$

```
SELECT  oid
FROM    Gruppe
WHERE   Obergruppe = g
```

Gruppen: $\quad OBJEKT \rightarrow 2^{GRUPPE}$

Gruppen(o) $= \{\, g \in GRUPPE \mid (o, g) \in EINORDNUNG \,\}$

$$\forall\, o \in OBJEKT$$

```
SELECT  Gruppe
FROM    Charakter
WHERE   Objekt = o
```

Mittel

Stoffe: $\quad MITTEL \rightarrow 2^{STOFF}$

Stoffe(m) $= \{\, s \in STOFF \mid \exists\, t \in MENGE : (s, t) \in Zusammensetzung(m) \,\}$

$$\forall\, m \in MITTEL$$

```
SELECT  Stoff
FROM    Zusammensetzung
WHERE   Mittel = m
```

Medikationen

Mittel: $\quad MEDIKATION \rightarrow MITTEL$

Mittel(m) $= \{\, t \in MITTEL \mid \exists\, v \in VERORDNUNG, v \in m : t = Mittel(v) \,\}$

$$\forall\, m \in MEDIKATION$$

```
SELECT  Mittel
FROM    Verordnung
WHERE   Medikation = m
```

$$Stoffe: \qquad MEDIKATION \rightarrow 2^{STOFF}$$

$$Stoffe(m) \quad = \{\, s \in STOFF \mid \exists\, t \in MITTEL: t \in Mittel(m) \wedge s \in Stoffe(t) \,\}$$

$$= \bigcup_{t \in Mittel(m)} Stoffe(t) \qquad\qquad \forall\, m \in MEDIKATION$$

```
SELECT  Stoff
FROM    Zusammensetzung
WHERE   Mittel IN   SELECT Mittel
                    FROM    Verordnung
                    WHERE   Medikation = m
```

In einer Krankenhausapotheke sind Verordnungen um Zeitangaben erweitert
und Medikationen ergeben sich dynamisch als Abfragen in Abhängigkeit von
Zeitangaben:

```
SELECT  oid
FROM    Verordnung
WHERE   Patient = p AND
        Year(Datum) = 1998 AND Month(Datum) = 1 AND Day(Datum) = 1
```

Konflikte

$$Konflikte: \qquad GRUPPE \rightarrow 2^{GRUPPE}$$

$$Konflikte(g) := \quad \{\, t \in GRUPPE \mid g \otimes t \,\} \; = \; Vorbereich(g) \cup Nachbereich(g)$$

$$\forall\, g \in GRUPPE$$

```
SELECT  oid
FROM    Gruppe
WHERE   EXISTS   SELECT oid
                 FROM    Konflikt
                 WHERE   (Gruppe_A = Gruppe.oid AND Gruppe_B = g)
                     OR  (Gruppe_B = Gruppe oid AND Gruppe_A = g)
```

Charaktere

$$Einordnungen: \qquad OBJEKT \rightarrow 2^{GRUPPE}$$

$$Einordnungen(o) \quad = \{\, g \in GRUPPE \mid g \in Gruppen(o) \,\}$$

$$\forall\, o \in OBJEKT$$

```
SELECT  oid
FROM    Gruppe
WHERE   EXISTS   SELECT oid
                 FROM    Charakter
                 WHERE   Mittel = Gruppe.oid
```

Probleme

Werden Interaktionen und Überdosierungen allgemein als Probleme einer Medikation verstanden, können sie in einer Union-Abfrage zusammengefaßt werden. Die Art des Problems kann in einem Attribut 'Typ' festgehalten werden. Letztendlich sind es die natürlichsprachliche Meldung, der Typ des Problems und der betroffene Patient, die zur Beschreibung eines Problems relevant sind. Problemtypen (Interaktion, Überdosis) werden in der folgenden Abfrage mit Konstanten (1, 2) codiert.

```
(SELECT    [Interaktion].[oid],
           [Interaktion] [Patient],
           [Interaktion] [Meldung],
           [Problem/Typ] [oid]   AS Typ,
           [Problem/Typ] [Name]  AS TypName,
           [Patient].[Vorname]   AS PatientVorname,
           [Patient].[Nachname]  AS PatientNachname
 FROM      [Interaktion],[Problem/Typ],[Patient]
 WHERE     ((([Problem/Typ].[oid])=1) AND
           [Patient] [oid] = [Interaktion] [Patient]))
UNION                    .
(SELECT    [Uberdosis].[oid],
           [Uberdosis].[Patient],
           [Uberdosis].[Meldung],
           [Problem/Typ] [oid]   AS Typ,
           [Problem/Typ] [Name]  AS TypName,
           [Patient].[Vorname]   AS PatientVorname,
           [Patient].[Nachname]  AS PatientNachname
 FROM      [Uberdosis],[Problem/Typ],[Patient]
 WHERE     ((([Problem/Typ].oid)=2) AND
           [Patient] [oid] = [Uberdosis] [Patient]));
```

Algorithmus Obergruppen

Eingabe: $g \in GRUPPE$

Ausgabe: $Obergruppen(g)$

Methode: $Obergruppen := \varnothing$

      while $g \neq \varnothing$
      {
        $Obergruppen := Obergruppen \cup \{\, g \,\}$
        $g := Obergruppe(g)$
      }

Algorithmus Charakter

Eingabe: $o \in OBJEKT$

Ausgabe: $Charakter(o)$

Methode: $Charakter := \varnothing$

      for each $g \in Gruppen(o)$
      {
        $Charakter := Charakter \cup \{\, g \,\}$
        while $Obergruppe(g) \neq \varnothing$
        {
          $g := Obergruppe(g)$
          $Charakter := Charakter \cup \{\, g \,\}$
        }
      }

Algorithmus Konflikt

Eingabe: $m_1, m_2 \in MITTEL$
          $K \subseteq KONFLIKT$ (bekannte Konflikte)

Ausgabe: 1, falls m_1 und m_2 in Konflikt stehen
          0, sonst

Methode: **for each** $k \in K$

      {
        if $(k.a \in Charakter(m_1) \wedge k.b \in Charakter(m_2))\ \vee$
          $(k.a \in Charakter(m_2) \wedge k.b \in Charakter(m_1))$
          return 1
      }

return 0

Algorithmus Konflikte

Eingabe: $m \in MEDIKATION$
           $K \subseteq KONFLIKT$ (bekannte Konflikte)

Ausgabe: *Konflikte(m)*

Methode: $Konflikte := \varnothing$
           for each $a \in Mittel(m)$
             for each $b \in Mittel(m)$
               for each $k \in K$
                 if $(k.a \in Charakter(a) \wedge k.b \in Charakter(b))$
                   $Konflikte := Konflikte \cup \{\, k \,\}$

4.5 Zusammenfassung

Objektorientierte Konzepte bieten ein intuitives Verständnis des Problemfeldes und viele Möglichkeiten zur Abstraktion von speziellen Details realer Objekte. Vor allem durch Ausnutzung der Polymorphie können Beziehungen zwischen Objekten unterschiedlicher Art flexibel dargestellt werden. Bestimmte Berechnungen (z. B. Auffinden von Konflikten in Mengen von Mitteln) können für verschiedene Spezialisierungen (Arznei-, Nahrungsmittel) wiederverwendet werden. Dies wirkt sich auch auf Gruppierungen aus, denn es kann offen bleiben, welchen Klassen die Objekte angehören, die in einer Gruppe enthalten sind. So können Arzneimittel nicht nur mit Arznei- und Nahrungsmitteln in Konflikt stehen, sondern auch mit anderen medizinischen Objekten (z. B. Allergien).

Mengenorientierte Sichtweisen erweitern dieses Bild durch Zusammenfassung äquivalenter Objekte zu Gruppen. Eine Gruppierung bezieht sich immer auf bestimmte Kriterien, nach denen gruppiert wurde. Der Charakter eines Mittels kann also Beurteilungen oder Einschätzungen zu beliebig vielen Kriterien enthalten. Die relationale Darstellung eines Charakters ist sehr kompakt (Menge von Fremdschlüsseln) und Anfragen können durch das DBMS gut optimiert werden. Objektorientierte Konzepte wie Vererbung und Polymorphie sind Argumente für die Verwendung eines OODBMS (z. B. POET), können aber auch im relationalen Modell durch entsprechende Sichten (Abfragen) und zusätzliche Integritätsbedingungen realisiert werden. Objektorientierte und relationale Sichten ergänzen sich. Besondere Anwendungen ergeben sich durch die Verwendung aktiver Datenbanken zur Modellierung von reaktivem Verhalten (z. B. Erfassung/Modifikation von Medikationen löst Ereignisse aus, welche die Neuberechnung von Konflikten initiieren). Gruppierungen können nach beliebigen Kriterien und für alle Objekte erstellt werden, und die Möglichkeiten für Beziehungsbildungen sind vielfältig (z. B. Konflikte zwischen Gruppen von Medikamenten und Gruppen von Allergien). Obwohl ein Charakter sämtliche Eigenschaften eines Objekts repräsentiert, ist er in einem elementaren Datentyp (*STRING*) darstellbar.

Pharmazeutische Informationssysteme verwalten Objekte, die möglicherweise auch von anderen Systemen verarbeitet werden. Personen gehören zu diesen Objekten und entsprechende Zugriffsmechanismen hängen von konkreten Systemszenarien ab. Jedem Patient, der im administrativen Bereich erfaßt wurde, ist eine Medikation (bzw. eine Menge von Medikationen zugeordnet). Umgekehrt ist jede Medikation für einen Patienten gedacht, dessen persönliche Informationen möglicherweise von anderen medizinischen Informationssystemen verwaltet werden (z. B. R/3). Im Zusammenhang mit der Pharmatica Informationsplattform bedeutet das Interoperabilität zwischen

form bedeutet das Interoperabilität zwischen administrativen und pharmazeutischen Bereichen. In einem solchen Szenario greift ein pharmazeutisches Informationssystem lesend, möglicherweise auch schreibend (Zuordnung von Medikationen) auf entfernte Patienten-Informationen zu. In diesem Zusammenhang ist die Erhaltung von Struktur und Inhalt von Medikationen eine wichtige Anforderung an Computer-based Patient Records. Eine andere denkbare Schnittstelle ist die Ansteuerung einer Maschine zur Herstellung patientenindividueller Arzneipackungen.

Hierarchische Klassifikationen in Form von Gruppierungen bilden den Grundwortschatz einer Sprache zur Formulierung von Expertenwissen. Informationsbeziehungen in Form allgemeiner Konflikte zwischen Gruppen beschreiben Zusammenhänge, die im Rahmen von Anwendungsszenarien aufgefunden werden müssen. Jede Informationsbeziehung stellt eine medizinische Aussage dar und verknüpft zwei Knoten aus beliebigen Bäumen. Durch geschickte Wahl der Hierarchieebene können entsprechend starke oder schwache Aussagen formuliert werden. Sowohl Gruppierungen als auch Konflikte stellen komprimiertes Expertenwissen dar, weil (bei geeigneten Gruppierungen) jede Aussage nur einmal formuliert werden muß. Auf dieser unteren Ebene wird nichts über konkrete Behandlungsobjekte ausgesagt. Erst durch die Charakterisierung eines Objekts durch Zuordnung von Gruppen werden für ein System seine speziellen Eigenschaften sichtbar. Eine solche Zuordnung stellt ebenfalls eine Aussage dar, die ungenau (z. B. Gruppe: 'C') oder präzise (z. B. Gruppe: 'C.25.1') sein kann. Die Grenze der Formalisierung liegt da, wo eine solche Aussage interpretiert werden muß ('interagiert mit blutdrucksenkenden Pharmaka'). Die Transparenz von Vokabular und Beziehungen könnte Experten zur Entwicklung geeigneter Gruppierungen und zur Ordnung ihres Wissens anregen. Je genauer pharmazeutisches Wissen geordnet ist, umso genauer können die Beziehungen sein, die auf der Basis dieses Wissens definiert werden können.

5 Integrationsszenarien

Medizinische Informationssysteme in großen Organisationen unterliegen einer Reihe von Anforderungen, die sich auf den Umgang mit verteilten Datenbeständen beziehen. Dazu gehört die Unterstützung unterschiedlicher Benutzerkreise, die Verfügbarkeit von Informationen an vielen Orten, sowie die Berücksichtigung organisatorischer Arbeitsabläufe. Hinzu kommt die Komplexität medizinischer Informationen und ihr ständiger Wandel. Das Gesundheitssystem ist zudem durch ein hohes Kommunikationsvolumen geprägt, an dem u. a. Krankenhäuser, Krankenversicherungen, Apotheken, Ärzte und Patienten beteiligt sind. Patienten stehen im Mittelpunkt dieses Systems und sie werden von den Institutionen aus unterschiedlichen Sichten gesehen. Patienten, die eine Gesundheitseinrichtung in Anspruch nehmen, hinterlassen Daten, die später anderenorts benötigt werden können. Kommunikation zwischen Organisationen bedeutet Kommunikation zwischen heterogenen Systemen und Interpretation von Daten.

Informationssysteme in Medizin und Biologie sind durch einen hohen Grad an Heterogenität gekennzeichnet. Es existieren zu viele medizinische Spezialgebiete, als daß diese von Standardlösungen abgedeckt werden könnten. Die medizinische Softwareindustrie ist geprägt von großen Branchensystemen einzelner Hersteller, deren Integrationsfähigkeiten i. a. als relativ gering eingeschätzt werden. Branchenlösungen unterstützen vorwiegend die administrative Verwaltung finanzieller und materieller Ressourcen. Zwischen den Softwaresystemen für Spezialbereiche liegen teilweise Generationen und Interoperabilität ist oft kaum erreichbar. Auf den Einsatz technisch überholter Legacy-Systeme kann häufig nicht verzichtet werden, etwa weil der schnelle technische Fortschritt keinen Einsprungspunkt für einen Systemwechsel bietet oder weil solche Systeme Maschinen steuern, deren Schnittstellen nicht ausreichend dokumentiert sind.

Pharmazeutische Informationssysteme sind Subsysteme in einer übergeordneten Umgebung und mehr oder weniger in diese integriert. Das komplexe Zusammenspiel zwischen ihnen und Fremdsystemen stellt hohe Anforderungen an ihre Integrierbarkeit. Der Grad der Integration ist bedeutend für die Effizienz der Zusammenarbeit verschiedener Organisationseinheiten. Ein Integrationsgrad ist i. a. schwierig zu messen und zu konzeptualisieren, spiegelt sich aber in Form von (vorhandenen oder nicht vorhandenen) Problemen wie Medienbrüchen, Inkonsistenzen oder Funktionslücken wieder. Zur Lösung dieser Probleme steht heute ein breites Spektrum standardisierter Sprachen, Systemkomponenten und Entwicklungsumgebungen zur Verfügung. Dazu gehören plattformunabhängige

Programmiersprachen, CORBA-basierte ODBMS und eine Reihe von Treibern und Adaptern, die Brücken zwischen Technologien schlagen.

Ein großer Teil der Aufgaben medizinischer Informationssysteme bezieht sich auf die Verwaltung von Dokumenten. Arzneimittelmonographien, Interaktionsbeschreibungen, Verordnungen und Medikationen stellen (aggregierte) medizinische Dokumente dar, die miteinander in Beziehung stehen und sich gegenseitig referenzieren können. Hypermedien haben sich als einfach zu handhabende Form für interaktive Dokumentationen bewährt, jedoch wird deren referentielle Integrität mit zunehmender Komplexität der Informationen immer stärker gefährdet. Mit neuen Konzepten und Architekturen versucht man, diese Integrität auch bei Verschieben oder Löschen von Ressourcen zu erhalten. Einheitliche Standards für neue Hypermedien haben sich allerdings noch nicht etabliert. Ein Grund dafür liegt sicher darin, daß die vollständige Gewährleistung referentieller Integrität in verteilten Hypermedien eine hohe Netzbelastung nach sich zieht.

Im Zuge der zunehmenden globalen Kommunikation besitzt das Internet als universelle Infrastruktur für verteilte Anwendungen heute eine strategische Bedeutung für viele Organisationen. Internetpräsenz bedeutet nicht nur Reputation und Marketing, sondern auch die Grundlage für eine offene elektronische Kommunikation zwischen den Spielern im Gesundheitswesen. Speziell für den automatisierten Informationsabgleich pharmazeutischer Wissensbasen mit Online-Datenbanken (z. B. DIMDI) sind mit dem Internet die technischen Voraussetzungen gegeben, aber nicht hinreichend: Ein solcher Abgleich erfordert die aktive Unterstüzung durch den Informationsanbieter und die Bereitstellung standardisierter Schnittstellen. Gegenwärtig unterstützen medizinische Online-Datenbanken vorwiegend den nicht-automatisierten (dialogorientierten) Zugriff. Ein automatisierter elektronischer Datenaustausch (EDI) zwischen medizinischen Organisationen setzt die semantische Integration der verwendeten Referenzsysteme von Informationsanbieter und -nutzer voraus. Informationsvermittler können als Dolmetscher auftreten und sich darauf spezialisieren, semantische Referenzsysteme für pharmazeutische Wissensbasen ineinander abzubilden. Solche integrativen Informationsdienste werden durch das Gruppierungsmodell wesentlich unterstützt.

5.1 Rollen und Sichten

Patient

Das Gesundheitswesen ist besonders durch hohe Spezialisierung und Arbeitsteilung gekennzeichnet ('shared care'). Mit dem Umfang medizinischen Wissens steigt auch der Anspruch von Patienten, daß dieses Wissen optimal zu deren Behandlung eingesetzt wird. Die Mobilität der Patienten hat deutlich zugenommen, und die medizinische Betreuung eines Patienten erstreckt sich teilweise auf mehrere Spezialisten. Diese erheben und produzieren Daten, die für andere relevant sein können. Viele patientenbezogene Daten werden mehrfach erfaßt und redundant gespeichert. In einigen Fällen hat die medizinische Datenerfassung (z. B. Röntgen-Untersuchung) auch negative gesundheitliche Auswirkungen auf den Patienten. Redundante Untersuchungen bedeuten auch für Ärzte Unsicherheit und Prozeßdruck (unnötige Röntgen-Untersuchungen wurden schon als Körperverletzung ausgelegt). Es liegt im Interesse von Patienten, daß ihre persönlichen Gesundheitsdaten effektiv zu ihrem Vorteil genutzt werden. Dazu gehört, daß allen (berechtigten) Spezialisten alle einmal erhobenen Daten über einen Patienten immer und überall zur Verfügung stehen.

Auch Patienten wollen sich informieren und Zusammenhänge durchschauen. Es liegt in ihrem Interesse, Therapien auch zu verstehen. Dies hat wesentlichen Einfluß auf Disziplin und Therapietreue. Medikamente müssen letztendlich auch in Form verständlicher Gebrauchsinformationen für den Patienten dokumentiert und aufbereitet werden. Studien haben ergeben, daß ein großer Anteil von Behandlungsmißerfolgen auf eine falsche Anwendung von Medikamenten zurückzuführen ist. Das Interesse der Patienten an allgemeinen und speziellen Gesundheitsinformationen ist jedoch sehr groß. Informationen über einzelne Themen werden über zahlreiche Anbieter verbreitet. Aus der Sicht selbstverordneter Patienten ist es besonders vorteilhaft, zusätzliche Informationen über die Web-Seiten der großen Pharmaunternehmen zu erhalten. Dabei zeigen sich gemeinsame Interessen von Herstellern (Produktinformationen) und Patienten (Gesundheitsinformationen).

Die Mobilität der Patienten erfordert in bestimmten Anwendungen auch eine Mobilität personenbezogener Daten und Chipkartensysteme stellen eine der Ansätze dazu dar. Die Krankenversichertenkarte wurde Ende 1994 eingeführt und hat den Krankenschein abgelöst. Chipkarten als elektronische Gesundheitsakten bieten nicht nur den Vorteil der einfachen Handhabung, sondern tragen auch dem Recht auf informationelle Selbstbestimmung eines Patienten Rechnung, denn formal bestimmt dieser, wer seine Karte bekommt. Datenschützer und andere Kritiker warnen jedoch vor 'Durchleuchtung' und 'Entsolidarisierung' und einer nur noch formal gewährten Freiwilligkeit, wenn Versicherte durch sozialen Druck zur Offenlegung persönlicher Daten gezwungen werden (z. B. Arbeitgeber, Polizei). Datenschützer kritisieren ebenfalls die zunehmende Verlagerung personenbezogener Patientendaten aus dem Schutzbereich des Arztgeheimnisses.

Selbstverordnende Patienten sind an aktuellen Marktübersichten für pharmazeutische Produkte interessiert. Das Internet ist ein ideales Medium für die Verteilung solcher Übersichten. Produkt- und Preisinformationen sowie ärztliche Beurteilungen stellen Entscheidungskriterien für die Selbstmedikation dar. Patienten mit chronischen Krankheiten sind möglicherweise auch an den Erfahrungen anderer interessiert oder sie möchten sich über unterschiedliche Behandlungsalternativen informieren. Weitere Anwendungsfelder ergeben sich durch die tägliche Überwachung von Therapie-Parametern (z. B. Gewicht bei Diäten). Denkbar sind patientenbezogene Web-Formulare auf den Web-Sites von Krankenhäusern oder Ärzten. Die individuelle Situation eines Patienten und sein Krankheitsbild stellen nützliche Informationsfilter für solche Anwendungen bereit. Insgesamt sind es vor allem Metainformationen, die Navigation und Information von Patienten unterstützen können. Digitale Profile können zur Darstellung solcher Profile herangezogen werden.

Es darf aber auch nicht verschwiegen werden, daß es im ureigenen Interesse von Patienten liegt, von IT nicht benachteiligt oder gar gesundheitlich bedroht zu werden. Ob dies abwegig ist, wird sich zum Jahrtausend-Wechsel herausstellen. Schon jetzt gibt es warnende Stimmen, die nicht ausschließen, daß das Jahr-2000-Problem neben wirtschaftlichen Desastern möglicherweise auch Menschenleben fordern wird. Nach einem Bericht der von der Britischen Regierung geförderten *Taskforce 2000 Awareness Campaign* (*Year 2000 And Healthcare Computing*) muß im Januar 2000 mit ernstzunehmenden Störungen medizinischer Dienste gerechnet werden, wenn die Umstellung bis dahin nicht vollzogen ist (Prof. Mike Smith, Royal London School of Medicine and Dentistry). Unter extremen Umständen können Ausfälle oder Fehlfunktionen softwarebasierter Komponenten medizinischer Systeme für Patienten lebensbedrohlich sein (Alan Langland, British National Health Service).

[Craig97], [SVP97*]

Arztpraxis

Ein niedergelassener Arzt, der seine Patienten optimal behandeln will, benötigt fachspezifisches Wissen, das speziell für die Behandlungssituation aufbereitet ist. Er ist vor allem an der Vergleichbarkeit von Medikamenten und Behandlungmethoden interessiert. Im Zuge der Kostenreduktion im Gesundheitswesen gewinnen Informationen über kostengünstigere Alternativen (Generika) zu

Markenpräparaten an Bedeutung. Die Optimierung dieser Informationsflüsse durch die Nutzung neuer Medien ist das vorrangige Ziel beim Einsatz der Informationstechnologie. Der traditionellen Form gedruckter Dokumentationen fehlt es in erster Linie an Aktualität, Vollständigkeit, und Vergleichsmöglichkeiten. Die Rote Liste erscheint nur einmal im Jahr und Vergleiche erfordern umständliche Nachschlageprozeduren. Verfügbarkeit und Automatisierung sind die beiden vorrangigen Ansätze zur Verbesserung der Behandlungssituation.

Zur Bewältigung der medizinischen Dokumentationspflichten und der administrativen Verwaltung werden heute leistungsfähige Gesamtlösungen angeboten. Es gibt aber auch immer noch viele monolithische Systeme aus vergangenen Software-Generationen, die vor allem Ärzten als leistungsfähige Software verkauft oder als Werbepräsent übergeben werden. Sie bieten häufig wenig Unterstützung für die Integration in übergeordnete Systeme, so daß der Benutzer u. U. mit zahlreichen isolierten Spezialanwendungen umgehen muß. Heute noch werden 16-Bit-Applikationen weiterentwickelt und verbreitet (z. B. lfAp Arzneimittelindex). Die meisten basieren auf internen, undokumentierten Formaten und bieten keine Möglichkeit der Aktualisierung der Daten. Nicht zuletzt durch die Programmiertätigkeiten von Medizinern (z. B. ICD-Betrachter) haben sich DOS-basierte Anwendungen bis heute gehalten.

Ärzte sind zunehmend an Informationsystemen interessiert, welche die unterschiedlichen Formen der Informationsbeschaffung integriert nutzbar machen. Das Web hat als einfaches Hypertextmedium auch in der Medizin hohe Akzeptanz gewonnen und bietet mit modernen Technologien ein hohes Integrationspotential. Das ärztliche Interesse an Online-Informationen ist sehr groß. Bei amerikanischen Untersuchungen über die Internetnutzung (*The American Interactive Healthcare Professionals Survey*, Find/SVP, ETRG) gab knapp die Hälfte aller Befragten an, medizinische und pharmazeutische Informationsdienste zu nutzen.

[Brainware98*], [SVP97*]

Apotheke

Zu den wichtigsten Aufgaben einer Apotheke gehört die pharmazeutische Beratung von Anwendern (Patienten) und Spezialisten. Dazu gehört die Bereitstellung Fach- und Gebrauchsinformationen, sowie die Aufklärung von Patienten über die Anwendung von Medikamenten, Risikofaktoren und individuelle Verhaltensmaßnahmen. Ansätze zur Unterstützung dieser Aufgaben beziehen sich nicht nur auf die Erkennung kritischer Wechselwirkungen zwischen Medikamenten, sondern auch zwischen diesen und Nahrungsmitteln. Im Einzelfall kann es notwendig sein, die Ernährungsgewohnheiten von Patienten zu erfragen.

Auch individuelle Risikofaktoren (z. B. Allergien) werden bei der pharmazeutischen Beratung berücksichtigt.

Die Aufklärung von Patienten stellt eine besondere Herausforderung für die Informationsversorgung des Apothekers dar. Die Situation des Apothekers erfordert vor allem einen schnellen Zugang zu relevanten Fach- und Gebrauchsinformationen, denn längere Wartezeiten für Patienten sind am Ort der Arzneimittelabgabe nicht praktikabel. Die Eigeninformation des Apothekers kostet vor allem Zeit, wenn ihm nur fachbezogene Einzelinformationen zu Medikamenten zur Verfügung stehen. Moderne Arzneimittelinformationssysteme stellen spezielle situations- und patientenorientierte Sichten bereit (z. B. AIS auf der Basis der ABDA-Datenbank) und bieten auch die Möglichkeit zum Ausdruck individueller Packungsbeilagen bzw. Gebrauchsinformationen (Patientenhinweise).

In der Umgebung einer Apotheke stellen Chipkartensysteme eine wichtige Quelle für patientenbezogene Informationen bereit. Speziell Medikationen können auf diese Weise effizient verarbeitet werden. Im Rahmen der Medikationsanalyse bieten sie ein besonderes Potential zur Automatisierung der Unverträglichkeits-Prüfung. Sind auf Chipkarten auch andere Parameter (z. B. Ernährung, Risikofaktoren) gespeichert, können entsprechende Rückfragen eingeschränkt oder ausgelassen werden. Patientenchipkarten mit medizinischen Inhalten können als mobile Gesundheitsakten (CPR) angesehen werden, die von entsprechenden Systemen (CPR Systems) verarbeitet werden. Pharmazeutische Informationssysteme können entweder selbst die Rolle eines solchen Systems einnehmen, oder sie müssen über wohldefinierte Schnittstellen mit einem solchen kommunizieren.

[ApBetrO95], [Schneider96]

Krankenversicherung

Unter dem Kostendruck des Gesundheitswesens hat der Gesetzgeber Krankenkassen, Krankenhäuser, Apotheken und Ärzte zum Datenaustausch in *maschinenlesbarer* Form verpflichtet. Angesichts moderner Informations- und Kommunikationstechnologien konkretisiert sich diese Auflage heute auf den *elektronischen* Datenaustausch. Unter diesen Rahmenbedingungen gründeten die Spitzenverbände der gesetzlichen Krankenkassen Kommunikationsverbünde zur automatischen Übermittlung und Verarbeitung verschlüsselter Gesundheitsdaten. In zahlreichen Vereinbarungen wurde bereits die Nutzung von EDIFACT, FTAM, X.400, sowie PEM als Verschlüsselungsverfahren zur Gewährleistung des Datenschutzes beschlossen. Der Einsatz privater Netze und die Auswahl der Standards (insbesondere FTAM und X.400 statt bspw. SMTP und FTP) sind angesichts von Web-EDI eher als konservative Strategie einzuschätzen. Möglicherweise haben Sicherheitsanforderungen und Datenschutz-Bestimmungen dazu geführt.

Im Laufe dieser Entwicklungen ist der *Kommunikationsverbund der Allgemeinen Ortskrankenkassen* (AOK) entstanden, welchem 14 Rechenzentren (*Datenannahme- und Verteilstellen, DAV*) angehören. Diese übernehmen das Routing der Daten zwischen unterschiedlichen Zuständigkeitsbereichen, sowie die Kommunikation mit externen Leistungserbringern. Zu diesen gehören die Krankenhäuser, in deren Abrechnungssystemen Daten anfallen und so via EDI automatisch an die Krankenkassen übermittelt werden können. Sie verwenden ein spezielles *Krankenkassen-Kommunikations-System* (*KKS*, Coconet, Düsseldorf) als Client-Software, welches die Daten der Abrechnungssysteme verschlüsselt und zusammen mit einer unverschlüsselten Auftragsdatei an (nach Transferkosten ausgewählte) AOK-Rechenzentren versendet. Die DAV erkennt anhand der Auftragsdatei den Zuständigkeitsbereich und leitet die Nachricht ggf. an eine andere DAV weiter. In einem zuständigen Rechenzentrum werden die Nachrichten entschlüsselt, geprüft und verarbeitet. Ergebnisse werden auf dem gleichen Weg an den Sender der Nachricht zurückgeschickt. Als technische Plattform der DAVs dient der multiprotokollfähige EDI-Server *Multicom* (Coconet). Dieser unterstützt neben der Kommunikation über X25-ISDN auch TCP/IP und damit das Internet als Infrastruktur.

Ursprünglich sollte die gesetzliche Krankenversichertenkarte wesentlich mehr personenbezogene Daten aufnehmen. Dazu gehörten auch medizinische Angaben über Allergien und chronische Krankheiten. Der Einsatz einer solchen Karte hätte jedoch zu großen Datenschutzproblemen geführt. Letztendlich waren es nur noch wenige allgemeine Informationen (Name, Geburtsdatum, Adresse, Krankenkassendaten). Viele davon werden heute auch auf der Karte notiert. Die Karten dürfen nur an besonderen Verwaltungsterminals der Krankenkassen beschrieben werden, nicht aber an normalen Arbeitsplätzen oder in anderen Organisationen. Ärzte sind nicht berechtigt, sie zu beschreiben. Wäre es nicht verboten, könnten sie handelsübliche Lese/Schreib-Geräte (z. B. Völkner) dazu einsetzen, denn auf eine spezielle Authentisierung oder Verschlüsselung hat der Gesetzgeber verzichtet. Diese Entwicklungen zeigen, daß nicht alle Informationsprobleme im Gesundheitswesen auf technische Ungereimtheiten zurückzuführen sind. Ihre Ursachen liegen auch in einfallslosen Sicherheitsmechanismen (wo keine Daten sind, können keine Daten mißbraucht werden). Würde die Karte mit RSA-Verfahren (z. B. PGP) verschlüsselt, wären zumindest Zugang zur Karte (Plastik) und Zugang zu den Daten (Schlüssel) voneinander entkoppelt.

Im Rahmen eines gemeinsamen Modellversuchs der Kassenärztlichen Vereinigung Koblenz, dem Zentralinstitut für die Kassenärztliche Versorgung Köln

und der Bundesvereinigung Deutscher Apothekerverbände Eschborn wurde seit
September 1995 der Einsatz von Patientenchipkarten getestet. Diese Chipkarten
enthalten im Gegensatz zur gesetzlichen Krankenversichertenkarte auch medizinische Daten, insbesondere Medikationen. Zu den medizinischen Daten gehört ein elektronischer Befundbogen, bestehend aus Angaben zu Röntgenunter-
suchungen, Allergien, Impfungen, Operationen, Blutgruppe und chronischen
Erkrankungen. Außerdem enthält die Karte Informationen über Medikamente.
Bei jedem Apothekenbesuch werden die ausgehändigten Medikamente (Name,
Packungsgröße) auf der Karte gespeichert. Dadurch hat ein Arzt einen Überblick über die Arzneimittel, die ein Patient einnimmt, unabhängig von seinem
Erinnerungsvermögen. Doppeluntersuchungen, Nebeneinanderverordnungen
und Fehlbehandlungen sollen auf diese Weise vermieden werden. Möglicherweise wird sich in Zukunft eine Kombination aus mobilen Datenträgern und
verteilten Datenbeständen ergeben.

[CZ/47/1997], [Russenberger97]

Krankenhäuser

Krankenhäuser sind komplexe Systeme mit einem hohen Informations- und
Kommunikationsvolumen. Deshalb gehört die Optimierung von Arbeitsabläu-
fen zu den wichtigsten Herausforderungen an die Modellierung medizinischer
Informationssysteme. Im Mittelpunkt stehen Patienten, welche Ressourcen in
Form von Ärzten, Betten und Arznei in Anspruch nehmen. Speziell patientenbezogene Arbeitsabläufe beinhalten ein besonderes Potential zur Optimierung,
denn gerade diese werden besonders häufig und wiederholt durchgeführt. Ihr
Umfang ist direkt an die Anzahl der sich im System aufhaltenden Patienten gebunden und beeinflußt in gleicher Weise den Aufwand für medizinische Leistungen.

Patientenbezogene Prozesse sind in elementare Aktivitäten zerlegbar. Eine solche Zerlegung ist wesentlich durch ein besonders hohes Aufkommen gleichartig
strukturierter Aktivitäten charakterisiert (z. B. Überprüfung von 1000
Verordnungen auf Unverträglichkeiten). In einer Krankenhausapotheke werden
solche Prozesse täglich ausgeführt. Verarbeitet werden sie von Menschen, die
Zahlen und Codes vergleichen, sie in langen Listen lokalisieren und Verweisen
folgen, die auf weitere Codes und Zahlen zeigen. Durch das hohe Aufkommen
von Verordnungen ergeben sich besondere Anforderungen an die Effizienz
ihrer Verarbeitung. Viele Arbeitsschritte zur Prüfung einer Medikation sind
automatisierbar. Die Anzahl der Arbeitsschritte zur Prüfung einer Medikation
ergibt sich in etwa als Produkt aus der Anzahl der Verordnungskombinationen
und der Anzahl der bekannten Konflikte. "Die Verarbeitung von Verordnungen
muß vor allem schnell gehen.", sagt Björn Kentemich (Arzt, KKH
Gummersbach).

Aktivitäten medizinischer Prozesse können in zwei Dimensionen unterschieden werden, so daß sich vier Ausprägungen ergeben. Die *Automatisierbarkeit* medizinischer Aktivitäten unterteilt sie in solche, die maschinell durchgeführt werden können, und andere, für welche dies nicht zutrifft. Auf der anderen Seite unterscheiden sie sich auch hinsichtlich ihrer *Verantwortbarkeit*. Verantwortung ist nur dann an maschinelle Aufgabenträger delegierbar, wenn dies nicht mit ethischen Vorstellungen in Konflikt steht. Der Vergleich von Codes kann maschinell sicherer und schneller durchgeführt werden und stellt eine sinnvolle Möglichkeit zur Elimination menschlicher Fehlerquellen dar. Problematisch wird es, wenn Informationssysteme die Überlebenschancen von Patienten ihren Kosten gegenüberstellen. Maschinell verantwortbare Aktivitäten beinhalten keine therapeutischen Entscheidungen und ihre Semantik ist für Menschen transparent (z. B. Medikationsanalyse). Diese Matrix sollte bei der Modellierung medizinischer Prozesse berücksichtigt werden. Bestimmte Aktivitäten können nur von Ärzten durchgeführt werden, und sie erfordern deren Erfahrung und Kompetenz. Die Automatisierung nicht maschinell verantwortbarer Aktivitäten ist gesellschaftlich umstritten. Das wesentliche Potential der IT liegt in der Automatisierung maschinell verantwortbarer Aktivitäten.

Eine Krankenhausapotheke ist eine Einrichtung, deren Aufgaben durch gesetzliche Verordnungen definiert sind. Sie dient der Versorgung des Krankenhauses mit Arzneimitteln und medizinischen Produkten. Für die Mitarbeiter in einem Krankenhaus stellt sie ebenfalls eine zentrale Informations- und Beratungsstelle dar. Es gibt unterschiedliche Modelle der Arzneimittelverteilung. Weit verbreitet ist die pauschale Belieferung der Stationen mit Packungen, die manuell an die Patienten verteilt werden. Im Kreiskrankenhaus Gummersbach hat man diese Verteilung automatisiert. Zum Einsatz kommt eine Datenbankanwendung (Baxter ATCHOST). Verordnungen werden von Ärzten und Pflegepersonal elektronisch erfaßt. Nach ärztlicher Freigabe (Validierung) werden sie der Apotheke zugeführt. Die elektronische Verfügbarkeit der Verordnungen ermöglicht dem Krankenhausapotheker die Prüfung und Optimierung der Arzneimittelkombinationen. Nach der endgültigen Freigabe erreichen die Verordnungen einen Dispensierautomaten (Baxter ATC 212), wo sie in patientenbezogene Einzelpackungen umgesetzt werden. Dieses Verfahren ist effizient und reduziert die Quote der Medikationsfehler. Jede Packung ist aus vier Komponenten zusammengesetzt (morgens, mittags, abends, nachts).

Zwischen Zufuhr und Umsetzung der elektronischen Verordnungen durchlaufen sie manuelle Kontrollen. Bevor eine Packung die Krankenhausapotheke verläßt, muß die entsprechende Medikation auf mögliche Probleme (z. B. Unverträglichkeiten, doppelte Verordnungen, falsche Applikationszeiten, ungünstige Dosierintervalle) hin untersucht werden. Dabei wird möglicherweise eine Rücksprache mit dem jeweils behandelnden Arzt notwendig. Die Prüfung der Medikationen ist sehr aufwendig und wird gegenwärtig vorwiegend manuell durchgeführt, obwohl sie elektronisch gespeichert sind. Die Formalisierung der Arzneimittel durch Gruppen und Codes und die Verfügbarkeit der Verordnungen ermöglichen jedoch eine wesentliche Unterstützung des Apothekers. Informationssysteme können seine Verantwortung nicht übernehmen, aber sie können automatisierbare Vergleichsoperationen effizienter und sicherer durchführen.

Die Anforderungen an die Medikationsverarbeitung sind in einer Krankenhausapotheke höher einzustufen als in anderen medizinischen Systemen (z. B. Apotheken), denn sie erfordern zusätzliche Funktionalitäten. Dabei handelt es sich im wesentlichen um Planungs- und Steuerungsfunktionen. Die Planung besteht in der detaillierten Festlegung zukünftiger regelmäßiger (z. B. einmal die Woche) oder unregelmäßiger Verordnungen. Die Darstellung von Verordnungen ist um Termine (Tage) erweitert. Die Medikation eines einzelnen Patienten an einem bestimmten Tag ergibt sich als entsprechende Teilmenge der vorhandenen Verordnungen. Die Steuerung besteht in der Fertigung der Einzelpackungen, welche die Zwischenlager der Stationen überflüssig macht und menschliche Fehlerquellen eliminiert. Nicht nur die Kombinatorik der Verordnungen, sondern auch ihre zeitlichen Abstände sind typische Beispiele für automatisierbare Untersuchungsgegenstände.

In einem Krankenhaus werden Medikamente nicht nur als therapeutische Objekte verstanden, die durch Wirkungen und Gruppenzugehörigkeiten charakterisiert sind, sondern im Rahmen der klinischen Materialwirtschaft auch als knappe Güter, die bestellt, gelagert und vebraucht werden. Medikamente sind also einerseits Vokabularbausteine pharmazeutischer Wissensbasen und andererseits wirtschaftliche Güter, die auch von mengen- und wertorientierten Abrechnungssystemen verwaltet werden. Daß Arzneimittel bei der Gestaltung von Informationssystemen häufig ausschließlich unter dem Aspekt der Materialwirtschaft betrachtet werden, geht eindeutig aus Hauslisten hervor, die nicht zwischen Arzneimitteln und anderen Verbrauchsmaterialien (z. B. Drei-Wege-Hahn) unterscheiden. Sind über Arzneimittel nur wirtschaftliche Informationen elektronisch verfügbar, kann ein System den Apotheker nur unzureichend unterstützen. Mit neuen Datenmodellen können viele Überprüfungen automatisiert werden, jedoch müssen die Prozesse für den Apotheker transparent bleiben.

Die Warnungen vor dem Jahr 2000 betreffen vor allem die Krankenhäuser. Hier werden medizinische Leistungen erbracht, die elektronisch kontrolliert werden. Die Auswirkungen des Jahrtausendwechsels auf diese Leistungen ist kaum absehbar, denn ein einziges der vielen heterogenen Systeme eines Krankenhauses reicht aus, die Konsistenz der Zeitrechnung zu gefährden. Man kann heute kaum abschätzen, ob plötzlich hundertjährige Verordnungen ihren Weg von der Medikationsbasis zur Fertigungsmaschine noch schaffen werden. In den Krankenhäusern herrscht offenbar wenig Bewußtsein über die Gefahren des Jahrtausendwechsels. So kommt es, daß nur 21 % der amerikanischen Krankenhäuser aktiv an der Umstellung ihrer Systeme arbeiten, und 18 % gar nichts unternehmen (Third Annual Healthcare Technology Survey, Gordon & Glickson, Chicago). In etwa 40 % der Krankenhäuser plant man nicht, die Umstellung vor 1999 abzuschließen. In vielen Kliniken ist man gezwungen, auf eine Lösung der Hersteller der eingesetzten Informationssysteme zu warten (Richard Fogel, Gordon & Glickson).

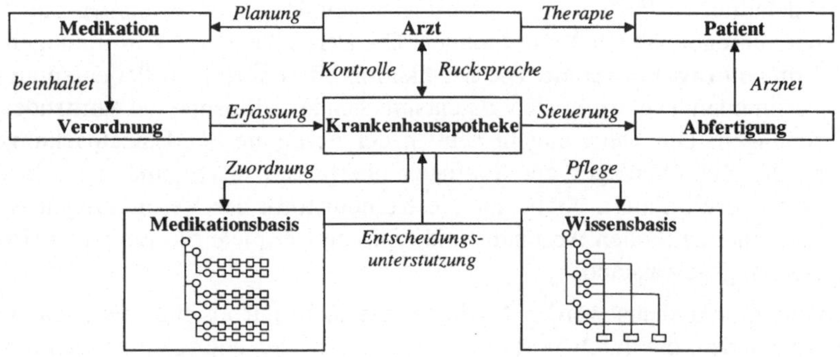

Abbildung 5.1: Umgebung einer Krankenhausapotheke

[Craig97], [Haney97]

Pharmaindustrie

Pharmazeutische Unternehmer stellen die gesetzlich vorgeschriebenen Gebrauchs- und Fachinformationen für Medikamente öffentlich bereit. Alle in Deutschland zugelassenen Medikamente werden in BfArM-Öffentlicher Teil dokumentiert. Jedoch auch nach der Zulassung werden neue Eigenschaften und Unverträglichkeiten bekannt. Für die Pharmaindustrie besteht einerseits die Meldepflicht für neue Informationen, die in der hausinternen Forschung bekannt wurden, und andererseits ein besonderes Interesse an externen Erfahrungen, die mit Medikamenten gemacht werden. Dies dient einerseits der Produktweiterentwicklung und andererseits der Schadensvermeidung. Wenn Verkaufsreferenten mit neuen Informationen über Eigenschaften von Medikamenten von ihren Arztbesuchen zurückkehren, wurden diese Produkte möglicherweise bereits vielfach ohne dieses Wissen verordnet. Geht man davon aus, daß Arztbesuche von Verkaufsreferenten einmal im Jahr stattfinden, so sind die dabei ausgetauschten Erfahrungen im Schnitt sechs Monate alt (falls deren Häufigkeit

getauschten Erfahrungen im Schnitt sechs Monate alt (falls deren Häufigkeit nicht saisonbedingt ist). Ein *stetiger* Informationsrückfluß von Erfahrungsberichten ermöglicht dagegen die frühzeitige Erkennung von Fehlentwicklungen und kann dazu beitragen, Schaden vom Unternehmen abzuwenden. Ein *automatisierter* Informationsrückfluß ist zudem wirtschaftlicher, denn Arztbesuche von Verkaufsreferenten kosten beide Seiten Zeit und Geld.

In den USA hat der zunehmende Kostendruck durch Managed Care dazu geführt, daß Pharmaunternehmen neben ihrer Rolle als Hersteller von Produkten zunehmend auch die Rolle von Informationsanbietern einnehmen. Pharmaunternehmen verfügen über große Datensammlungen aus Vertrieb, Marketing und Forschung und versorgen ihre Kunden immer mehr mit professionellen Informationsdiensten. Im Bereich des pharmazeutischen Marketing ist ein Trend weg von einfachen Kontakt-Management-Systemen hin zu modernen Technologien des Data Warehousing zu beobachten. Die neuen Anwendungen unterstützen eine dezentrale Organisation des Marketing und können in Regionen mit unterschiedlichen Märkten eingesetzt werden. Ein Beispiel für eine solche Strategie sind die Aktivitäten des Pharma-Unternehmens Pfizer Inc. (New York): Im Rahmen eines umfassenden Automatisierungsprogramms für das Marketing ermöglichte man 2700 Pharma-Referenten die individuelle Anpassung des regionalen Angebots. Die in einer Oracle-Datenbank gespeicherten Informationen sind den Verkaufsreferenten über ein zwischengeschaltetes Gebiets-Management-System (territory-management software, Dendrite International, Morristown, N. J.) zugänglich. Durch diese Informationsverteilung können Verkaufsreferenten Ärzte schnell mit Informationen über Effektivität, Seiteneffekte und regionalen Preisen von Medikamenten versorgen.

Der steigende Informationsbedarf im Gesundheitswesen bewirkt, daß Pharma-Unternehmen zunehmend informationsbasierte Produkte und Dienstleistungen entwickeln. Dazu gehört auch Bergen Brunswig. Dort entwickelt man Systeme zur Automatisierung des Bestell- und Lagerwesens über private Netzwerke. In Zusammenarbeit mit dem 'Gesundheitsinformations-Unternehmen' ProxyMed Inc. werden auch elektronische Dienste zur Verarbeitung von Verordnungen angeboten. Als Infrastruktur dient ein nationales Gesundheitsinformationsnetz, welches Arztpraxen, Apotheken und andere Gesundheitseinrichtungen miteinander verbindet. Mit diesen Aktivitäten will man vor allem Kosten einsparen ("We're taking the cost out of drug distribution for our customers", Linda Burkett, CIO, Bergen Brunswig). In der Branche werden zunehmend auch Systeme zur automatischen Kontrolle und Auffüllung von pharmazeutischen Lagerbeständen eingesetzt. Ein Beispiel dafür ist Camp Hill, Pa.: Seit März 1997 werden die 3625 Pharmazien dabei unterstützt, ständig die richtige Auswahl und

Menge von Arzneimitteln für mehr als 150 Mio. Verordnungen im Jahr vorrätig zu haben.

Die europäische Pharmaindustrie ist stärker in das Gesundheitssystem integriert und die Informationsflüsse (z. B. Bestellungen) werden besser koordiniert. Dies geht aus kalifornischen Marktanalysen hervor (Rishi Sood, G2 Research, Mountain View). Danach geht der allgemeine Trend dahin, die Entscheidungen von Ärzten direkt an deren Arbeitsplatz ('at the physician's desktop') zu unterstützen und zu beeinflussen. Auch die Interoperabilität organisationsinterner Informationssysteme hat einen hohen Stellenwert. Im Rahmen von Unternehmenszusammenschlüssen und -übernahmen treffen nicht selten Systemwelten aufeinander, und es entsteht u. U. ein hoher Integrationsbedarf. American Home Products befindet sich nach der Übernahme von American Cyanamid Corp. in dieser Situation. Im Zuge der Integration reduzierte man 13 unterschiedliche Nachrichtensysteme auf 2 und trennte sich von Apple-Workstations zugunsten von Intel-Maschinen.

Eine besondere Bedeutung für die pharmazeutische Industrie hat die Verkürzung der Entwicklungszeiten für Medikamente und die Optimierung von Geschäftsprozessen. Dazu gehört auch das Marketing und Rückmeldungen von Verkaufsreferenten. Unter dem Druck des Wettbewerbs baut bspw. Hoffmann-LaRoche Inc. seine IT-Infrastruktur aus, um Geschäftsprozesse effizienter abzuwickeln und Arzneimittel besser zu vermarkten. Im Zuge der Neuerungen zur Optimierung des pharmazeutischen Marketings wurden Verkaufsreferenten mit NT-Workstations versorgt und Legacy-E-Mail-Systeme durch proprietäre Software (Exchange) ersetzt. Ob sich durch die Aktivitäten von Roche die Entwicklungszeiten für Medikamente verkürzen, ist heute noch nicht absehbar. Man ist sich aber bewußt, mit den Internettechnologien die Weichen für zukünftige Produktivitätssteigerungen gestellt zu haben.

Der Umgang mit der *FDA* (*Food and Drug Administration*) gehört in den USA zu den wichtigsten Aktivitäten pharmazeutischer Unternehmer. Der Kampf um Patente treibt diese Aktivitäten an und ist i. a. sehr aufwendig. Mit dem Patent beginnt der wirtschaftliche Lebenszyklus eines Medikaments, und der Endtermin der Nutzungszeit steht bereits fest. Die Optimierung der Kommunikation zwischen Unternehmen und Behörden dient im wesentlichen der Verlängerung der Nutzungszeiten pharmazeutischer Produkte, deren Starttermine durch langwierige Zulassungsverfahren verzögert werden. Im Rahmen des Projekts *Smart* (*Submission Management and Review Tracking Program*) ermöglicht die FDA der pharmazeutischen Industrie die elektronische Übermittlung von Formularen und den Prüfern der FDA einen besseren Zugang zu gemeinsam genutzten Informationen. Von der Beschleunigung von Zulassungsverfahren profitieren direkt die pharmazeutischen Unternehmer, aber indirekt auch das Gesundheitswesen, da neue Medikamente schneller verfügbar sind.

Mittlerweile hat die pharmazeutische Industrie begonnen, Internet-Anwendungen zu nutzen, um ihre Kommunikation mit Kunden und anderen Geschäftspartnern zu verbessern. Pharma-Unternehmen wie Merck nutzen das Web zur Vermarktung ihrer Produkte. Da es sich bei Medikamenten um komplexe und spezialisierte Produkte handelt, eignet sich das Web als Hypermedium besonders gut zur Darstellung der verschiedenen Einzelinformationen und zur Navigation darin. Mit interaktiven Führungen wird die interessierte Öffentlichkeit über allgemeine medizinische Themen und, am Rande, über neue Produkte informiert. Auch Ärzten und Pharmazeuten steht ein wachsendes Angebot an Fachinformationen gegenüber und die geschickte Verbindung von Gesundheits- und Produktinformationen ist auf den meisten Web-Sites der großen Pharmaunternehmen erkennbar. Sie ziehen großen Nutzen daraus und übertrumpfen sich gegenseitig mit Angaben über Gewinne und Kosteneinsparungen.

Man sagt, daß um Mitternacht des 31. 12. 1999 weltweit alle darauf unvorbereiteten Informationssysteme zusammenbrechen werden. Mythen wie diese und populärwissenschaftliche Publikationen sind möglicherweise ein Grund dafür, daß ernsthafte Bedrohungen des Millenniums übersehen oder vernachlässigt werden. Während sich die IT-Abteilungen von Pharmaunternehmen noch mit den neuen Web-Sites, Intra- und Extranets beschäftigen, drängen ernstzunehmende Stimmen zum Handeln, und sie gehen unter in der Fülle der Horrorszenarien. Verschiedene Untersuchungen besagen, daß die pharmazeutische Industrie nicht auf den Jahrtausendwechsel vorbereitet ist und man befürchtet, daß sie die Umstellung auch bis zum Stichtag nicht schafft. Im November 1997 warnte die Gartner Group vor Abwartestrategien und schätzte den Anteil der dann unvorbereiteten europäischen Systeme auf 40 % ein. Nach Untersuchungen der Sheffield University trifft dies auf 80 % der Systeme zu. Die Verletzbarkeit der Industrie durch IT-Desaster zeigt sich bereits darin, daß in vielen Unternehmen am Geburtstag von Michelangelo nicht gearbeitet wird.

[Angus97a], [Craig97], [Gambon96], [Haney97]

Zusammenfassung

Die Vielfalt der Rollen und Sichten ergibt vielfältige Anforderungen an Integrierbarkeit und Skalierbarkeit pharmazeutischer Informationssysteme. Zusammen beeinflussen sie die Zerlegung von Datenstrukturen und das sich daraus ergebende Datenmodell. Es muß unabhängig sein von Terminologien und anderen Eigenschaften der externen Repräsentation, die von den Rollen und Sichten der Benutzer abhängen. Die Trennung von Identität und Bezeichnung medizinischer Objekte unterstützt diese Unabhängigkeit und ermöglicht individuelle

Darstellung derselben Informationen. So kann ein und dasselbe Objekt (z. B. Arzneimittel) für Experten in der medizinischen Fachsprache und für Patienten in einfacher Umgangssprache dargestellt und beschrieben werden.

5.2 Systemumgebungen

Pharmazeutische Informationssysteme sollten so beschaffen sein, daß sie in unterschiedliche Klassen von Umsystemen integrierbar sind. Diese Anforderung wirkt sich vor allem auf ihre *Konfigurierbarkeit* aus und ihre Anpaßbarkeit an gegebene Kommunikationsmechanismen. Da als mögliche Systemumgebungen sowohl komplexe Krankenhausinformationssysteme als auch einfachere Arztpraxissysteme in Frage kommen, sollten Schnittstellen und Mechanismen austauschbar sein. Die möglichen Umsysteme deuten auch die Anforderungen an die Skalierbarkeit an. Zu den wichtigsten Kategorien von Nachbarsystemen gehören solche, die für die Verwalung von Patienten- und Medikamentinformationen verantwortlich sind. Die Integration mit diesen Systemen ist erforderlich, um eine konsistente Zuordnung zwischen Patienten und Medikationen bzw. zwischen Medikamenten und Gruppen aufrechtzuerhalten.

Dokumentenmanagementsysteme verwalten u. a. Fachinformationen in Form von Dokumenten, welche sich auf Objekte beziehen, die anderen Systemen referenziert werden. Prinzipiell können zu einem Objekt beliebig viele Dokumente existieren. Auch kann ein einzelnes Dokument für mehrere Objekte relevant sein. Daraus ergibt sich eine Menge von Beziehungen zwischen Objekten und Dokumenten, die jeweils mit einer Relevanz gekennzeichnet sind. Aus der Sicht der Benutzer ist es wünschenswert, alle Dokumente zu einem Objekt zu kennen. Es stellt sich die Frage, in welchen Zuständigkeitsbereich die Verwaltung dieser Beziehungen fällt. Ein pharmazeutisches Informationssystem sollte gundsätzlich in der Lage sein, diese Aufgabe zu übernehmen. Eine Volltextsuche (on the fly) kann nur als Notlösung angesehen werden, denn oft wissen Benutzer, welche Dokumente sie benötigen (z. B. Rote Liste-/FachInfo-Eintrag zu einem bestimmten Medikament).

Zu den Standards des Dokumentenmanagements in der pharmazeutischen Industrie gehört das System von Documentum Inc.. In der Biotechnologie-Branche weit verbreitet ist Doc Open (PC Docs Inc.). Zu den ersten Anwendern von Doc Open gehört Baxter Healthcare Corp. (Hyland Division Glendale). Der Einsatzbereich beinhaltet u. a. den elektronischen Austausch von Forschungsinformationen und Laborwerten mit der FDA. Der Kommunikationsbedarf zwischen der Pharmaindustrie und der Biotechnologie ist sehr hoch, weil zunehmend biotechnologische Innovationen von Pharma-Unternehmen aufgekauft und patentiert werden. Gegenwärtig arbeitet man bei Baxter Hyland an Schnittstellen zwischen Doc Open und Documentum, um die gemeinsame Nutzung von Datenbeständen zu fördern (Kathryn Davidson, PM, Baxter Hyland).

Neben dem Dokumentenmanagement besitzt auch auch das Workflow-Management einen hohen Stellenwert in der pharmazeutischen Industrie und es dient vorwiegend der Unterstützung von Geschäftsprozessen mit Kunden und Partnern. Durch die Verbreitung offener Internettechnologien wird der Einstieg in diese Formen der IT-Unterstützung fortwährend billiger und einfacher. Nach einer Studie von Deloitte & Touche erwarten CIO's pharmazeutischer Unternehmen in den nächsten zwei Jahren tiefgreifende organisatorische Veränderungen durch Workflow- und Internettechnologien. Speziell durch den Einsatz leichtgewichtiger Web-Clients verspricht man sich hohe Kosteneinsparungen. Die Potentiale der Informationstechnik zur Kostenreduktion zeichnen sich immer deutlicher ab ("The financial stakes in the industrie are higher every year", Scott McCready, International Data Corp.).

Als mobile Datenträger sind auch Chipkartensysteme Gegenstand der Integration. Ihr Einsatz auch für medizinische Belange (z. B. A-Card, DiabCard) macht sie zu wichtigen Informationsquellen. Die Anforderungen an ihre Inhalte sind sehr verschieden und stammen aus zahlreichen Fachdisziplinen. Experten rechnen mit über 50 zukünftigen Anwendungsszenarien für Chipkarten im Gesundheitswesen.

Dokumenten- managementsysteme	*Warenwirtschafts- systeme*	*Workflow-Management- Systeme*
Datenbank- systeme	**Pharmazeutisches Informationssystem**	*CPR- Systeme*
Chipkarten- systeme	*Fertigungs- maschinen*	*Scanner- systeme*

Abbildung 5.2: Nachbarsysteme pharmazeutischer Informationssysteme

[Angus97a], [Gambon96], [Krause96]

Kategorien pharmazeutischer Datenbestände

Die von einem pharmazeutischen Informationssystem verarbeiteten Informationsbestände fallen an unterschiedlichen Orten an und werden zur Durchführung von Aufgaben benötigt. Jede dieser Kategorien stellt ein eigenes Kommunikationsszenario mit speziellen Anforderungen an den elektronischen Datenaustausch dar. Je nach Anforderung findet Kommunikation uni- oder bidirektional, regelmäßig oder unregelmäßig, sowie synchron oder asynchron statt. Grundsätzlich können zwei Teilbereiche von Informationsbeständen unterschieden werden. Maschinell (automatisch) interpretierbare Informationen

werden. Maschinell (automatisch) interpretierbare Informationen stellen formalisiertes Wissen dar und werden in analytischen Berechnungen verarbeitet. Manuell interpretierbare Informationen beinhalten nicht-formalisiertes Wissen in Form natürlichsprachlicher Dokumentationen. Eine andere Möglichkeit zur Kategorisierung pharmazeutisch relevanter Informationen ergibt sich aus dem Einsatzzweck der Informationen: Allgemeines pharmazeutisches Wissen wird eingesetzt, um spezielle Medikationen zu untersuchen. Eine Wissensbasis wird aufgebaut, gepflegt und auf spezielle Probleme angewendet. Die einzelnen Probleme haben dagegen keinen Einfluß auf die Wissensbasis, es sei denn, das System lernt.

Patienteninformationen spielen in vielen medizinischen Organisationen eine zentrale Rolle und sie werden i. a. von Abrechnungssystemen (z. B. R/3) verwaltet. Aus der Sicht eines pharmazeutischen Informationssystems dienen Patienteninformationen vorwiegend der Zuordnung von Behandlungsinformationen (z. B. Medikationen, Ernährungen) zu einzelnen Patienten. Für die Medikationsanalyse besonders relevant sind Informationen über Allergien und andere Risikofaktoren. Man muß davon ausgehen, daß Patienteninformationen extern bezogen werden müssen. *Arzneimittelinformationen* sind eigentlich externe Informationen, da sie i. a. außerhalb anfallen. Sie werden jedoch meistens in lokalen Datenbanken gehalten und gelegentlich aktualisiert. Zwar stehen tagesaktuelle Arzneimittelinformationen auch online zur Verfügung (z. B. DIMDI), jedoch können solche Dienste häufig nicht in die bestehenden Legacy-Systeme integriert werden. Ein weiteres Hindernis zur Integration von Online-Diensten in medizinische Informationssysteme liegt darin, daß die Dienste in den meisten Fällen nur manuell genutzt werden können.

Medikationsinformationen werden in Krankenhäusern und Arztpraxen in lokalen Datenbanken verwaltet. Die Zuordnung zwischen Medikationen und Patienten aus Fremdsystemen wird dabei über spezielle Mechanismen (z. B. gemeinsame Nutzung von Dateien) realisiert. Verordnungen und Medikationen beziehen sich auf die Arzneimittelabgabe und referenzieren Patienten und Medikamente. Diese Informationen werden zweckmäßigerweise dort gehalten, wo sie entstehen bzw. wo sich die zugehörigen Patienten befinden (z. B. Krankenhausapotheke, Arztpraxis, Chipkarte). *Wissensbasen* enthalten medizinisches und pharmazeutisches Wissen in Form von allgemeinen Regeln über Gruppen medizinischer Objekte. Die Objekte selbst sind Bestandteil anderer Datenbestände (z. B. Arzneimittelinformationen). Dieses Wissen umfaßt im wesentlichen Beziehungen zwischen Gruppen. Im Rahmen analytischer Berechnungen wird dieses Wissen auf konkrete Medikamente, Medikationen und Patienten angewendet.

Mit den Kategorien pharmazeutische Datenbeständen sind i. a. unterschiedliche Informationsquellen verbunden. Aus der Sicht eines Krankenhauses befinden sich Patienteninformationen in den Datenbeständen der administrativen Verwaltung, während Medikationsinformationen in dedizierten Systemen der Krankenhausapotheke untergebracht werden. Arzneimittelinformationen hingegen sind an pharmazeutische Produkte gebunden und sind über Hersteller, Verlage und Arzneimittelinformationssysteme (z. B. ABDA) in manuell interpretierbarer Dokumentform verfügbar. Schließlich befindet sich formalisiertes Wissen über Gruppen und Beziehungen in weiteren internen oder externen Datenbasen (z. B. ABDA-Interaktionsdatei). Sowohl Patienten- als auch Medikationsinformationen fallen naturgemäß lokal an, während aktuelle Arzneimittelinformtaionen prinzipiell auch extern bezogen werden können.

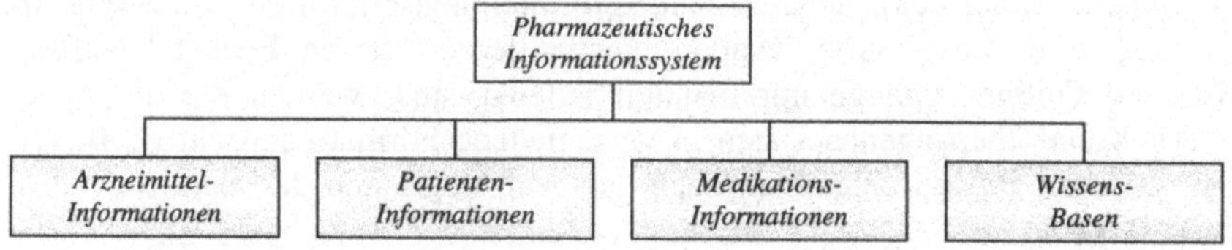

Abbildung 5.3: Kategorien pharmazeutischer Informationsbestande

Kategorien von Informationsquellen

Die internen Informationsquellen einer medizinischen Organisation können grob in zwei Bereiche geordnet werden, die in unterschiedlichen Konfigurationen (z. B. Krankenhaus, Arztpraxis, Apotheke) mehr oder weniger stark ausgeprägt sind. *Administrative Systeme* dienen der Verarbeitung von Verwaltungsdaten (z. B. Finanzbuchhaltung, Materialwirtschaft). Administrative Systeme werden bereits in vielen Kliniken eingesetzt (z. B. Baxter, SAP R/3). Dazu gehören Krankenhausinformationssysteme, Dokumentenmanagementsysteme und Entscheidungsunterstützungssysteme. *Fachbezogene Systeme* verarbeiten medizinisch-pharmazeutische Informationen über Patienten, Medikationen, Arzneimitteln und deren Beziehungen. In diesen Bereich fallen allgemeine wissensbasierte Systeme, sowie Literaturrecherche- und Arzneimittelinformationssysteme.

Ein wichtiger Parameter der externen Informationsbeschaffung ist die Seite, welche die Kommunikation initiiert. Die meisten Informationsquellen müssen von ihren Nutzern manuell aufgesucht werden. Diese wissen nicht, wann Anbieter über neue Informationen verfügen und müssen durch wiederholtes 'Pollen' ihren Wissensstand sicherstellen. Die Entstehung von Wissen und Informationen ist aber eher als unregelmäßig einzustufen, so daß es wesentlich sinnvoller ist, wenn Kunden aktiv mit neuen Informationen beliefert werden. Zu solchen

Kunden gehören vor allem komplexe Gesundheitseinrichtungen, die auf aktuelle Informationen angewiesen sind.

Einen besonderen Informationsdienst stellt das DIMDI bereit. Voraussetzung ist eine vertragliche Bindung und eine bilaterale Absprache. Ein individuelles *Rechercheprofil* wird beim DIMDI hinterlegt und beschreibt Form und Inhalte der gewünschten Dienste. Zu den Inhalten gehören alle Daten der zahlreichen Datenbanken beim DIMDI. Das Profil beschreibt die Art der Initiierung der Kommunikation: Entweder fragt der Kunde selbständig online ab, ob neue Informationen für ihn verfügbar sind, oder aber er läßt sich informieren, wenn es etwas zu informieren gibt. Der *Alert Service* (*Selective Dissemination of Information*, *SDI*) ist frei konfigurierbar. Der Rechercheauftrag kann beinhalten, daß der Kunde unaufgeordert entweder periodisch (z. B. *weekly*) oder ereignisgesteuert (*on update*, wenn beim DIMDI neue Informationen eintreffen) via SMTP informiert wird. Etwa 3000 Kunden nutzen bereits diesen Rechercheauftrag. Während Online-Zugänge nur manuell nutzbar sind, werden die durch den SMTP-Kanal übertragenen Daten in verschiedene Formate gepackt (z. B. ASCII, SGML). Diese richten sich nach den Anforderungen der Kunden. (Klaus Fink, DIMDI)

Auf der Basis des Alert Service stellt der vollautomatisierte, stetige und ereignisgesteuerte Abgleich von Wissen zwischen medizinischen Organisationen kein technisches Problem mehr da. Als Szenario sei eine Kommunikationsbeziehung zwischen dem DIMDI und einer Krankenhausapotheke angenommen. Das beim DIMDI hinterlegte Rechercheprofil sei auf unaufgeforderte E-Mail-Benachrichtigung über neue Datensätze aus ABDA-INTER in SGML konfiguriert. In der Krankenhausapotheke sei eine spezielle E-Mail-Adresse eingerichtet, hinter der sich kein Mensch, sondern ein Mail-Robot verbirgt. Trifft eine Nachricht ein, stößt dieser einen SGML-Parser an, welcher den empfangenen Interaktionsdeskriptor in seine Bestandteile zerlegt und auf der Basis von Abbildungsregeln in das semantische Referenzsystem der lokalen Wissensbasis übersetzt. Das Ergebnis: Die Krankenhausapotheke wäre permanent auf dem aktuellen Stand des Wissens.

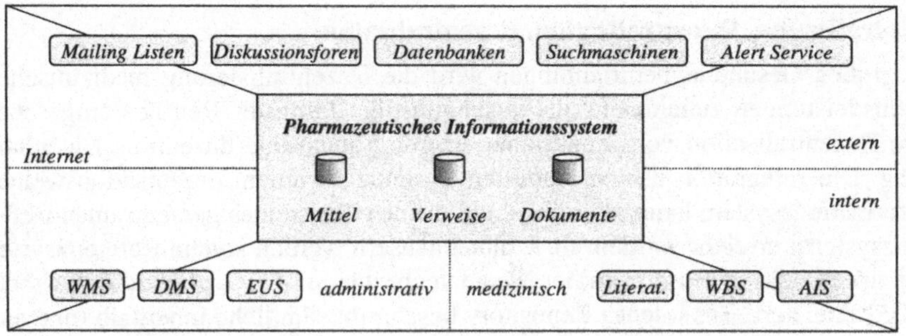

Abbildung 5.4: Informationsquellen aus der Sicht einer Organisation

Zentralisation, Dezentralisation, Rezentralisation

In großen Gesundheitseinrichtungen wird die Dezentralisierung medizinischer Dienstleistungen zunehmend als kostengünstige Form des Betriebs eingesetzt. Die Dezentralisation von Funktionen erfordert auch eine dezentrale Datenhaltung. Die Integration der so verteilten Systeme zu einem organisationsweiten Informationssystem kann allerdings nur auf der Basis eines gemeinsamen Referenzsystems erreicht werden. In Krankenhäusern werden solche Referenzsysteme zunehmend in Form zentraler Metadatenbestände (*Clinical Data Repository*, *CDR*) realisiert. Ein solches Repository beschreibt sämtliche innerhalb (und außerhalb) der Organisation anfallenden klinischen Informationsstrukturen. Klinische Daten-Repositories werden als Lager (warehouse) für Meta-Informationen über Patientenakten verstanden und dienen als semantisches Referenzsystem für die heterogenen Anwendungen eines Krankenhauses. Die CORBAmed CPR-CDR Work Group arbeitet an standardisierten Schnittstellen zwischen Daten-Repositories und Anwendungen.

Eine Entscheidung für oder gegen Zentralisation pharmazeutischer Datenbestände kann nicht pauschal für alle Integrationsszenarien und Informationskategorien getroffen werden. In realen medizinischen Systemen werden klinische Daten häufig in einem zentralen, integrierten Datenbanksystem verwaltet, welches den (konkurrierenden) Zugriff auf Krankenakten kontrolliert. Diese Form der Datenhaltung hat sich als vorteilhafte organisationsinterne Lösung bestätigt. Patientendaten sind jedoch typischerweise an verschiedene Institutionen gebunden (z. B. Hausarzt, Spezialist, Klinik). Eine komplette patientenbezogene Gesundheitsakte ist i. a. in keiner dieser Institutionen verfügbar. Vielmehr sind es einzelne Komponenten solcher Akten, welche in einer Gesundheitseinrichtung über einen Patient anfallen oder benötigt werden. Die Daten sind zwangsläufig verteilt, weil sich Patienten überall aufhalten können und verschiedene Ärzte Daten produzieren.

Betrachtet man eine allgemeine Infrastruktur nur unter dem Aspekt der schnellen Verbreitung 'offizieller' Informationen, so ergeben sich spezifische Vorteile durch den Sammeleffekt einer zentralen Datenhaltung. Dabei wird vor allem Redundanz vermieden, die entsteht, wenn zahlreiche Anbieter viele relativ kleine Informationsquellen bereitstellen, die sich inhaltlich überlappen und durch ihre Verteilung nicht in vertretbarer Zeit konsultiert werden können. Alle offiziellen Fachinformationen über Fertigarzneimittel, die in der BRD zugelassen sind, erreichen irgendwann die zentrale Datenbank von BfArM-AMIS-Öffentlicher Teil, sowie verschiedene Behörden der Länder (BfArM-AMIS für die Bundesländer). Berücksichtigt man nur die gesetzlich vorgeschriebenen Fachinformationen über zugelassene Fertigarzneimittel, stellt BfArM-AMIS für medizinische Organisationen (in Deutschland) inhaltlich einen zentralen Bezugspunkt dar. Beim DIMDI sammeln sich gegenwärtig über 90 Datenbanken aus aller Welt (darunter MEDLINE, NLM, ABDA) und 70 Mio. Informationseinheiten aus Medizin, Biologie und Pharmakologie.

Eine theoretische Unterscheidung kann in den Prozessen gesehen werden, in welche Daten einfließen. Die Art ihrer Verarbeitung erklärt die unterschiedliche Eignung zentraler oder dezentraler Datenhaltung. Fließen sie einzeln und unverändert in Prozesse ein, können sie verteilt sein. In diesem Fall wissen Anwender, welche Daten sie benötigen (nicht, wo sich diese befinden). FDBMS unterstützen diese Verteilung und gewährleisten die Ortstransparenz. Es gibt aber auch Prozesse, in welche Daten nicht einzeln und direkt einfließen, sondern berechnet werden. Viele solcher Prozesse führen Berechnungen aus, die alle Daten mindestens einmal referenzieren. Die Operanden müssen an den Ort der Berechnung transportiert werden. Man betrachte bspw. die Suche nach dem günstigsten Präparat nach bestimmten Kriterien. Gäbe es so viele Informationsquellen wie Hersteller, könnten diese nicht in wirtschaftlich sinnvoller Zeit aufgesucht werden. Die Vorteile dezentraler Datenhaltung werden i. a. an Beispielen demonstriert, in denen solche Berechnungen nicht im Spiel sind.

Nach einer Studie von InformationWeek im Sommer 1997 planen 60 % von 250 befragten IT-Managern eine Rezentralisierung des Managements ihrer verteilten Informationssysteme. Weitere 20 % gaben an, ein solches Projekt bereits durchgeführt zu haben. Zu den Motiven der Umstrukturierung gehören einfacheres Management, geringere Kosten, erhöhte Sicherheit, einfachere Recovery-Verfahren, verbesserte Performance und einfachere Speicherstrategien (Reihenfolge nach Häufigkeit). Der Automobilhersteller Chrysler (Auburn Hills, Mich.) begann im letzten Jahr mit der Zusammenführung von 160 UNIX-Servern, die um Detroit verteilt waren. Chrysler hat diese Zahl halbiert und führt Einsparungen von 1 Mio. $ jährlich darauf zurück. Während man bei Chrysler vorwiegend auf Stabilität und Sicherheit bedacht ist, wird man bei Pepsi (PepsiCo Inc., N. Y.) durch die einfache Handhabung zentraler Systeme motiviert. Hier hat man 23 UNIX-Server zu einem zusammengefaßt, um Heterogenitäts- und Kommunikationsproblemen aus dem Weg zu gehen ("Twenty-three technically capable Unix servers means 23 databases and 23 EDI formats", Dennis Johnson, VP, Pepsi).

[Garvey97], [Janah97]

Semantische Integration

Es gibt keine (zu viele) standardisierten Formate für den elektronischen Austausch medizinischer Daten. Dies kann damit erklärt werden, daß patientenorientierte Gesundheitsakten logisch aus Komponenten zusammengesetzt sind, die in unterschiedliche medizinische und administrative Spezialbereiche fallen und sich inhaltlich überlappen können. Jede Sicht auf Patienteninformationen besitzt ihre individuellen Anforderungen, angefangen von detailgetreuer Strukturierung (z. B. pharmazeutische Wissensbasen) über die Aufbereitung durch multimediale Dokumente (z. B. Röntgenaufnahmen), bis hin zu Echtzeit-Gesundheitsdaten. Bei der Kommunikation zwischen medizinischen Systemen werden im häufig Referenzen (Codes, Namen) ausgetauscht. Diese Referenzen beziehen sich in den meisten Fällen auf (lokale) Objekte, die selbst nicht mit übertragen werden. Eine funktionierende Interoperabilität erfordert eine gleichartige Interpretation von Objektreferenzen. Kritisch für die Integrität des Gesamtsystems ist die Relativität der Referenzen zu einem semantischen Referenzsystem. Deren Übersetzbarkeit durch Abbildungsregeln ist jedoch meistens auf eine Richtung beschränkt.

Daten, die in automatisierte Prozesse einfließen, müssen automatisch interpretiert werden. Dies erfordert die Verlagerung der Interpretation aus den Köpfen der Mediziner in wohlstrukturierte Mechanismen. Während menschliche Interpretation auf menschlichem Wissen und Erfahrungen beruht, gründet eine maschinelle Interpretation auf der Lokalisierung von Codes in komplexen, hierarchisch strukturierten Klassifikationen. Eine weltweite Einigung auf ein gemeinsames Referenzsystem (wie bei der ICD) kann nicht für alle Bereiche erwartet werden. Arzneimittelgruppierungen ändern sich jedoch sehr langsam, was ein Vergleich der Ausgaben der Roten Liste von 1988 und 1993 bestätigt. Sie würden sich besonders zur Standardisierung eignen, gäbe es nicht die Hauslisten, die einfacher strukturiert sind und auf individuelle Anforderungen zugeschnitten sind. Die maschinelle Interpretation stellt neben der Formalisierung eine wesentliche Herausforderung für die Verbreitung von Gesundheitsinformationen dar. Nur wenn kommunizierende Systeme die Referenzsysteme der anderen Seite kennen, können sie sich verständigen.

Patientenbezogene Daten sind über viele Organisationen, Abteilungen, Systeme und CDRs verteilt und und in lokalen Datenbanken gespeichert. Die Zentralisation für CDRs bezieht sich immer auf einen abgegrenzten Bereich (z. B. Organisation). Für eine globale Kommunikation ist ihre Standardisierung wünschenswert, um Daten zwischen unterschiedlichen Repositories abzubilden und zu kommunizieren. Am Beispiel der ATC-Klassifikation ist der begrenzte Nutzen der Standardisierung von Inhalten erkennbar: Sie erfaßt sicher eine besonders große Zahl von Arzneimittelgruppen und stellt sicher auch einen Kandidat für eine verbindliche internationale Standardisierung dar, jedoch ist sie gerade deshalb für Organisationen, die mit einer geringen Auswahl von Präparaten umgehen, überdimensioniert. Statt der Standardisierung der eigentlichen Datenstrukturen wäre es wesentlich sinnvoller, von ihrer Heterogenität auszugehen und die Standardisierung mehr auf Meta-Strukturen zu lenken. Für eine einzelne medizinische Organisation stellt sich weniger die Frage, welche standardisierten Strukturen sie hausintern verwenden soll, sondern mehr, wie fremde Daten zu interpretieren sind. Eine Standardisierung der Zugriffsmechanismen auf klinische Daten-Repositories wäre ein Ansatz, der der sich auch durchsetzen könnte.

Klinische Repositories besitzen normalerweise einen lokalen Gültigkeitsbereich. Die Kommunikation zwischen medizinischen Systemen erfordert zusätzliche Vereinbarungen bzgl. der verwendeten Standards. Zwar existieren zahlreiche Standards zur Repräsentation medizinischer Informationen, jedoch sind diese (bis auf Ausnahmen, z. B. ICD) nicht verbindlich. Man muß davon ausgehen, daß in vielen medizinischen Systemen hausinterne Standards verwendet werden. Während viele Organisationen an der Standardisierung von bestimmten Formaten für bestimmte Daten arbeiten, nimmt die Vielfalt der Formate weiter zu und es sind kaum Fortschritte bei der Entwicklung von Meta-Standards zu beobachten. Meta-Standards zur Integration existierender semantischer Referenzsysteme sind aber gerade dann von großer Bedeutung, wenn eine Einigung auf ein solches aussichtslos ist. Im Bereich der Arzneimittel-Gruppierungen ist sie das, denn eine gemeinsame Referenzgruppierung wäre äußerst komplex und würde aus zahlreichen hierarchischen Ebenen bestehen. Eine solche Gruppierung wäre überdimensioniert für eine Krankenhausapotheke, in der nur 800 Medikamente eingesetzt werden. Sie würde Arbeitsabläufe zusätzlich verlangsamen, weil die Benutzer mehr Zeit für die Orientierung brauchen.

5.3 SAP IS-H

IS-H ist ein auf medizinische Anwendungen zugeschnittene Erweiterung von
R/3 und speziell für den Einsatz in Krankenhäusern konzipiert. Seine betriebs-
wirtschaftlichen Funktionsbereiche sind Bestandteil von R/3. Zu ihnen gehören
Finanzwesen, Anlagenwirtschaft, Materialwirtschaft, Instandhaltung und Perso-
nalwirtschaft. Zusätzliche Funktionsbereiche beinhalten Patientenmanagement
(IS-HPM), Patientenabrechnung (IS-HPA), Krankenhaus-Controlling (IS-
HCO), sowie eine organisationsübergreifende Kommunikation (IS-HCM). Das
System basiert auf einem krankenhausweiten Daten- und Prozeßmodell und soll
Medizin, Pflege und Administration integrieren. Es kann als Basis-Architektur
für ein komplexes medizinisches Informationssystem angesehen werden, in der
vorwiegend die administrativen Funktionsbereiche implementiert sind. Fremd-
anwendungen für medizinische Spezialbereiche (z. B. Krankenhausapotheke)
können als Subsysteme in IS-H integriert werden. IS-H wird unter dem Etikett
'Krankenhausinformationssystem' vermarktet.

Wie auch R/3 besitzt IS-H eine umfangreiche Funktionalität und eine einheitliche Benutzerschnittstelle. Zusätzlich bietet es Unterstützung krankenhausspezifischer Arbeitsabläufe. Integrierbarkeit mit anderen medizinischen Informationssystemen soll durch offene Standards und Kommunikationsmechanismen
gewährleistet werden. Zur Erfüllung der gestiegenen Anforderungen an medizinische Systeme setzt SAP auf Integration, Offenheit, Skalierbarkeit und Erwei-
terbarkeit. Zur Erhöhung der Interoperabilität zwischen Anwendungen stellt das
System eine Reihe von Diensten bereit. Der Bereich der Material- und Lager-
wirtschaft umfaßt auch krankenhausspezifische Funktionen zur Abwicklung
logistischer Vorgänge in Zentrallager und Apotheke. Dazu gehören auch statistische Analysen (z. B. Medikamentenverbrauch je Station/Kostenstelle) über der
krankenhausweiten Datenbasis.

Das *IS-H-Referenzmodell* beschreibt unterschiedliche Sichten auf ein Krankenhausinformationssystem in Form von Daten-, Prozeß- und Organisationsmodel-
len. Alle Elemente, Beziehungen und Bezeichnungen sind im R/3-Repository
dokumentiert und allen Subsystemen zugänglich. Neben Datenstrukturen werden auch betriebliche Abläufe beschrieben. Gegenstand des *Customizing* ist die
Anpassung einer IS-H-Installation an hausspezifische Bedürfnisse. Neben allgemeinen Systemparametern können auch Basisdaten (z. B. Organisationsstruk-
tur) angepaßt werden. Auch Arbeitsabläufe (Reihenfolge von Bearbeitungs-
schritten) sind konfigurierbar. Das integrierte Berechtigungssystem von IS-H
ermöglicht ebenfalls eine differenzierte Umsetzung organisatorisch-technischer
Maßnahmen zum Schutz personenbezogener Daten (z. B. Benutzer-, Zugriffs-,
Eingabe-, Speicherkontrolle). Berechtigungen sind an Benutzer (Benutzergrup-

pen) und Datenobjekte gebunden und werden auf der Ebene organisatorischer Einheiten festgelegt.

Die Anwendungskomponenten von IS-H basieren auf einem gemeinsamen krankenhausweiten Datenmodell, welches selbst Bestandteil des zentralen R/3-Datenmodells ist. Das relationale Modell soll eine Abbildung krankenhausspezifischer Objekte (z. B. Patienten, Fälle, Diagnosen, Leistungen, Fakturen) und deren Beziehungen gewährleisten. Zur Beschreibung dieser Strukturen wird *SAP-ERM* als eine spezielle Erweiterung des Entity-Relationship-Modells eingesetzt. Um Anpassungen und Erweiterungen zu erleichtern, sind die zugrundeliegenden Datenstrukturen offengelegt und im zentralen R/3-Repository beschrieben. Das Datenmodell von IS-H umfaßt (ohne Berücksichtigung betriebswirtschaftlicher Teildatenmodelle) ca. 150 Entitäten.

Charakteristisch für das Datenmodell von IS-H ist die *Patientenorientierung*. Patienten sind zentrale Objekte, welchen beliebig viele *Fälle* (stationär, ambulant, teilstationär) zugeordnet werden können. Jeder dieser Fälle kann mit entsprechenden *Bewegungen* (Aufnahme, Verlegung, Entlassung, Abwesenheit, ambulante Besuche) beschrieben werden. Patientengruppen, Diagnosen, Operationen und Risikofaktoren können verschlüsselt oder als Freitext dokumentiert werden. Insgesamt wird eine ganzheitliche Sicht auf Patienten mit den zugehörigen Informationen bereitgestellt. Die spezielle Zielsetzung bei der Entwicklung des Datenmodells besteht in der Integration der medizinischen Patientenversorgung und administrativer/betriebswirtschaftlicher Funktionen. Ein weiteres charakteristisches Merkmal von IS-H ist die *Prozeßorientierung*, d. h. die Berücksichtigung krankenhausspezifischer Arbeitsabläufe und deren optimale Unterstützung. Arbeitsabläufe können individuell konfiguriert und an die jeweilige Organisation angepaßt werden. IS-H unterstützt auch arbeitsteilige Abläufe. Eine Erweiterung um Konzepte des Workflow-Managements ist in Vorbereitung.

Krankenhausmanagement

Das *Patientenmanagement* (IS-HPM) stellt die zentrale Komponente von IS-H dar und basiert auf einer integrierten (relationalen) Patientendatenbank. Innerhalb der Patientenstammdaten wird jedem Patienten genau ein Datensaz zugeordnet, welcher sämtliche zugehörigen administrativen, medizinischen und pflegerischen Informationen miteinander verknüpft. Aufnahmen, Verlegungen und Entlassungen fallen in den Zuständigkeitsbereich von IS-HPM. Die Integrität der Patientenbasis besitzt oberste Priorität.

Gegenstand des *Stationsmanagements* ist die Verwaltung stationsbezogener Informationen und die Bereitstellung spezifischer Sichten. Sie unterstützen den stationsbezogenen Zugriff auf Patienten-, Fall-, Bewegungs- und Diagnosedaten, sowie die Anforderung von Krankenakten und anderen medizinischen Dokumenten. Zu den administrativen Funktionen des Stationsmanagements gehört die Bettendisposition (Planung, Verwaltung der Belegung bettenführender Organisationseinheiten). Weitere Funktionen des Stationsmanagements sind Auskunftsfunktionen, Patientenaufnahme, sowie Anforderung von Medikamenten und Material des Zentrallagers. Insgesamt stehen in der Stationsübersicht sämtliche auf einer Station benötigten Funktionen zur Verfügung, welche grundsätzlich direkt auf die zentrale IS-H-Datenbank zugreifen.

Im Rahmen des *Ambulanzmanagements* stellt IS-H weitere spezifische Funktionen und Arbeitsoberflächen bereit. Im Mittelpunkt des Ambulanzmanagements stehen *Besuche* als Objekte, welche Ressourcen in Form von behandelnden Ärzten und verfügbaren Behandlungszimmern in Anspruch nehmen. Die Besuchsdisposition erfordert demnach eine Kapazitäts- und Terminplanung, und wird durch spezielle Funktionen unterstützt. Ambulanzspezifische Arbeitsoberflächen bieten ebenfalls Zugriff auf Patientenstammdaten und Krankenakten, sowie Funktionen und Formulare zur medizinischen Dokumentation.

Das *Dokumentenmanagement* betrifft sowohl den administrativen als auch den medizinischen Bereich. Die Verwaltung medizinischer Dokumente ist Gegenstand von IS-H*MED. Unterschiedliche Dokumenttypen (z. B. Anamese, Arztbrief, Befund) sind frei definierbar. Dokumente können anderen Objekten (z. B. Patienten, Fällen) zugeordnet werden und sind (für berechtigte Benutzer) zentral verfügbar. Im Rahmen der medizinischen/pflegerischen Dokumentation werden in IS-H auch Diagnosen erfaßt. Eine Diagnosenklassifizierung unterscheidet zahlreiche Formen der Diagnose (z. B. Einweisungs-, Überweisungs-, Behandlungsdiagnose). Jedem Fall können beliebig viele Diagnosen zugeordnet werden, entweder in Form von Freitext oder nach verfügbaren Katalogen (z. B. ICD-9, ICD-10). Zur Erfüllung der gesetzlichen Anforderungen wird auch die Operationsdokumentation einschließlich ICPM-Codierung untersützt. Auf Patientenebene (fallübergreifend) können auch Risikofaktoren (z. B. Allergie gegen Antibiotika, Hypertonie, Diabetes) aus einem (hausspezifisch pflegbaren) Katalog bestimmt werden.

Gegenstand der *Krankenaktenverwaltung* ist die Zuordnung beliebig vieler Krankenakten zu Patienten, Fällen und anderen medizinischen Objekten. Das System verfügt über unterschiedliche (organisationsformabhängige) Anlagestrategien und Nachweisfunktionen über Existenz, Verbleib und Bewegungen einzelner Akten. Zur Bewältigung des Mehrbenutzer-Betriebs werden unterschiedliche Mechanismen der Ausleihabwicklung (Anfordern, Entleihen, Weitergeben, Zurückgeben) eingesetzt. Anforderungen des Datenschutzes werden durch ein differenziertes Berechtigungskonzept Rechnung getragen. Eine Erweiterung der Aktenverwaltung um optische Archivierungssysteme ist in Vorbereitung.

Kommunikationsmechanismen

Zur Vervollständigung des IS-H-Kerns zu einem ganzheitlichen, integrierten Krankenhausinformationssystem ist die Anbindung von Subsystemen aus medizinischen Spezialbereichen vorgesehen. Die Interoperabilität zwischen den heterogenen Subsystemen und ihrem Umsystem wird durch eine nachrichtenorientierte Kommunikation gefördert. Das Krankenhauskommunikationsmodul IS-HCM unterstützt sowohl (IS-H-) interne als auch externe Kommunikationsmechanismen. Dazu gehört die ereignisgesteuerte asynchrone Kommunikation (Senden und Empfangen von Nachrichten) zwischen IS-H und Subsystemen, sowie die synchrone Aufnahmebenachrichtigung und der synchrone Zugriff (Anfragen) auf die IS-H-Datenbasis aus Subsystemen. IS-HCM unterstützt die SAP-Nachrichtenformate, standardisierte Strukturen (z. B. HL7), sowie individuelle, hauseigene Formate. Außerdem wird der Datenaustausch zwischen Krankenhaus und Krankenkassen (nach § 301 SGB V) unterstützt. Der Datenaustausch kann in beide Richtungen erfolgen und wird ähnlich wie die asynchrone Kommunikation mit Subsystemen abgewickelt.

Der Kommunikationsablauf kann durch Parametrisierung des Nachrichtenversandands individuell konfiguriert werden. Der Nachrichtenversand selbst wird in Phasen unterteilt. Beim Eintritt kommunikationsrelevanter Ereignisse werden zunächst entsprechende Versandaufträge und später versandfertige Nachrichten erzeugt. In Abhängigkeit der empfangenden Subsysteme werden die jeweils unterstützten bzw. erwarteten Formate berücksichtigt. Der Versand wird protokolliert. Nachrichten werden von einem speziellen IS-H-Transceiver empfangen und in einer Schnittstellendatei abgelegt, welche von der jeweiligen Fremdanwendung zyklisch gelesen werden muß. Die Kommunikation erfolgt im wesentlichen durch den gemeinsamen Zugriff auf Schnittstellendateien am Ort des jeweiligen Fremdsystems. Neben dem Nachrichtenversand an Fremdsysteme unterstützt IS-HCM auch den Nachrichtenempfang. Die an IS-H zu versendenden Nachrichten der Fremdanwendung werden in einer weiteren Schnittstellendatei im vereinbarten Format abgelegt und von IS-HCM zyklisch gelesen und beantwortet (Quittierung, Fehlermeldung).

Im Rahmen der Aufnahmebenachrichtigung werden Patienten- und Falldaten an Subsysteme weitergeleitet (*Patientendatenbroadcasting*). Nur bei der synchronen Kommunikation können Subsysteme die Integrität ihrer lokalen Datenbanken erhalten. Im Rahmen des IS-H-Customizing können solche synchronen Schnittstellen für einzelne Subsysteme individuell konfiguriert werden. Die eigentliche Kommunikation erfolgt über (RFC-) Aufrufe systemspezifischer (IS-

H-externer) Funktionen. Dabei werden jeweils Kontextinformationen übergeben, so daß Patientenaufnahmen (im Gegensatz zur asynchronen Kommunikation) zeitgleich von Subsystemen nachvollzogen werden können.

Für (geeignete) Subsysteme besteht auch die Möglichkeit der objektorientierten (statische und funktionale) Integration. Dabei wird der synchrone Zugriff auf die IS-H-Datenbasis durch objektbezogene Funktionsbausteine abgewickelt. Die Integration mit Fremdsystemen wird neben IS-HCM auch durch ODBC/SQL (und damit auch JDBC) unterstützt. Für pharmazeutische Informationssysteme als Subsysteme von Bedeutung ist die synchrone Aufnahmebenachrichtigung, d. h. die unmittelbare Weitergabe erfaßter Patienteninformationen an Subsysteme. Die Integrität der beteiligten Datenbanken erfordert die Offenheit zusätzlicher Ereignisse (z. B. Modifikation, Löschen). Alle mit einem Patienten verknüpften Daten, die in der Medikationsanalyse referenziert werden, erfordern zusätzliche Änderungsbenachrichtigungen.

Zusammenfassung

Für die Integration pharmazeutischer Informationssysteme spielen Patientenstammdaten eine zentrale Rolle, denn sie verknüpfen alle patientenbezogenen Dokumente. Medikationen, Risikofaktoren und verschlüsselte Diagnoseinformationen (speziell Krankenhaushauptdiagnose) gehören zu den Datenbeständen, die bei der Medikationsanalyse berücksichtigt werden können. In diesem Zusammenhang sind vor allem die Schlüssel der Patienten relevant, denn sie sind mit den Fremdschlüsseln der Medikationsbasis verknüpft. Zur Gewährleistung der Datenintegrität zu jedem Zeitpunkt muß die synchrone Aufnahmebenachrichtigung herangezogen werden. Nur wenn Patientendaten zeitgleich von Subsystemen erfaßt werden, kann die Zuordnung zwischen Patienten und Medikationen permanent in konsistentem Zustand gehalten werden.

IS-H ist zusammen mit R/3 als Kern eines Krankenhausinformationsystems konzipiert und seine Erweiterung durch Subsysteme wird durch offene Strukturen und Kommunikationsmechanismen ermöglicht. Das Einsatzpotential von IS-H wird wesentlich durch seine Integrationsfähigkeit bestimmt. Die Möglichkeit zur synchronen und asynchronen Kommunikation zwischen IS-H und Subsystemen ist weniger ein Feature als eine absolute Notwendigkeit, um ein solches System überhaupt in die Systemlandschaften eines Krankenhauses integrieren zu können. Das Zusammenspiel zwischen Patienten-, Medikations- und Arzneimittelinformationen basiert gerade auf diesen Schnittstellen. Ohne die Mechanismen des Patientendatenbroadcasting wäre eine Konsistenz zwischen Patienten- und Medikationsbasis kaum möglich. Seine Etikettierung als (vollständiges) Krankenhausinformationssystem ist eher dem Marketing von SAP zuzuordnen.

Das Fallbeispiel IS-H bildet den Abschluß der Betrachtung organisationsinterner Integrationsszenarien. Es zeigt zahlreiche Mechanismen des Datenaustauschs zwischen IS-H und heterogenen Subsystemen. Das Kernproblem stellt die synchrone und asynchrone Benachrichtigung der Subsysteme über für das jeweilige Fremdsystem relevante Ereignisse dar. Auch die entgegengesetzte Richtung spielt organisationsintern eine wichtige Rolle. Auf globaler Ebene sind diese Problembereiche zwar auch gegeben, aber sie gehören dabei nicht zu den gravierendsten. Bei der interorganisatorischen Kommunikation treten ganz andere Probleme auf, die durch rein technische Konzepte allein nicht gelöst werden können.

[SAP97*]

5.4 Globale Kommunikation

5.4.1 World Wide Web

Die Größe der Internet-Gemeinde wird heute auf rund 50 Millionen Teilnehmer geschätzt. Die Zahl der Internet-Hosts stieg von Januar bis Juni 1997 um über 3 Mio. und bewegt sich auf die 20-Mio.-Grenze zu. Das World Wide Web hat wesentlich zu dieser Entwicklung beigetragen. Seine hohe Verbreitung ist vor allem auf seine einfache Handhabung zurückzuführen. Der Umgang mit Hypertextsystemen ist schnell zu erlernen. Nicht nur Spezialisten, sondern Menschen aus allen gesellschaftlichen Bereichen können heute Informationen im Web publizieren. Gleichzeitig wird der Zugang zunehmend einfacher und billiger. Weitere wichtige Voraussetzung für das Wachstum des Webs war die Verfügbarkeit freier Client-Software und die Plattformunabhängigkeit von Web-Applikationen.

Der enorme Zuwachs bringt nicht nur bestehende Kommunikationskanäle an die Grenzen ihrer Belastbarkeit, sondern stellt auch Präsentations-, Navigations- und Versionierungs-Konzepte auf die Probe. Das elektronische Dorf ist zu einem Dschungel unterschiedlichster Konzeptionen, Technologien und toter Links geworden, in dem eine Orientierung nicht mehr einfach ist ('lost in hyperspace'). Die Wartung größerer Web-Anwendungen gestaltet sich immer aufwendiger und es mangelt oft an Skalierbarkeit und Flexibilität. Die steigende Größe des Webs bringt läßt eine Reihe von Problemen erkennen, die durch frühere Entwurfsentscheidungen bedingt sind. Die Integrität größerer Web-Anwendungen kann heute nur noch mit erheblichem Wartungsaufwand erreicht werden, wenn überhaupt. Die Aktivitäten von Web-Organisationen (z. B. IETF, W3 Consortium) deuten auf eine baldige technologische Reform zur Lösung dieser Probleme.

Informationsanbieter setzen zunehmend auf Datenbanksysteme zur Verwaltung ihres Web-Angebots. Während ein DBMS für die Konsistenz großer Datenbestände sorgt, dient das Web als Frontend und Web-Seiten werden dynamisch (on the fly) generiert (z. B. POET Web Factory). Dabei nehmen Meta-Informationen über Dokumente und Ressourcen eine immer größere Rolle ein und sie werden in speziellen Repositories gehalten. Die Abwendung von statischen HTML-Dokumenten hin zu dynamisch generierten Dokumenten ermöglicht die Berücksichtigung unterschiedlicher Benutzerprofile und Sichten. Zu diesen Profilen gehören nicht nur inhaltliche Vorstellungen und Interessen, sondern auch die speziellen Eigenschaften der Client-Software, insbesondere deren Unterstützung von Sprachstandards. Die Berücksichtigung der unterschiedlichen Fähigkeiten der Browser reduziert sich damit auf den Code, der die Web-Seiten generiert.

Viele Organisationen sehen in der Weiterentwicklung von Internettechnologien eine Herausforderung und eine Chance. Speziell die Verfügbarkeit plattformunabhängiger Entwicklungsumgebungen und standardisierter Kommunikationsmechanismen führt dazu, daß Softwaresysteme nicht mehr in zahlreichen Versionen für unterschiedliche Betriebssystemplattformen angeboten werden müssen. Dies wird wesentlich durch die Philosophie von Sun ('write once, run anywhere') und anderer Hersteller unterstützt. Java und CORBA werden heute als die Schlüsseltechnologien für zukünftige verteilte Objektsysteme angesehen. Mittlerweile werden auch komplexere Systeme wie DBMS oder DMS (z. B. OpenDoc) komplett in Java implementiert und die Brücken zwischen verschiedenen Plattformen geschlagen (z. B. JDBC-ODBC-Adapter). Das wachsende Angebot integrierter Web-Entwicklungsumgebungen (z. B. Java Workshop, Visual JavaScript) stellt eine kostengünstige Alternative zu proprietären Entwicklungsumgebungen dar. Dies führt dazu, daß Internettechnologien immer häufiger auch in abgeschlossenen, privaten Netzwerken eingesetzt werden.

Experten beobachten gegenwärtig eine explosionsartige Verbreitung patientenorientierter Informationsdienste im Internet ("And there's no limit to what can still be done.", Edward Shortliffe, School of Medicine, Stanford University). Eine Studie von Midwest Research mit 4429 Führungskräften von Krankenhäusern besagt, daß 35 % der Befragten das Internet täglich im Rahmen ihrer Aufgaben nutzen. Ca. 45 % haben Zugriff auf das Internet und 42 % haben eine Web-Seite. Letztere nannten Patienten als primäre Nutzergruppe (58 % der Hits). Immer mehr Patienten informieren sich selbständig über Behandlungsformen und Anwendungen. Die Öffnung der Industrie für das neue Medium basiert sowohl auf wirtschaftlichen als auch auf medizinischen Faktoren. Kostendruck, Wettbewerb und Managed Care drängen die Branche zur Automatisierung. Dies geht aus einer Studie von 1996 der *Healthcare Information and Management Systems Society* hervor. Speziell in der pharmazeutischen Industrie will man heute seine Web-Sites nicht mehr hergeben ("If we didn't have the Website, we would have to stock every pharmacy with brochures and information and would have to make the information all available by phone or fax", Ranette Stormont, Klemtner Healthcare).

Der Einfluß des Internet auf die pharmazeutische Industrie kann am Beispiel von Glaxo Wellcome beobachtet werden. Für ca. 45 Mio. Amerikaner, welche an chronischen Kopfschmerzen leiden, errichtete man in Zusammenarbeit mit Stir Associates eine von der FDA geprüfte Web-Site (*Migraine Resource Center*) mit einem großen Informationsangebot über die zahlreichen Formen des

Kopfschmerzes, Ursachen und Hinweisen, sowie über Imitrex, Glaxo Wellcomes neues Kopfschmerzmittel. Die populäre Strategie besteht auch bei Ratiopharm darin, allgemeine Gesundheitsinformationen mit dem hauseigenen Marketing zu verbinden. Mit Tips, Verhaltensregeln und medizinischen Online-Lexika lockt man vor allem die selbstverordnenden Patienten. Wenn diese sich lediglich das Logo des Herstellers einprägen, kann sich dies bei folgenden Selbstmedikationen bezahlt machen.

Verteilte pharmazeutische Informationssysteme können von der Verbreitung des Internets profitieren, jedoch beinhaltet ihre Implementation auch eine angemessene Auswahl von Standards und Technologien. Wenn auch Java und CORBA als Schlüsseltechnologien angesehen werden, machen sich die störenden Einflüsse anderer Technologien (z. B. ActiveX, COM, DNA), welche die Standardisierung verhindern sollen, unangenehm bemerkbar. Ihre Verbreitung unter den Benutzern ist bedenklich hoch und sollte nicht ignoriert werden. Einzelne Entwurfsentscheidungen müssen darauf hinauslaufen, entweder einem bestimmten Benutzerkreis gerecht zu werden, oder technologisch für die Zukunft gerüstet zu sein. Immerhin soll ein pharmazeutisches Informationssystem für viele unterschiedliche Benutzerkreise zugänglich sein, und man kann nicht erwarten, daß alle medizinischen Organisationen und Personengruppen auf der gleichen technologischen Seite stehen.

Durch die Verwendung von Internetstandards steht eine Reihe kostengünstiger Anwendungs- und Entwicklungstools zur Verfügung (z. B. Client-Software, Java-Compiler, visuelle Entwicklungsumgebungen). Viele Umgebungen unterstützen die komponentbasierte Software-Entwicklung. HTML, Javascript, Javabeans und CORBA-Komponenten können relativ einfach zu komplexen Anwendungen zusammengesetzt werden ('scripted together'). Eine kritische Entscheidung bei der Nutzung von Internettechnologien beinhaltet die Auswahl der zu verwendenden Standards. Problematisch ist die Wahl der Client-Software, denn diese bestimmt unmittelbar die Auswahl zu verwendender Sprachstandards. Diese betreffen vor allem die in HTML-Dokumente eingebetteten Skripte. Sie nehmen eine wichtige Rolle bei der Kommunikation zwischen Client und Server ein und erlauben die Anreicherung statischer HTML-Dokumente um dynamische, interaktive Komponenten.

Es existieren zahlreiche Skriptsprachen in mehreren Versionen, jedoch spalten sich die unterstützenden Client-Umgebungen in zwei Lager. Während Unternehmen wie Sun und Netscape ('Sunscape') die Standardisierung vorantreiben, ist die Internet-Strategie von Microsoft eher als destruktiv einzuschätzen. Web-Entwickler stehen heute vor dem Problem, daß ein eingebettetes Skript nur von einer Teilmenge der verbreiteten Browser korrekt interpretiert wird. Sie müssen sich damit behelfen, Skripte in verschiedenen Sprachen zu erstellen (bzw. von WYSIWYG-Editoren generieren zu lassen), und darauf hoffen, daß ein Browser ein passendes auswählt. Die Wahl der Client-Software betrifft in gleicher Weise die Unterstützung verteilter Objekttechnologien (z. B. CORBA, DCOM), sowie objektorientierte Programmiersprachen (z. B. Java). Während Netscape die Verbreitung der CORBA-Technologie unterstützt (in alle neuen Produkte einbaut), verfolgt Microsoft eher eine eigennützige Strategie (Anreicherung mit betriebssystemspezifischen Features).

Im Zusammenhang mit Intternettechnologien von besonderer Bedeutung ist die Eignung von Java als kostengünstige Entwicklungsumgebung für komplexe Standalone-Applikationen. Die Weiterentwicklung von Java hat jedoch Veränderungen zahlreicher Schnittstellen erforderlich gemacht. Die Version 1.1 beinhaltet konsistentere Namensgebungen und Parameterformate für Methoden und stellt sicher einen Fortschritt für Java dar, jedoch wurden damit zahlreiche Java-Pakete fehlerhaft. Die Anpassung der als 'deprecated' deklarierten Schnittstellen kam häufig einer Neuimplementation gleich. Die Entscheidung für die ältere, aber verbreitete Version 1.0, ist heute aufgrund der neuen Version wenig aussichtsreich, jedoch werden aktuelle Versionen i. a. nur von sehr wenigen Browsern unterstützt. Verzichtet man auf die Browser-Schnittstelle und nutzt Java zur Entwicklung von Standalone-Anwendungen (basierend auf dem von Sun mitgelieferten Java-Interpreter), hat man damit die Versionsprobleme von Client-Software und Programmiersprachen zwar nicht gelöst, aber entkoppelt.

[Eichmann94], [Girishankar97], [Karpinski97], [Semilof97], [Sjolin94], [Focus97*], [SVP97*]

Hypermedia-Architekturen

Das Web kann als globaler Hypermedia-Raum abgesehen werden, in dem sich eine Menge vernetzter Ressourcen befindet. Sowohl Ressourcen als auch die administrative Kontrolle sind verteilt. Am häufigsten vorzufinden sind statische, schreibgeschützte und dateibasierte Ressourcen (Standardressourcen, z. B. HTML, PS, PDF). Immer häufiger sind auch Nicht-Standardressourcen (z. B. CGI-Anwendungen) mit komplexeren Schnittstellen vorzufinden. Die strukturbildenden Elemente des Webs sind Hypertext-Links, welche Ressourcen und Hypertext-Dokumente miteinander verweben. Ressourcen werden durch URLs identifiziert. Eine URL beinhaltet Informationen über das Zugriffsprotokoll, die Internet-Adresse des Servers, sowie die lokale Position des Objekts im Dateisystem des Servers. Links in einem Dokument können sich auf dieselbe (*intraresource*) oder auf eine andere (*interresource*) Ressource beziehen. Die so entstehenden Strukturen werden mit zunehmender Komplexität unübersichtlich und es ist fraglich, wie weit ein solches System weiter wachsen kann. Die ursprünglich einfache Bedienung wird zunehmend schwieriger und umständlicher. Die Ursachen vieler Probleme sind in der

cher. Die Ursachen vieler Probleme sind in der Architektur des Webs begründet, welche keine Unterstützung *referentieller Integrität* bietet.

Die Gewährleistung referentieller Integrität beinhaltet, daß die Existenz von Ressourcen garantiert ist, solange externe Verweise (Referenzen) auf diese existieren. Ohne Kenntnis dieser Verweise ist es bereits theoretisch unmöglich, sie zu erhalten. Änderungen an Ressourcen werden häufig und autonom (ohne Berücksichtigung zugreifender Nutzer) vorgenommen. Bei solchen Operationen auf Ressourcen ist die referentielle Integrität gefährdet. Während sie in abgeschlossenen Bereichen relativ einfach erreicht werden kann, stellt dies auf globaler Ebene ein hoffnungsloses Unterfangen dar. Referentielle Integrität erfordert, daß jede Operation auf einer Ressource, die auf einem konstistenten Zustand eines Mediums startet, diesen entweder erhält oder in einen anderen konsistenten Zustand überführt. Das World Wide Web kann diese Garantie nicht geben, weil keine Informationen über Ort und Anzahl der Verweise auf ein Objekt verfügbar sind. Einmal publizierte Ressourcen müßten für immer existieren, wollte man die Integrität mit der gegebenen Infrastruktur erhalten.

Zu den sichtbaren Folgen dieser Defizite gehört das Problem der *toten Links* (*broken link*, *dangling reference*), die ins Nichts zeigen und die referentielle Integrität des Webs verletzen. Die referentielle Integrität wird durch Operationen auf Ressourcen, besonders Löschen und Modifikation gefährdet. Im Web hat das Löschen eines Objekts Folgen für seine Umgebung und betrifft nicht nur seinen Besitzer, sondern auch seine Benutzer. Das Löschen eines extern referenzierten Objekts ist gleichbedeutend mit der Erzeugung toter Links. Tote Links sind nicht nur unangenehm für Benutzer, sondern u. U. auch belastend für das Image der betroffenen Organisation. Eng mit dem Problem der toten Links verbunden ist die fehlende Transparenz der Objektmigration (*Migrationstransparenz*). Bewegungen von Objekten (z. B. bei Reorganisation von Ressourcen) innerhalb eines Servers oder zwischen Servern können ebenfalls zum Aufkommen toter Verweise führen. Der Grund dafür liegt in der Namensgebung mit URLs, denn Verschiebungen von Objekten haben deren Identitätsverlust zur Folge. Migrationstransparenz ergibt sich aus der Forderung, daß mit der Verschiebung eines Objekts sämtliche Referenzen darauf aktualisiert werden.

In zahlreichen Projekten wurden Ansätze zur Bewältigung von Ursachen und Symptomen dieser Defizite erprobt. Zur systematischen Überprüfung der Integrität wurden Web Robots und Hyperlink Analyzer entwickelt (z. B. Pitkow, Fielding). Diese dienen vorwiegend der Identifikation toter Links und anderer Integritätsverletzungen. Solche Überprüfungen sind stark netzbelastend und machen nur die Auswirkungen des Architekturproblems sichtbar. Automatisierte Aktualisierungsverfahren können das Problem nicht vollständig lösen, denn es ist nicht feststellbar, wann alle Referenzen aktualisiert sind. Theoretisch könnten die URLs der Aufrufer aus den *Referer Logfiles* der Web-Server ermittelt werden, jedoch sind diese nicht immer verfügbar. Auf Serverprozeßebene existieren keine Informationen über externe Referenzen. Außerdem können referenzierende Objekte selbst verschoben werden, was die Ermittlung von Referenzen zusätzlich erschwert. Auch Mechanismen zur Umleitung von HTTP-Verbindungen (*forwarding*) können nur als Notlösung angesehen werden. Alte Verweise werden dabei nicht aktualisiert und zeigen weiterhin auf die alte URL. Umleitende Objekte können nie sicher gelöscht werden. Eine globale referentielle Integrität kann nur mit Kompromissen (z. B. zeitliche Verzögerung der Aktualisierung) simuliert werden.

Zur Verbesserung der Migrationstransparenz von Ressourcen wurde eine alternative Namensgebung vorgeschlagen (*IETF, Uniform Resource Identifiers Working Group*). Sogenannte *Uniform Resource Names* (*URN*) stellen eine logische, ortsungebundene Adressierung dar. Spezielle Name-Server bilden logische Adressen (URNs) in ortsabhängige Adressen (URLs) ab. Bei Migration werden die entsprechenden URLs (im Name-Server) aktualisiert. Der neuen Namensgebung wird eine wichtige Rolle im zukünftigen Web zugesprochen (z. B. Zahlungsmechanismen: URLs als Katalognummern). Das Konzept widmet sich jedoch vorwiegend den Folgen der Verschiebung von Ressourcen. Die Zuverlässigkeit der Addressierung verbessert sich damit jedoch nur zum Teil. Die zusätzliche Adressierungsebene bringt erhebliche Performanceverluste mit sich und stellt auch keine Lösung des Problems der referentiellen Integrität dar. Löschoperationen führen weiterhin zu toten Links.

Mit der Entwicklung verteilter Hyperlink-Datenbanksysteme (z. B. Atlas, Hyper-G, Hyperwave) begann man, sich mehr auf die Ursachen des eigentlichen Problems zu konzentrieren. Gegenstand dieser Systeme ist die vollständige Verwaltung von Referenzen und Ankern (anchors) in einem abgegrenzten Bereich (z. B. Server). Systeme zur Verwaltung von Hyperlinks unterscheiden sich vorwiegend in der Repräsentation von Verweisen. Verbreitet ist eine Unterscheidung in lokale (*Core Links*) und globale (*Surface Links*) Verweisen (z. B. Atlas, Hyper-G). Verbreitet ist auch die Strategie, nach einer (verweisrelevanten) Operation auf einem Objekt alle davon betroffenen Server zu informieren. Spezielle Algorithmen dienen dabei der Verbreitung der Update-Informationen (z. B. p-flood-Algorithmus, Hyper-G). Durch die daraus entstehende Netzbelastung ist die Skalierbarkeit solcher Systeme stark begrenzt. Operationen auf einem Objekt ziehen möglicherweise die Aktualisierung sehr vieler Verweise nach sich. Modernere Ansätze (z. B. W3Objects) beschränken Aktualisierungen auf den Zeitpunkt des Zugriffs auf alte Verweise.

Auf weltweiter Ebene kann referentielle Integrität nur simuliert werden. Werden Verweise erst zum Zeitpunkt des Zugriffs auf verschobene oder gelöschte Ressourcen aktualisiert, so wird damit eine Integritätsverletzung erkannt und nachträglich beseitigt. Viele Verweise können allein aus sicherheitstechnischen Gründen (zumindest heute) nicht aktualisiert werden, wie bspw. die Bookmarks der Benutzer. In einem abgeschlossenen System wie einer Organisation für referentielle Integrität zu sorgen, stellt heute keine besondere Schwierigkeit mehr dar (jedes DBMS kann das), da die Kontrolle über jedes Dokument und jeden Verweis gegeben ist. Es liegt nahe, dazu eine (organisationsweit) zentrale Datenbank einzusetzen, welche letztendlich die Überwachung der referentiellen Integrität übernimmt, sowie ein graphenbasiertes Modell, das auf effizienten Graphenalgorithmen aufsetzt. In Graz machte man Anfang der 90er den Fehler, eine solche aus bestehenden Technologien und Konzepten zusammengesetzte Architektur als neues weltweites Web verkaufen zu wollen.

Der Erfolg des WWW beruht jedoch gerade darauf, daß keine zentrale Administration (geschweige denn Dokument-Datenbank) existiert, und daß seine Teilnehmer autonom handeln können. Zur Beurteilung von Hypermedia-Architekturen muß mit einbezogen werden, ob sie für die Konsistenz eines Web-Servers oder für das weltweite Netz sorgen sollen. Stellen DBMS-basierte Hypermedia- bzw. Dokumentenmanagement-Systeme auch eine ideale Lösung für einen Server oder ein Intranet bereit, so müssen sie doch auf weltweiter E-bene versagen. Inzwischen wird Hyper-G unter dem neuen Namen *HyperWave* für Intranets bzw. abgeschlossene Bereiche weiterentwickelt. Verkauft wird HyperWave heute als das, was Hyper-G immer war: Ein großes Hypermedia Management System für kleine Webs.

Eine der neueren Erweiterungen verteilter Hyperlink-Datenbanksysteme ist die Übertragung von Konzepten der Datenbanktechnologie auf das Web. Ausgehend von Objekten (Ressourcen) und Beziehungen (Verweisen) versucht man, mächtige Datenabfrage- und -manipulationssprachen (z. B. SQL) für den Umgang mit Hypermedien einzusetzen (z. B. WebSQL, vgl. Masermann/Vossen). Mit *Intelligent Hypermedia* (vgl. Stahl) geht man noch einen Schritt weiter und versucht, neben solchen Sprachen auch das Konzept virtueller Relationen (Abfragen) auf das Web zu übertragen. Danach sind Ressourcen nicht notwendigerweise statische Objekte, sondern können selbst als Abfragen definiert sein. Andere Ansätze beruhen auf der Anwendung logikbasierter Sprachen (z. B. Prolog) auf Hypermedien. Der allgemeine Trend deutet auf eine Verbindung unterschiedlicher Paradigmen. Der größte Fortschritt ist von objektorientierten Technologien zu erwarten.

[Jones95], [Kappe93], [Kappe94], [Stahl92], [Vossen97]

5.4.2 Internal Webs

Intranets

Unter einem *Intranet* versteht man gemeinhin ein auf Internettechnologien basierendes privates Netzwerk, welches für die organisationsinterne Nutzung gedacht ist und einfach an das Internet angebunden werden kann. Intranets basieren auf der Client/Server-Topologie, TCP/IP und SMTP/MIME für den Nachrichtenaustausch. Der Zugriff auf Ressourcen und Dienste erfolgt über Web-Browser als einheitliche, multimediafähige Benutzerschnittstelle. Zu den Benutzerdiensten eines Intranets gehört das Auffinden verteilter Informationen, Unterstützung von Kommunikation und Zusammenarbeit, sowie Datenbank- und Anwendungsdienste. Netzwerkdienste dienen der Administration von Infrastruktur, Benutzerkreisen und Sicherheitsaspekten. Bei Hoffmann-LaRoche sieht man das Intranet als Basis der gemeinsamen Nutzung von Ressourcen im Unternehmen an. Während es vor der technischen Umstellung bei Roche häufig vorkam, daß Mitarbeiter aufgrund von Systemausfällen ihre Aufgaben nicht erfüllen konnten, profitiert man heute bereits von der Zuverlässigkeit und Performance, und man kann schneller und effektiver arbeiten (Kevin Walsh, Roche).

Wegen ihrer einfachen Anbindung an das öffentliche Internet werden Intranets aufgebaut, um Teile der internen Datenbestände auf einfache Weise ins Web zu bringen. Für Pharmaunternehmen bedeuten Intranets eine effizientere Verbreitung der vielen Informationen, die intern ohnehin anfallen (z. B. Dokumentationen für die Zulassung) und von der Öffentlichkeit nachgefragt werden (z. B. Anwendung). Durch die Gleichschaltung von WWW- und Intranet-Technologien wird Redundanz vermieden, weil interne und externe Clients auf dieselben Datenbestände zugreifen. Der Schutz von Daten, die nicht für die Öffentlichkeit bestimmt sind, spielt eine wichtige Rolle bei der Entscheidung für Intranets. In der Pharmabranche fällt der Schritt manchmal leichter als in anderen medizinischen Organisationen, in denen personenbezogene Daten anfallen. Vor allem die Möglichkeiten des Marketings und der Verbreitung individueller Produktinformationen stellen Anreize dar, die dazu beitragen, auf die aktuellen Firewall- und Verschlüsselungstechnologien zu vertrauen.

Einige Unternehmen haben sich auf Intranet-Komplettlösungen für medizinische Organisationen (*Healthcare Intranet Solutions*) spezialisiert. Sie haben sich zum Ziel gesetzt, die organisationsinternen und -externen medizinischen Informationsquellen zu integrieren. Dazu gehört neben der Kommunikation über Email, Video und Voice auch der transparente Zugriff auf (interne oder externe) medizinische Dokumente. Die Infrastruktur soll gewährleisten, daß alle Komponenten elektronischer Patientenakten auf allen Workstations verfügbar sind. Die Branche wirbt vorwiegend mit dem Integrationspotential von Intranets und deren einfache Benutzung, sowohl für Systemadministratoren als auch für Mediziner. Als Faktoren für die erfolgreiche Einführung versteht man nicht nur technisches und medizinisches Know-How, sondern auch die Anpassung und Verwendung vorgefertigter Lösungen.

Aufgrund des hohen Aufkommens patientenbezogener Daten in Gesundheitseinrichtungen werden hier besonders hohe Sicherheitsanforderungen gestellt. Schutzwürdige Daten müssen vor Zugriffen aus dem weltweiten Netz geschützt werden. Dazu gehören gerade die Daten, die für die arbeitsteilige medizinische Versorgung unerläßlich sind. Die globale Verfügbarkeit von Gesundheitsdaten ist bedeutungslos, wenn sie das Recht der Patienten auf informationelle Selbstbestimmung gefährdet. Wie bei der Krankenversicherungskarte stellen auch Intranets sowohl einen Nutzen als auch eine Gefährdnung dar. Schutzwürdige Daten erfordern moderne Sicherheitsmechanismen, besonders im Gesundheitswesen.

Ein weiteres Argument für den Einsatz von Intranets ist die organisationsweite Verfügbarkeit von Informationen. Durch die technologische Gleichschaltung interner und externer Informationsdienste werden Medienbrüche weitgehend vermieden. Dies ermöglicht eine flexible Informationslogistik, denn Produkt- und Marketinginformationen stehen allen (berechtigten) Mitarbeitern zur Verfügung. Dies überzeugt immer mehr die IT-Verantwortlichen von Pharmaunternehmen. Dazu gehören auch die Mitarbeiter der Bayer AG (Wuppertal), welche im Sommer 1997 eine bestehende Toxikologie-Applikation (TOLAS) ohne Neuentwicklungen innerhalb kürzester Zeit ins hauseigene Intranet portiert haben. Auf der Basis von Centuras Integrationsplattform ForeSite können über 500 Mitarbeiter via Browser auf die SQL-Base-Datenbank (ODBC) zugreifen. Auf Neuentwicklungen konnte man nur verzichten, weil SQL standardisiert ist und Internettechnologien die Brücken zwischen kommerziellen DBMS schlagen.

[Innergy97*], [Melampus97*], [Metis97*], [Netscape97*], [Sun97*]

Extranets

Neben Intranets werden auch immer häufiger private Internet-Netzwerke in Form von *Extranets* aufgebaut. Der 'logisch nächste Schritt' nach dem Aufbau von Web-Site und Intranet basiert wie die vorherigen auf offenen Internettechnologien. Öffnet eine Organisation Teile ihres Intranets für Partner oder Kunden, hat sie damit ein solches privates Netzwerk gebildet. Durch das öffentliche Internet verlegt man einen privaten Kommunikationskanal zwischen den Intranets kooperierender Organisationen. Auch im Gesundheitswesen sind Extranet-Projekte vertreten, und es sind meistens diejenigen Institutionen, die bereits über Web-Site und Intranet verfügen. Der Grundgedanke beruht wie bei den Intranets darauf, ohnehin verfügbare Ressourcen bzw. Technologien für breitere Anwendungsfelder einzusetzen. Waren es bei den Intranets noch die internen Datenbestände, sind es beim dritten Schritt auch die Intranets, die bereits bestehen und durch relativ geringe technologische Veränderungen eine intensivere Nutzung erfahren.

Mit Extranets sind heute noch Unsicherheiten und ungeklärte Fragen verbunden. Wesentliche Barriere für die Verbreitung von Extranets sind gegenwärtig noch Sicherheitsaspekte. Man geht davon aus, daß eine Lösung, die allen Nutzerkreisen gerecht wird, noch eine Zeit lang auf sich warten läßt. Außerdem klagt man über fehlende Software-Standards (Carl Howe, Forrester Research). Dennoch geben 80 von 100 IT-Führungskräften an, Extranets aufzubauen (Extraprise Group, Boston). Trotz ungeklärter Sicherheitsfragen und fehlender Standards verbreiten sich Extranets, zwar langsam, aber stetig. In einigen Untersuchungen ging man der Frage nach, warum sie sich verbreiten und aus welchen Kreisen ihr Einsatz gefordert wird. Dazu gehört eine Studie von Forrester Research (7/97) über 50 Großunternehmen, welche Extranets einsetzen. Danach kommt die Forderung nach Extranets vorwiegend aus dem Marketing, aber auch von den Kunden.

Eine besondere Anwendung von Extranets besteht in personalisierten elektronischen Produktkatalogen, die auf spezifische Zielmärkte und Kundengruppen zugeschnitten sind. Ein Anwender der EC-Software von Open Markets Inc. (Cambridge) verfolgt diese Strategie. Seine 300 größten Kunden beliefert er mit individuellen Produktkatalogen, welche aus Performance- und Sicherheitsgründen in den Intranets der Kunden laufen. Aus Kundenprofilen heraus lassen sich solche Kataloge generieren und über Extranets an ausgewählte Organisationen verteilen. Auch elektronische Produktkataloge gehören zu den Konzepten, die durch die spezielle Komplexität pharmazeutischer Informationen eine besondere Bedeutung erlangen.

Zahlreiche Extranet-Projekte von Organisationen im Gesundheitswesen zeigen das große allgemeine Interesse an den neuen Infrastrukturen. Zu den Motiven gehören niedrige Kommunikationskosten und eine intensivere Bindung mit Kunden und Partnern. Bei Krankenhäusern dienen sie auch der besseren Zusammenarbeit zwischen vielen Spezialisten, die einen Patienten behandeln. Speziell der Austausch elektronischer Gesundheitsakten wird von einigen Vorreitern vorgeführt, die den Schritt gewagt haben und auf Verschlüsselungsverfahren aus dem Internet vertrauen (z. B. PGP). Sie zeigen vielfältige Anwendungen auf, die deutlich machen, daß die Sicherheitsfrage entscheidend für die

Verbreitung der Technologien ist. Dazu gehört die globale Verfügbarkeit patientenbezogener Daten zur Unterstützung aller Spezialisten.

In der Pharmaindustrie wird der Aufbau von Extranets zunehmend an Spezialisten (z. B. IBM Global Services, Healthcare Solutions) ausgelagert. Hohe Investitionen belegen auch im Gesundheitswesen ihre Anziehungskraft. Dazu gehören knapp 100 Mio. $ von VHA Inc., einem Zusammenschluß von 1500 Krankenhäusern, Kliniken und Rehabitilationszentren. Man ist sich sicher, daß sich die initialen Kosten durch kürzere Zugriffszeiten auf medizinische Dokumente und eine effizientere Abwicklung von Arbeitsabläufen bezahlt machen werden. Dies betrifft die elektronische Bestellabwicklung und das Zulassungsverfahren bei der FDA. Das als Extranet aufgebaute VHAsecure.net macht tausende von Bestellungen und Genehmigungen online sichtbar, so daß Reaktionen auf Produkt- und Preisänderungen im Minutenbereich liegen.

Man geht davon aus, daß im Jahr 2000 über die Hälfte der Unternehmen via Extranets mit ihren Partnern kommunizieren. Möglicherweise werden Kombinationen von Produktkatalogen und Bestellsystemen eingesetzt. Ob diese aber individualisiert von Herstellern an ihre Kunden verbreitet werden, hängt sicher auch davon ab, wieviel Transparenz den Kunden dadurch verloren geht. Aus Kundensicht stellen Informationsvermittler, die Such- und Vergleichsfunktionen bereitstellen, eine wirtschaftlich sinnvolle Alternative dar. Aus der Sicht der Pharmaindustrie bieten Extranets Anwendungen für die Kommunikation mit Verkaufsreferenten. Die drei Anwendungen der Internet-Technologien stellen komplementäre Architekturvarianten für eine Infrastruktur im Gesundheitswesen dar, jedoch noch keine Lösungen konzeptioneller Kommunikationsprobleme.

[Angus97b], [Edelman97], [Gırıshankar97], [Horowıtz98], [Krochmal98], [W3B97*], [Zona97*]

5.4.3 Ausgewählte Web-Architekturen

5.4.3.1 W3Objects

W3Objects (bis 1994: *WebObjects*) ist ein dezentraler Ansatz für eine objektorientierte Erweiterung des Webs und wird vom W3-Konsortium weiterentwickelt. Zielsetzung ist die Konzeption einer Infrastruktur für unterschiedliche Ressourcen und den darauf definierten Operationen. Rahmenbedingung ist die Einbettung der neuen Technologie in das existierende Web. W3Objects ist vollständig verteilt und verlangt keine globale Administration. W3Objects ist ein Beispiel für eine fortschrittliche Architektur, die bisher relativ wenig Aufmerksamkeit erfahren hat.

Das Objektmodell von W3Objects beschreibt die Integration dateibasierter Ressourcen durch Einbettung in gekapselte Objekte (*W3Objects*) mit jeweils eigenem Zustand und einem nach außen sichtbaren, wohldefinierten Verhalten. Für seinen inneren Zustand ist ein Objekt selbst verantwortlich. Benutzer können nur indirekt über die Operationen definierter Schnittstellen Einfluß auf diesen Zustand üben. Die Implementation von Objekten (Schnittstellen) ist nach außen nicht sichtbar.

Klassen von Objekten können unterschiedliche Schnittstellen unterstützen. Eine Klassifizierung ist in Form der Vererbung von Schnittstellen möglich. Abstrakte Klassen werden durch Schnittstellen beschrieben, für die möglicherweise keine Implementationen existieren. Solche Schnittstellen können dann durch unterschiedlich spezialisierte Implementationen realisiert werden. Damit ist die Nutzung von Polymorphie auf Web-Anwendungen zugänglich. Als Sprachen zur Beschreibung von Schnittstellen sind C++, CORBA IDL u. a. denkbar.

Um Web-Browsern einen Einstiegspunkt zu W3Objects bereitzustellen, sind diese aus HTML-Dokumenten heraus über URLs lokalisierbar. Referenzen zwischen Objekten werden durch Stubs repräsentiert. Die Kommunikation zwischen Client und Objekt erfolgt über HTTP-Verbindungen. Web-Browser lokalisieren ein Objekt über eine URL und starten eine HTTP-Verbindung. Der Objekt-Server übersetzt URLs in interne Namen und HTTP-Anforderungen in Methodenaufrufe. Entfernte Objekte werden beim Client lokal durch sogenannte Client-Stubs repräsentiert, welche ebenfalls durch wohldefinierte Schnittstellen beschrieben sind. Stubs übersetzen Methodenaufrufe in Remote Procedure Calls (RPC).

Zu den Kerneigenschaften eines W3-Objekts gehört seine Identität. Zur Unterstützung kontextbezogener Namensgebung ist der Einsatz von Naming-Servern vorgesehen, welche Namen zwischen Systemgrenzen übersetzen. Zu den Kerneigenschaften gehört ebenfalls die Unterstützung des gemeinsamen Zugriffs (Sharing), sowie Referenzierung und Mobilität. Daneben besitzen W3-Objekte eine Reihe allgemeiner Eigenschaften, welche klassenabhängig sind und durch Schnittstellen für Basisklassen spezifiziert werden können (z. B. Replikation, Zugriffskontrolle).

Im W3-Modell werden Ressourcen als Objekte dargestellt und von einem bestimmten Bezugspunkt (Root) referenziert. Ein Objekt kann direkt über einen Stub oder indirekt durch (logisches) Enthaltensein in einem anderen Objekt (Stubs sind auch Objekte) referenziert sein. Stubs sind während ihrer Lebenszeit an das referenzierte Objekt gebunden. Die Integrität wird durch die Verwaltung eines verteilten Referenzgraphen gesichert. Nicht mehr referenzierte Objekte werden durch den Einsatz von Referenzzählern ermittelt. Im Zuge einer Garbage Collection werden unreferenzierte Objekte gelöscht. Ein Objekt kann erst gelöscht werden, wenn es von keinem Root und keinem Stub mehr referenziert wird.

W3-Objekte können beliebig verschoben werden, ohne daß externe Referenzen ihre Gültigkeit verlieren. Bei jeder Verschiebung bleibt an der ursprünglichen Stelle ein Stub zurück, welcher das verschobene Objekt repräsentiert. Alle nachfolgenden Zugriffe auf den Stub werden an das verschobene Objekt weitergeleitet. Eine Folge von Bewegungen eines Objekts erzeugt somit eine Kette von Stubs, die zu diesem Objekt führt. Zugriffe werden an das jeweils nächste Objekt weitergereicht und die Referenz des Aufrufers aktualisiert. Nicht mehr referenzierte Stubs werden gelöscht. Dieser Forwardmechanismus ist vollständig verteilt und verlangt keine zentrale Kontrolle. Verschiebungen werden nicht wie in Hyper-G unmittelbar an alle Referenzen propagiert. W3Objects ist als weltweite Lösung konzipiert.

[Ingham95], [Ingham97a], [Ingham97b], [IETF97[*]], [W3C97[*]]

5.4.3.2 CorbaWeb

Die Common Object Request Broker Architecture (CORBA) beschreibt eine standardisierte objektorientierte Infrastruktur für die Kommunikation zwischen verteilten Anwendungssystemen. CORBA besitzt eine hohe Anziehungskraft auf Internet-, Datenbank- und Programmiersprachenentwicklungen. Immer mehr kleine und große Hersteller von Server- und Client-Software bauen die CORBA-Technologie in ihre Produkte ein und ermöglichen Software-Entwicklern die Anbindung objektorientierter Programmiersprachen und DBMS (z. B. Java, POET). Die Entwicklung verteilter Informationssysteme wird dadurch wesentlich vereinfacht und gleichzeitig kostengünstiger. CORBA bildet eine gemeinsame Grundlage für eine Reihe von Standards (z. B. OLE) und ermöglicht ein hohes Integrationsniveau zwischen verteilten Anwendungen. Mit CORBAmed versucht sich die OMG gegenwärtig an der Standardisierung von Schnittstellen für medizinische Informationssysteme, jedoch scheint die Vielfalt der existierenden Standards diesen Prozeß etwas zu verzögern. Das folgende Konzept dient der Integration von CORBA-Anwendungen mit Web-Frontends.

In CORBA werden Zugriffsmechanismen auf Objekte durch Schnittstellen spezifiziert, welche vererbt werden können und unterschiedliche Implementationen besitzen können. Schnittstellen werden mit der Interface Definition Language beschrieben, welche von speziellen Compilern in Stubs übersetzt werden. Das Internet Inter-ORB-Protokoll (IIOP) beschreibt die Kommunikation zwischen ORB und basiert auf TCP/IP. Die Kommunikation zwischen Objekten erfolgt über Stub-Mechanismen. Stubs werden vom IDL-Compiler erzeugt. Ist ein Client im Besitz einer Referenz auf ein Objekt, kann er seine Methoden aufrufen. Ein solcher Aufruf ist im Stub implementiert und wird an den ORB weitergereicht, welcher die zugehörige Implementation des Objekts ermittelt und an einen zuständigen Objekt Adapter leitet. Dieser übersetzt den Aufruf in die IDL des Objekts und übergibt ihm die Kontrolle. Analog werden Rückgabewerte zum Client gebracht.

CorbaScript ist eine objektorientierte Programmiersprache und wurde auf der fünften internatinalen WWW-Konferenz (Mai 1996, Paris) vorgestellt. Sie dient der Entwicklung von Anwendungen auf der Grundlage der CORBA-Technologie. Aus CorbaScript heraus können Methoden von CORBA-Objekten aufgerufen werden. *CorbaWeb* ist eine Architektur auf der Basis von CORBA und ermöglicht die Integration CORBA-basierter Anwendungen im Web. Unter CorbaWeb versteht man ebenfalls einen allgemeinen Objekt-Navigator (Client), der den Zugriff auf CORBA-Anwendungen auf der Basis von CorbaScript realisiert. Ziel ist der Zugriff auf jede CORBA-Anwendung, auch wenn diese nicht für das Web entwickelt wurde. Die Integration besteht in der Zusammenführung CORBA-basierter objektorientierter Anwendungsentwicklung und der Navigation in Hypermedia-Räumen. Die Architektur ist als Gateway zwischen HTTP-Servern und CORBA-Systemen zu verstehen. CorbaWeb basiert auf dem sogenannten *Shared Information Space Model*. Neben seiner Objektorientierung zeichnet es sich auch durch besondere Benutzerorientierung aus: Spezielle Profile bestimmen die Sicht, die ein Benutzer auf Objekte erhält (Beispiel: Sicht auf medizinische Informationen für Ärzte und Patienten). Für die Implementation dieser Umgebung setzt man auf Wiederverwendung aktueller Technologien (z. B. URLs, HTML, CGI).

In der CorbaWeb-Umgebung kann jeder herkömmliche Web-Browser als Benutzerschnittstelle für CORBA-Systeme eingesetzt werden. Der Zugriff auf Objekte erfolgt über das Standardmedium WWW in Form von HTML-Links und -Formularen. Objektaufrufe werden durch CGI-Skripte (CorbaScript) über das Dynamic Invocation Interface abgewickelt, welche auch Ergebnisse in HTML generieren. Benutzerorientierte Sichten und Zugriffsinformationen werden im *CorbaWeb Repository* verwaltet. Allgemeine Operationen auf CORBA-Objekten sind über eine Reihe sogenannter *Meta Scripts* verfügbar. Es existieren Meta-Skripte für Methodenaufrufe (*Exec Meta Script*), Generierung von Benutzerschnittstellen in HTML (*Interface Meta Script*), sowie zur Verwaltung von Benutzerprofilen (*View Meta Script*).

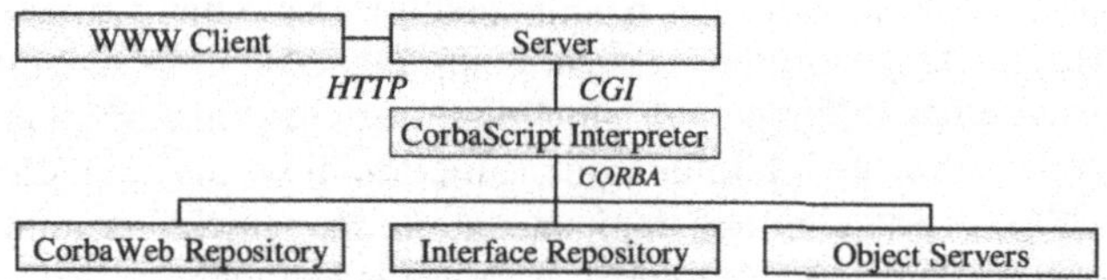

Abbildung 5.5: CorbaWeb

[Merle96a], [Merle96b], [CorbaWeb97*]

5.5 Elektronischer Datenaustausch

Electronic Data Interchange (EDI, i. e. S.) ist mit einer Bedeutung belegt, die in seinem Namen nicht zum Ausdruck kommt. Nachrichten sind formalisiert und der Austausch ist automatisiert, aber die Inhalte der Nachrichten beziehen sich vorwiegend auf betriebswirtschaftliche Dokumente (z. B. Bestellungen, Rechnungen). Vergleicht man dieses Modell mit den Anforderungen an einen Abgleich pharmazeutischer Wissensbasen, so ergeben sich eine Reihe von Gemeinsamkeiten. Unterschiede bestehen lediglich in den Inhalten der ausgetauschten Nachrichten. Vernachlässigt man diese Inhalte (EDI, i. w. S.), ergeben sich weitere Anwendungen, die von der Technologie profitieren können (wie auch EDI von den Anwendungen). Dazu gehört der Austausch medizinischer Fachinformationen. Nur wenn diese formalisiert sind und der Austausch automatisch abgewickelt wird, können sie effizient verbreitet werden. Die Grenze zwischen betriebswirtschaftlichem und medizinischem EDI verläuft fließend. Während die meisten Nachrichtenformate für rein medizinische Anwendungen wenig geeignet sind, deuten einige Ausnahmen das Potential von EDI zur Verbreitung von Wissen und Fachinformationen an.

Experten beobachten eine zunehmende Verlagerung der Transportschicht für EDI weg von teuren VANs hin zum kostengünstigen Internet. Als weltweite offene Infrastruktur bietet es eine Reihe von Vorteilen gegenüber der Urform des EDI. Das Internet eröffnet unterschiedliche Alternativen des Nachrichtentransports (z. B. SMTP, MIME, FTP, PGP). Immer mehr Organisationen sind über das Internet erreichbar, so daß mehr Beziehungen aufgebaut und mehr Transaktionen abgewickelt werden können. Nach den Prognosen der Forschungsgruppe *Northern Business Information* (New York) werden die Internet-EDI-Dienste von VAN-Providern in den nächsten Jahren um 24 % jährlich ansteigen. Die Transaktionskosten werden drei bis zehn mal geringer eingeschätzt als bei VANS (Connie Blemings, Tandem Computers, Cupertino, Calif.). "The Internet is the future of EDI" (Geri Spieler, Gartner Group Inc.).

Mit *XML/EDI* steht eine weitere Möglichkeit zur Verlagerung von EDI auf das Internet bereit. Die auf SGML und HTML basierende Seitenbeschreibungssprache *XML* (*Extensible Markup Language*) wird von vielen Autoren als zukünftiger Web-Standard betrachtet. Sogar Microsoft will sich daran halten. Besonders durch den Einsatz von Meta-Informationen und frei definierbaren Dokumenttypen (DTDs) erlaubt XML eine strukturierte Darstellung von Dokumenten, einschließlich beschreibender Informationen zu Attributen. XML-Dokumente sind objektbasiert: Daten und Regeln zu ihrer Verarbeitung liegen zusammen. Sie können auch Anweisungen zur Visualisierung und Verarbeitung von Transaktionen enthalten. Verschiedene Organisationen (insb. XML/EDI Group) arbeiten an einer standardisierten Integration von EDI-Nachrichten in XML-Dokumente. Andere sprechen von einer Fusion aus bestehenden Technologien (XML, EDI, Templates, Agents, Repositories) und sehen in ihrer Summe nicht nur einen Mehrwert für XML, sondern auch für EDI. Da XML eine Dokumentbeschreibungssprache ist, stehen für XML/EDI-Transaktionen alle Internet-Transportwege offen (z. B. FTP, SMPT). Inzwischen sind bereits freie XML-Parser verfügbar. XML-Tools unterstützen neben 'EDI mappers' auch Workflow- und Dokumentenmanagementfunktionen.

Einige wenige Vorschläge für Nachrichtenformate deuten die Möglichkeiten eines medizinischen EDI an. Dazu gehört *MEDADR* (*Medical Adverse Drug Reaction Message*, UN-ECE/TRADE/WP.4/R.1264/CRP.115, Status 0, Draft Document). Das Format dient dem Austausch von Berichten über beobachtete Arzneimittelwirkungen zwischen Gesundheitseinrichtungen, Pharma-Unternehmen und öffentlichen Behörden. Eine einzelne Nachricht berichtet über einen Fall, der sich auf einen Patienten, ein oder mehrere vermutete Wirkungen, sowie ein oder mehrere Medikamente beziehen kann. Ein Nachrichtenformat für Verordnungen wurde mit *MEDPRE* (*Medical Prescription Message*, UN-ECE/TRADE/WP.4/R.952, Status 0, Draft Document) vorgeschlagen. Es dient vorwiegend dem Austausch von Verordnungen zwischen Ärzten und Apotheken, welche die verordneten Produkte an ihre Nutzer liefern oder für Abholer bereithalten. Eine Nachricht kann mehrere Arzneimittel bzw. medizinische Produkte beinhalten. Auch Bestellungen für Verbrauchsgüter der medizinischen Praxis (Arzt ist Verordner und Nutzer) sind als Anwendung dieses Nachrichtentyps vorgesehen. Medikamente können durch registrierte Namen oder Industriecodes referenziert werden. Zur Übertragung patientenbezogener Daten dient *MEDPID* (*Person Identification Message*, UN-ECE/TRADE/WP.4/R.1228, Status 1, Draft Recommendation). Zu ihren Anwendungsbereichen gehört die Propagierung von Patienteninformationen (oder Änderungen darin) an andere Organisationen (vgl. organisationsinterne Variante IS-H Patientendatenbroadcasting). Weitere Nachrichtentypen für medizinische Anwendungen sind in Vorbereitung (z. B. MEDPHV, Pharmacovigilance, Informationen über Medikamente).

Der Einsatz von EDI zwischen medizinischen Organisationen beschränkt sich heute noch vorwiegend auf administrative Aufgaben. Etwa 40 % der Zahlungsforderungen im Gesundheitsbereich werden heute über EDI abgewickelt. Dies gilt auch für das Kantonspital St. Gallen (KSSG), wo jährlich ca. 10000 Artikel (ohne Medikamente) benötigt werden, was zu über 5500 Bestellungen mit ca. 15000 Positionen führt. Der Einsatz von EDI wird oft mit Personaleinsparungen begründet, vor allem aber mit der Elimination menschlicher Fehlerquellen. Der Kommunikationsverbund der AOK ist nur ein Beispiel für die Kooperation medizinischer Organisationen zur Optimierung von Informationsflüssen im Gesundheitswesen. Auch in der Pharmabranche werden durch den Einsatz von EDI administrative Arbeitsabläufe vereinfacht und Produktivitäten erhöht. Solche betriebswirtschaftlichen Ziele verfolgt auch das schweizerische Pharma-Unternehmen Sanphar, welches die EAN-Codifizierung (*European Article Number*) zur Identifikation von Produkten und Partnern im Pharmasektor eingeführt hat. Die 13-stelligen Codes besitzen Schlüsseleigenschaft für Produkte und Partner. Das EAN-Partner- und Produkteverzeichnis ist auf CD-ROM und über das Internet verfügbar. Das von Sanphar verwendete System *EDIPHARMA* wird von Powersoft AG vertrieben und wurde speziell für die Pharmabranche konzipiert. Über die Hälfte des ambulanten Pharmamarktes wird durch E-DIPHARMA unterstützt (Herstellerangaben). Dazu gehören Hoechst-Pharma AG, Roche Pharma (Schweiz) und Warner-Lambert AG (Schweiz). E-DIPHARMA unterstützt folgende Nachrichtenformate:

ORDERS	*Bestellung*
	automatische Bestellabwicklung, Beschleunigung, Rationalisierung der Logistik, Erleichterung der Lagerwirtschaftung, starke Kostensenkung
INVOIC	*Rechnung*
	automatische Rechnungstellung, Erleichterung der Erfassung, automatischer Abgleich von Lieferungen und Rechnungen, automatische Verbuchung
UEWAUFTRAG	*spezifische Auftragsart der Pharmabranche*
	automatische Weiterleitung von Bestellungen von Apotheken und Drogerien an Großhandler zur Ausfuhrung und Auslieferung
PRICAT	*wirtschaftliche Artikelinformationen uber pharmazeutische Produkte*
	Preise, Konditionen, Verkaufsaktionen, Packungsvolumen, Verfallsdaten, Aktualisierung lokaler Stammdaten, optimale Nutzung von Konditionen
PARTIN	*Ubermittlung von Kundeninformationen*
	aktuelle Adressdaten uber Kunden und Partner, Lieferzeiten, Lieferort, Zahlungsort, Besuchszeiten, Ansprechpartner
SLSRPT	*Sales Report, Ubermittlung von Verkaufsdaten (Waren, Dienstleistungen)*
	Ortsangaben, Zeitspannen, Produktkennzeichnungen, Preisgestaltung, Geldbetrage, Mengen, Nutzung Produktion, Planung, Marketing, Statistik

Abbildung 5.6: EDIPHARMA

Einen eigenen Nachrichtenformalismus bildet Health Level 7. Der internationale Standard für das Gesundheitswesen dient u. a. dem Abgleich von Datenbeständen zwischen Organisationen durch den Nachrichtenversand. Nachrichtentypen, Triggers, Segment- und Feldtypen sind frei definierbar. Zwar ist HL7 ein internationaler Standard für das Gesundheitswesen, jedoch besitzt er gravierende Nachteile gegenüber dem EDI auf der Basis von UN/EDIFACT. Der Standard ist zwar besonders flexibel, jedoch führt gerade dies zu einem relativ hohen Einführungsaufwand, denn die Kommunikationspartner müssen ihre Systeme aufeinander abstimmen. HL7 kommt mit einer geringen Auswahl vordefinierter Nachrichtentypen, während EDIFACT modular aufgebaut ist und Nachrichtentypen separat standardisiert werden. Stellt sich heraus, daß auch HL7 in XML einbettbar ist, würde dies das Integrationspotential von XML bestätigen. Medizinische Organisationen könnten weiterhin ihre HL7-Nachrichtentypen frei definieren und XML-Dokumente mit Regeln zur Abbildung in (zukünftig) standardisierte EDI-Nachrichten (z. B. MEDADR, MEDCON) erstellen.

Immer mehr Gesundheitsorganisationen sind auch in elektronischen Märkten vertreten. Kunden betreten diese über den Informationsdienst eines Anbieters (z. B. HealthSeek; MedMarket, Virtual Industrial Park). Hier können Gesundheitsorganisationen (tenants) Produkte und Dienste anbieten und Kunden erhalten eine Übersicht über Angebote und Konditionen. Vermittler versuchen, durch Vorauswahl und Qualitätsbewertungen einen Mehrwert zu schaffen. Experten warnen Unternehmen vor Abwartestrategien. Die Präsenz in elektronischen Märkten wird zukünftig als entscheidender Wettbewerbsfaktor eingeschätzt. Man prophezeit, daß Unternehmen, die sich der elektronischen Vergleichbarkeit nicht stellen, in Zukunft von den Kunden übersehen werden (Warrent Sirota,

Business Columnist, CIO Magazine). Wer zu lange wartet, verliert den Anschluß ("All kinds of businesses are racing up the on-ramp. So get your feet wet now or you'll risk becoming road kill on the information superhighway.", Jeffrey Kagan, Kagan Telecom Association, Success Magazine).

Eine Electronic Mall für die kanadische Pharmaindustrie hat PPS Pharma-OnLine aufgebaut. Die Teilnahme basiert auf Mitgliedsbeziehungen und erlaubt Pharmaunternehmen, Großhändlern und anderen Anbietern, den breiten Kundenkreis mit Produkt- und Marketinginformationen zu versorgen. Zum Einsatz kommen elektronische Produktkataloge, elektronische Einkaufskörbe (Order Basket) und eine PPS-interne Hersteller-Datenbank. Die Produktkataloge der Teilnehmer sind in der zentralen PPS-Datenbank integriert. Hersteller-Listen informieren über die teilnehmenden Anbieter und führen zu deren Angebotsübersichten. Nach Auswahl eines Herstellers werden seine Produkte oder Dienstleistungen aufgeführt. Die zentrale Datenbank ermöglicht auch eine funktionsorientierte Navigation (z. B. Stoffe, Krankheiten), sowie herstellerübergreifende Suchfunktionen. Registrierte Hersteller erhalten Zugriffmöglichkeiten auf die interne Server-Datenbank und statistische Marktinformationen. Ein spezielles Subscriber's Toolkit ermöglicht Änderungen im Produktangebot und den Abruf statistischer Informationen. Teilnehmer können auch Ankündigungen oder Produktwarnungen (Rückrufe, Erfahrungen) an den Systemverwalter schicken, der sie in entsprechende News-Ticker integriert. Via EDI können Markttransaktionen elektronisch abgewickelt werden. In den Genuß von Online-Marketing und Electronic Commerce kommen allerdings nur registrierte Teilnehmer. Apotheker und Ärzte erhalten die Möglichkeit zur Bestellung von Probe-Packungen und Informationsbroschüren. Die Verkaufsreferenten der Pharmaindustrie werden bei der Verbreitung von Werbematerial unterstützt. All diese Rollen gehören zum digitalen Benutzerprofil der Teilnehmer.

Ein Szenario für eine medizinische Anwendung von EDI ist die Aktualisierung pharmazeutischer Wissensbasen. Gegeben sei eine Krankenhausapotheke, welche eine lokale Wissensbasis zur Prüfung der täglich anfallenden Medikationen verwendet. Die Wissensbasis enthalte u. a. eine Menge von Konfliktdeskriptoren, welche je zwei Gruppen einer lokalen Gruppierung (Hausliste) in Beziehung setzen. Zur Anwendung neuester medizinischer Erkenntnisse ist man daran interessiert, von anderen Organisationen (z. B. Pharma-Unternehmen, Informationsvermittlern) über neu bekannt gewordene Unverträglichkeiten informiert zu werden. Zu diesem Zweck entschließt man sich, mit anderen medizinischen Organisationen Kooperationsbeziehungen für den elektronischen Datenaustausch einzugehen. Unter der Annahme, daß ein entsprechendes EDI-Nachrichtenformat existiert, könnte die Krankenhausapotheke auf diese Weise formalisiertes Wissen über Unverträglichkeiten empfangen und senden. Die wesentlichen Elemente einer solchen Nachricht sind Referenzen auf die am Konflikt beteiligten Gruppen, sowie eine eindeutige Identifikation des semantischen Referenzsystems, auf welches sich die Gruppen beziehen. Dies kann eine standardisierte Gruppierung sein, deren Struktur in der Wissensbasis der Krankenhausapotheke dargestellt ist. In diesem Anwendungsszenario könnte ein pharmazeutisches Informationssystem eingehende EDI-Nachrichten als Anweisungen zur Aktualisierung der lokalen Wissensbasis interpretieren, in dem es die beteiligten Gruppen nach definierten Abbildungsregeln in die lokale Gruppierung (Hausliste) übersetzt. Der gesamte Wissensaustausch würde keinerlei menschliche Intervention erfordern.

Ein automatisierter Informationsabgleich könnte auch auf der Basis von JDBC implementiert werden. Unter der Annahme, daß sowohl die lokale Wissensbasis als auch die Wissensbasis des Informationsanbieters über eine JDBC-Schnittstelle und ein gemeinsames semantisches Referenzsystem verfügen, reicht ein einfaches Java-Applet zur Durchführung bzw. Initiierung eines solchen Abgleichs aus. Dabei ist es zunächst erforderlich, eine JDBC-Verbindung zu beiden Datenbanken herzustellen und die zu übertragenden Informationseinheiten (Konflikte) zu bestimmen (z. B. Datum der letzten Änderung). Für jeden dieser Konflikte sind die Codes beiden interagierenden Gruppen, der Typ (z. B. schwerwiegend) und andere Attribute zu übertragen. Wesentlich dabei ist die gleiche Interpretation (Zuordnung) der Codes, welche auf einem gemeinsamen, oder zumindest beiden Seiten bekannten, semantischen Referenzsystem beruht. Dies kann eine Gruppierung des Informationsanbieters, des Nutzers oder eine andere standardisierte Gruppierung sein.

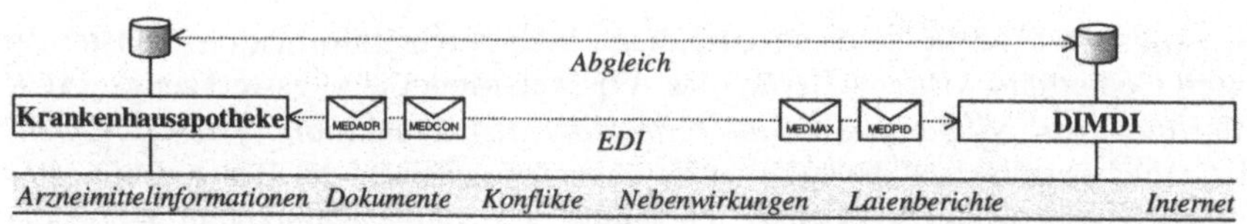

Abbildung 5.7: Elektronischer Austausch pharmazeutischer Fachinformationen

[Frook97b], [Hay97], [Lindemann97], [Russenberger97], [HealthSeek98*], [MedMarket98*], [PPS98*], [Powersoft97*], [Premenos97*]

5.6 Integrative Informationsdienste

Integrative Informationsdienste werden als Klasse vermittelnder Informationsdienste verstanden und sollen einen einheitlichen Zugriff auf heterogene Datenquellen bereitstellen. Sie dienen in erster Linie der Informationsrecherche und stellen eine Ergänzung zu allgemeinen Verzeichnis- und Suchdiensten dar. Diese Dienste sind häufig auf bestimmte Themengebiete spezialisiert und werden für festgelegte Benutzerkreise aufgearbeitet. Durch den Dienst des Informationsvermittlers werden die heterogenen Dienste semantisch integriert. Aus der Sicht der Benutzer handelt es sich dabei um eine Menge homogener Dienste. Anbieter übernehmen selbst die Informationsrecherche für ein spezielles Themengebiet und stellen ihren Benutzern verdichtete Informationen bereit. Im Idealfall werden nicht nur Datenstrukturen ineinander abgebildet, sondern ganze Sichten, einschließlich Vokabular und inhaltliche Orientierungen. Integrative Informationsdienste werden nicht zuletzt durch die dezentrale Verteilung von Informationsquellen im Web notwendig.

Im Rahmen des Projekts *MIHMA* (*Modelbased Integration of Heterogeneous Multimedia Archives*, TU Berlin, FB Informatik) wird der Ansatz themenorientierter Informationsdienste weiterentwickelt. Grundlage der Integration ist ein semantisches Modell. Dazu gehört der *Gegenstandsbereich* (z. B. verschiedene Leukämie-Formen) und eine Menge von *Informationsquellen* (z. B. Dokumente, Datenbanken, Informationsbroschüren für Patienten). Um den Gegenstandsbereich detailliert beschreiben zu können, wird das Modell mit themenspezifischen *Entitäten* (z. B. Krankenhäuser, Ärzte) angereichert. Rollen und Sichten der Benutzer werden durch *Benutzerprofile* (z. B. Ärzte, Patienten) beschrieben. Die Elemente des Modells können auch in Beziehung stehen. Eine zentrale Meta-Datenbank beschreibt das semantische Modell.

Semantische Modelle sind die Grundlage integrativer Informationsdienste. Zu ihrer Codierung wird in Berlin das Wissens-Modellierungswerkzeug *BACK* (*Berlin Advanced Computational Knowledge Representation System*) verwendet, welches selbst auf dem Wissensrepräsentationsansatz der Beschreibungslogiken (Konzeptsprachen) basiert. Zu seinen besonderen Fähigkeiten gehört die automatische Klassifikation. Auf der Basis von Konzepten, Rollen und Beschreibungen werden komplexe Hierarchien automatisch generiert. Das System ist im Source (C, später C++) frei verfügbar. Die Nutzung integrativer Informationsdienste erfolgt über gewöhnliche Web-Browser. Semantische Modelle leisten die Integration von Wissensstrukturen und Benutzersichten. Sie sind der Ausgangspunkt für eine homogene externe Repräsentation, welche je nach Benutzerprofil unterschiedliche terminologische oder konzeptionelle Sichten berücksichtigt. HTML-Dokumente sind nur ein Medium zur externen Repräsentation und sie werden nach individuellen Bedürfnissen und persönlichen Interessen dynamisch generiert.

Die Integration von Internetdiensten wird von den MIHMA-Mitarbeitern aus verschiedenen Perspektiven betrachtet. Dazu gehört die Unterstützung des Auffindens von Dokumenten durch eine geeignete Navigation und Präsentation. Zu einer höheren Ebene zählt man eine geeignete Repräsentation von Dokumentinhalten, welche auf Meta-Informationen basiert und komplexe Suchfunktionen erlaubt. Mit der internen Informationsbeschaffung verbindet man die Nutzung organisationsinterner Datenbestände. Diese sind direkt verfügbar und können zum Zwecke der Integration umstrukturiert werden. Bei der externen Informationsbeschaffung werden Daten nicht beim Informationsvermittler gespeichert. Mit der Administration verbindet man vor allem die Verwaltung der Querbezüge zwischen den Quellen. Als weitere Anforderungen an integrative Informationsdienste werden Qualitätssicherung durch Vorauswahl und Modellierung des Gegenstandsbereichs genannt.

Anbieter integrativer Informationsdienste besitzen i. a. einen Überblick über verfügbare Dienste und Erfahrungen mit einzelnen Angeboten. Sie können sich auf die Kommunikation mit heterogenen Datenquellen spezialisieren und ihren Kunden eine integrierte Schnittstelle bereitstellen. Sie schaffen Querbezüge zwischen den isolierten Informationsquellen und können das Angebot um eigene Qualitätsbewertungen ergänzen. Ein Kandidat für einen solchen Informationsvermittler ist das DIMDI, welches gegenwärtig den integrierten Zugriff auf verschiedene medizinische Datenbanken (darunter ABDA-INTER) kostenpflichtig anbietet. Der Zugriff erfolgt über eine einheitliche Anfragesprache (grips) oder über den Alert Service. Mit letzterem läßt sich ein vollautomatischer Informationsfluß zwischen dem DIMDI und einer medizinischen Organisation realisieren. Der dadurch entstehende Mehrwert ist der gleiche wie bei automatisiertem EDI: Kommunikation ohne unnötige menschliche Intervention.

[Kindermann96], [Paulus96], [Schmiedel96], [Volle96], [KIT97*]

5.7 Pharmatica Informationsplattform

Die Pharmatica Informationsplattform beschreibt ein Idealbild eines über das Internet verteilten pharmazeutischen Informationssystems, welches die isolierten Ressourcen und Online-Dienste integriert und in benutzerorientierten Sichten zusammenfaßt. Sie stellt ein gemeinsames Kommunikationsmedium für die Organisationen und Personengruppen des Gesundheitssystems bereit und berücksichtigt gleichermaßen die spezifischen Anforderungen der einzelnen Rollen und Sichten. Sie unterstützt manuelle und automatisierte Zugriffe auf verteilte Ressourcen und abstrahiert dabei von Terminologien, Anfragesprachen, Datenbankschemata und anderen Ursachen für Heterogenität. Sie ist global verfügbar, erfordert aber keine globale Administration. Primäre Aufgabe ist die Zusammenführung heterogener Systeme in einer Plattform und die Bereitstellung spezifischer Sichten für unterschiedliche Benutzerkreise. Dies beinhaltet die semantische Integration von Informationen und Wissen.

Die Vorstellung der Pharmatica Informationsplattform abstrahiert von technischen Alternativen möglicher Implementationen. Sie stellt eine top-down-orientierte Sichtweise auf Funktionen und Schnittstellen bereit, sowie ein Rahmenkonzept für eine bottom-up-gerichtete Herangehensweise. Integrative pharmazeutische Informationsdienste können in diesem Zusammenhang eine Schlüsselrolle einnehmen und dazu beitragen, dem Ideal ein Stück näher zu kommen. Sie leisten die semantische Integration von Information und Wissen und bieten ein verdichtetes Informationsangebot. Sie unterstützen viele Standards und sind in der Lage, Daten zwischen diesen zu übersetzen. Sie stellen formalisierte und natürlichsprachliche Informationen bereit und können selbst Bestandteil übergeordneter medizinischer Informationsdienste sein. Zu ihrer Umsetzung ist es erforderlich, das Konzept allgemeiner integrativer Informationsdienste (vgl. MIHMA) in den folgenden drei Dimensionen weiterzuentwickeln.

Die *Automatisierung* integrativer pharmazeutischer Informationsdienste erweitert ihre manuellen Schnittstellen um automatisierte Kommunikationsmechanismen. Dies betrifft insbesondere den Zugriff auf Online-Datenbanken mit formalisierten Inhalten, aber auch Dokumente, themenorientierte Foren, Mailing-Listen etc.. Zu den Inhalten dieser Informationsquellen gehören Informationen, die semantisch unteilbar (Textblöcke) oder aggregiert sind (z. B. Konflikte). Die Automatisierung der Dienste erlaubt es, 'leichtgewichtige' Anwendungen zu entwickeln, welche vorwiegend die Benutzerschnittstelle realisieren und selbst auf integrative Dienste zurückgreifen. Die Automatisierung betrifft den Austausch sowohl formalisierter als auch nicht-formalisierter Daten. Der Austausch formalisierten Wissens findet zwischen Informationssystemen statt. Aber auch Textnachrichten (z. B. Frage eines Patienten) können an relevante Empfänger (z. B. mediznische Newsgroups, organisationsgebundene Foren) geroutet werden. Automatisierte Schnittstellen werden in erster Linie von automatisierbaren (und verantwortbaren) medizinischen Aktivitäten benötigt.

Die *Formalisierung* integrativer pharmazeutischer Informationsdienste ergibt sich unmittelbar aus der Forderung nach automatisierten Zugriffsmechanismen. Diese werden nicht von Benutzern, sondern von Applikationen genutzt und müssen aus diesem Grunde maschinell interpretierbar sein. Maschinelle Interpretation erfordert ein gemeinsames semantisches Referenzsystem. Aufgrund der zahlreichen Normen und Standards für medizinische Klassifikationen erscheint es wenig aussichtsreich, einige wenige von ihnen herauszugreifen und als semantisches Referenzsystem zu deklarieren. Man muß davon ausgehen, daß die eigentlichen Informationsanbieter mit völlig unterschiedlichen Formalismen arbeiten. Dies erstreckt sich auf sämtliche Informationsquellen, die dem Benutzer integriert zur Verfügung stehen sollen. Dazu gehören auch natürlichsprachliche Dokumente, Meldungen oder Ankündigungen, denn auch diese müssen maschinell austauschbar sein, damit sie einheitlich präsentiert werden können. Sie sollten mit Attributen angereichert werden, die für die externe Repräsentation relevant sein können (z. B. Rolle).

Die *Standardisierung* integrativer pharmazeutischer Informationsdienste ermöglicht zusätzlich ein dezentral verteiltes Informationsangebot. Sind die Schnittstellen der integrierten Dienste standardisiert, können mehrere Informationsvermittler existieren und automatisch von Client-Systemen angesprochen werden. Dazu müssen diese die verfügbaren Anbieter kennen oder in einem elektronischen Telefonbuch lokalisieren. Das weltweite FidoNet führt seit Juni 1984 Update und Verbreitung solcher Verzeichnisse vor. Durch die Standardisierung ihrer Schnittstellen sind integrative Dienste austauschbar. Ist ein Anbieter nicht verfügbar, kann die Verbindung automatisch zu einem anderen umgeleitet werden. Dies ist nur möglich, wenn der 'Ersatz'-Server die gleichen Formate und Zugriffsmechanismen aufweist. Client-Systeme realisieren vorwiegend die Sicht des Benutzers und müssen die heterogenen Datenquellen nicht direkt ansprechen. Sie sind relativ einfach zu implementieren, weil sie auf einer minimalen Auswahl lokaler Standards basieren.

Die Idee der Pharmatica Informationsplattform beinhaltet, daß die externe Repräsentation von Information und Wissen nach Benutzerprofilen differenziert ist. Dazu gehört nicht nur die Rolle von Benutzern im Gesundheitssystem, sondern auch deren individuelle Informationsbedürfnisse und Präferenzen. Auch die Auswahl lokal unterstützter Standards und Datenmodelle kann in einem Profil codiert werden. Ein solches Benutzerprofil muß sich bereits auf ein semantisches Referenzsystem beziehen, denn Sender und Empfänger müssen es

sches Referenzsystem beziehen, denn Sender und Empfänger müssen es interpretieren können. Aus technischer Sicht treten Informationsvermittler als Adapter auf, die eine Menge von Standards unterstützen und die Systeme (Profile) der Kunden entscheiden lassen, welche davon verwendet werden. Dazu muß das System des Vermittlers in der Lage sein, Referenzen auf Objekte zwischen unterschiedlichen Standards (Codes, Namen, etc.) zu übersetzen. Prinzipiell ist dies eine Frage der Mächtigkeit: Referenzen in umfangreichen, detaillierten Klassifikationen können nach festen Regeln in einfachere, zusammenfassende Gruppierungen abgebildet werden, aber nicht umgekehrt. Die Fähigkeit eines Systems zur Unterstützung bestimmter Formate ist Bestandteil seines Profils.

Im Internet existieren zahlreiche verteilte Informationsdienste (*Information Service Provider, ISP*), die sich inhaltlich überlappen und jeweils nur eine relativ geringe Menge relevanter Informationen anbieten. Jede Informationsquelle unterstützt eine Auswahl von Standards und Kommunikationsmechanismen. Es besteht eine konzeptuelle und terminologische Distanz zwischen der Informationsrepräsentation des Informationsnutzers und der des Anbieters. Die Überwindung dieser Distanz erfordert die semantische Integration der Datenmodelle und die Berücksichtigung zahlreicher Normen und Standards. Sie setzt sowohl technologisches Know-How als auch medizinische Kompetenz voraus. Bei Informationsvermittlern kommen komplexe Informationssysteme zum Einsatz, die auf großen Datenmengen operieren. Es gehört zu den zentralen Aufgaben der Pharmatica Informationsplattform, die Informationsnutzer von der Vielfalt der Formate und Zugriffsmechanismen zu verschonen.

Was die Integrativität von Informationsdiensten letztendlich ausmacht, ist eine homogene Schnittstelle. Erst eine solche macht es sinnvoll, komplexere Applikationen zu entwickeln, welche einzelne Anwendungsszenarien unterstützen. Es muß aber irgendeine Instanz sein, welche die Integration übernimmt. Ist es nicht der Client, bleibt nur noch ein zentraler Server, denn die verteilten Dienste können sich nicht selbst integrieren. Einziger Ausweg aus dieser Situation ist eine international standardisierte und in regionale Sprachen übersetzte Klassifikation für Mittel (Arznei-, Nahrungsmittel). Gäbe es jeweils eine für die Spezialisierungen von Mitteln, könnten diese Teilbäume leicht zu einer Mittelgruppierung zusammengesetzt werden. Durch die Spalten für Codes und natürliche Namen werden Bezeichner und Inhalte voneinander entkoppelt. Die ICD demonstriert das: Mit 'S52.9' weiß weltweit jeder Arzt, daß es sich um eine Fraktur des Unterarmes handelt, auch wenn die Namen in verschiedene Sprachen übersetzt wurden.

Die Beurteilung zentraler oder dezentraler Verteilung muß auch von Rollen und Anwendungsszenarien abhängig gemacht werden. Ein Patient, der etwas über

eine Krankheit erfahren möchte, kann sich an eine der zahlreichen Verzeichnis-
dienste wenden, um sich einen Überblick über das Web-Angebot zu diesem
Thema zu machen. Verzeichnis- und Informationsdienste sind dezentral verteilt.
Ist ein Server down oder ein Link tot, muß der Patient nicht auf Information
verzichten und kann sich an andere Dienste wenden. Ist er aber an einer
einheitlichen Benutzerführung und inhaltlichen Gestaltung interessiert,
verändert sich das Bild. Ein einfacher Browser reicht bei dezentraler Verteilung
nicht mehr aus, um eine solche Einheitlichkeit zu schaffen. Eine entsprechende
Client-Applikation muß die heterogenen Quellen einzeln aufsuchen und
interpretieren, um die Daten anschließend einheitlich präsentieren zu können.
Von einem Patienten sollte man nicht verlangen, komplexe Client-
Applikationen zu installieren. Ein Browser sollte genügen, um eine Web-Site
aufzusuchen, die (manuelle) integrative Informationsdienste bereitstellt. Dies
gilt vor allem für die zahlreichen nicht-formalisierten Informationen, die beim
Patienten keine spezielle Verarbeitung durchlaufen.

Ist ein Patient jedoch gewillt, eine dedizierte Applikation einzusetzen (oder
wurde ihm eine solche verordnet), eröffnen sich völlig neue Möglichkeiten für
elektronische Gesundheitsassistenten. Denkbar wäre eine (Standalone-) Java-
Applikation zur Überwachung von Selbstmedikationen, Ernährungsgewohnheiten, Diäten und deren komplexes Zusammenspiel. Diese könnte persönliche Parameter (Alter, Ernährung, Risikofaktoren, Krankheiten) verwalten, sowie aktuelle Medikations- und Ernährungsinformationen. Unter der Annahme standardisierter semantischer Referenzsysteme bei Client und Server steht einer elektronischen Assistenz der Patienten nichts mehr im Wege. Via EDI (und PGP)
könnten die lokalen Informationen (ggf. anonymisiert) zu elektronischen Gesundheitsassistenten zur Untersuchung geschickt werden. Eine objektorientierte
(d. h. alle Mittelformen umfassende) Medikationsanalyse würde alle Ernährungsgewohnheiten und Risikofaktoren des Patienten berücksichtigen, um individuelle Hinweise, Warnungen und weiterführende Texte zu generieren.

Betrachtet man eine solche assistierende Applikation als gegeben, eröffnen sich
neue Anwendung für Push-Technologien (z. B. Webcasting), die über Werbung
und andere Marketingformen hinausgehen. Elektronische Berater für medizinische und wirtschaftliche Fragen könnten sich selbständig melden, um über Unverträglichkeiten oder preisgünstige Alternativ-Präparate aufzuklären. Beim
Patienten eintreffende Werbung und andere Materialien könnten nach seiner
individuellen Situation gefiltert werden. Sammeln sich auf einem Server Patien-
tenprofile, können daraus automatisch Foren generiert werden, die den Interessen und Situationen der Patienten entsprechen, und in denen sie Erfahrungen
austauschen und Fragen stellen können. Solche Szenarien basieren wesentlich
auf der Annahme standardisierter semantischer Referenzsysteme.

Die Integrativität von Informationsdiensten bedeutet für Benutzer, daß sie im Internet nur einen logischen Kommunikationspartner als Bezugspunkt haben. Für Patienten, welche Informationen i. a. nicht automatisiert weiterverarbeiten möchten, kann das eine Web-Site sein. Für eine Krankenhausapotheke, die an externem Wissen interessiert ist, kann es eine Organisation sein, mit der sie kooperiert. Integrierte Dienste müssen nicht zusammengesucht werden, sondern sind auf Abruf oder via Alert Service in einem einheitlichem Format verfügbar. Das DIMDI ist ein Kandidat für einen Informationsvermittler für pharmazeutische Informationen und Wissen (*Pharmatica Service Provider, PSP*). Der riesige Datenpool erlaubt komplexe Rechercheprozesse, und die Kundenprofile ermöglichen die vollautomatische Abwicklung und Initiierung von Kommunikation. Einige wenige Eigenschaften fehlen jedoch, die aber nicht vom DIMDI, sondern vom Gesundheitswesen bereitgestellt werden müssen. Dazu gehört neben einem integrierten semantischen Referenzsystem (*ISRS*) auch das Format der Alert-Nachrichten. SGML ist zwar standardisiert, nicht aber die Bezeichner für pharmazeutische Datenstrukturen (z. B. 'Gruppe_A', 'Grp_1', 'A'). Auf der anderen Seite ist der Apparat zur Standardisierung nach UN/EDIFACT bereits gegeben. Statt eines SGML-Dokuments könnte man auch XML/EDI-Nachrichten über SMTP zum Kunden schicken.

An die Verteilung der Daten werden unterschiedliche Anforderungen gestellt. Für eine Krankenhausapotheke steht es außer Frage, daß Wissen zur Medikationsanalyse lokal gespeichert sein muß. In diesem Fall dient die Kommunikation mit externen Informationsanbietern der automatischen Pflege der Wissensbasis. Anders verhält es sich beim Patienten. Dieser möchte nicht eine große Wissensbasis einrichten, um lediglich seine eigene Medikation zu testen. Aus seiner Sicht ist es vorteilhafter, seine Medikation von einem Online-Dienst analysieren zu lassen. Die Informationen, die vom Vermittler zurück zum Client fließen, stammen aus Quellen, deren spezielle Eigenschaften für den Client transparent sind. Die Herkunft von Informationen kann vor allem im Gesundheitswesen für Clients zur Vertrauensbildung relevant sein, nicht aber seine Applikation (homogene Schnittstelle). Aus technischer Sicht müssen Clients die Herkunft von Informationen nicht kennen.

Eine Entwurfsentscheidung, die eng mit der Frage der Verteilung zusammenhängt, betrifft den Zeitpunkt der Integration. Bei dezentraler Datenhaltung kann dies erst dann geschehen, wenn Daten übermittelt worden sind. Bei einem Produktvergleich müßten sogar alle Produkte zuerst übermittelt werden, bevor sie verglichen werden können, denn dann liegt die aktive Applikation beim Empfänger. Der Unterschied zur Situation des Patienten, der sich manuell informieren will, liegt darin, daß komplexere Berechnungen im Spiel sind, die alle Daten an einem Ort benötigen. Bei dezentraler Datenhaltung müssen die Operanden für Operationen zuerst übermittelt werden, bevor Berechnungen stattfinden können. Dies hätte erhebliche Netzbelastungen zur Folge, und Dienste wären äußerst ineffizient. Ein Vorteil zentraler Datenhaltung liegt darin, daß Daten bereits integriert sind, wenn Kommunikation stattfindet. Komplexe Berechnungen müssen nicht beim Client, sondern können beim Server ablaufen.

Den Sammeleffekt zentraler Datenbanksysteme sah man auch beim DIMDI, als man sich entschloß, einen großen Datenbank-Pool aufzubauen und diesen permanent zu pflegen. Dazu wurden zahlreiche Kooperationen mit anderen Institutionen entwickelt. Wann immer ein Fertigarzneimittel zugelassen wird, wird dies in BfArM-AMIS Öffentlicher Teil sichtbar. Sogar die sich in der Zulassung befindlichen Medikamente sind im nicht-öffentlichen Teil erfaßt. Mit dem Einsatz privater Netze können Zulassungsverfahren erheblich beschleunigt werden (vgl. FDA). Sowohl kunden- als auch anbieterinitiierte Kommunikation (Alert Service) ist möglich. Benutzer können nach komplexen Kriterien suchen oder suchen lassen. Mit der einheitlichen Anfragesprache (grips) sind sämtliche Datenbanken in einer (manuellen) Benutzerschnittstelle zusammengefaßt. Anfragen werden nicht etwa an die Bezugsquellen des DIMDI umgeleitet. Das DIMDI ist ein speichernder Informationsvermittler. Ist eine Gruppe speichernder Informationsvermittler gegeben, deren Schnittstellen standardisiert sind, dient die Kommunikation zwischen ihnen dem Abgleich ihrer Datenbanken. Für Benutzer sind Daten bereits integriert, wenn sie die Dienste eines PSPs nutzen.

In der Pharmaindustrie findet EDI bereits Anwendung für betriebswirtschaftliche Dokumente. In der Schweiz wird EDIPHARMA eine Vorreiterrolle zugesprochen. Betrachtet man die unterstützten Nachrichtenformate, stellt man fest, daß viele an Rollen gebunden sind (z. B. SLSRPT). Die Übertragung von Wissen sollte nicht an Rollen gebunden sein. Es gehört zu den speziellen Eigenschaften der Pharmabranche, daß Beobachtungen und Erkenntnisse in den unterschiedlichsten Kreisen (z. B. Ärzte, Labors, Patienten) entstehen. Der Austausch formalisierter Fachinformationen und Wissen erfordern andere Nachrichteninhalte, wenn sie auch nach der Kommunikation vollautomatisch verarbeitet werden sollen. Eine Auswahl von Vorschlägen soll dies demonstrieren.

Ein Nachrichtentyp zur Übertragung von Informationen über Mittel ist *PHMDRG*. Zu den strukturbildenden Attributen einer solchen Nachricht gehört ein generischer Code (z. B. EAN, Hausliste), der das Mittel im jeweiligen Kommunikationskontext identifiziert. Wünschenswert wäre eine nationale oder sogar internationale Mittelgruppierung. Für Fertigarzneimittel als Spezialisierung von Mitteln stehen in Deutschland die Schlüssel von BfArM-AMIS zur Verfügung. Diese bilden jedoch nur einen Teilbaum einer Mittelgruppierung. Eine globale Mittelgruppierung müßte Teilbäume für Spezialisierungen (z. B.

Arznei-, Nahrungsmittel) enthalten. Weiterer wesentlicher Bestandteil ist der Charakter des Mittels als Sequenz von Codes, die Gruppen einer Mittelgruppierung referenzieren. Die üblichen Fach- und Gebrauchsinformationen können auch in natürlicher Sprache (FTX) und nach Sichten differenziert enthalten sein.

Zur Übertragung von Wissen über Konflikte zwischen Gruppen einer Mittelgruppierung dient *PHMCON*. Eine solche Nachricht beinhaltet zwei geordnete Referenzen auf die interagierenden Mittel- bzw. Stoffgruppen. Sie beschreibt einen oder mehrere Konflikte zwischen Gruppen. Instanzen der Konflikte, Interaktionen, können nach regionalen, nationalen oder internationalen Referenzsystemen typisiert werden (z . B. T04 mittelschwer). Ein Konflikt kann auch, nach Sichten differenziert, in natürlicher Sprache enthalten sein. Konflikte beschreiben Wissen und repräsentieren Einschätzungen von Organisationen oder Personen. Sie sollten nach Herkunft und Sicherheit klassifiziert sein (z. B. Herstellerangaben, Beobachtungen).

Eine Medikation kann mit dem Nachrichtentyp *PHMMED* serialisiert werden. Sie besteht im wesentlichen aus einer Sequenz von Verordnungen, die jeweils ein Mittel referenzieren und eine digitale Dosierung (nur Zahlen) wie natürlichsprachliche Anwendungsweise (FTX) enthalten. Ein generischer Code dient der lokalen Identifikation bei der Instanz, bei der Medikationen anfallen. Eine solche könnte mit einer Organisation kommunizieren, welche in der Lage ist, Medikationsanalysen durchzuführen. Die nutzende Organisation packt eine Medikation anonymisiert in eine Nachricht und schickt sie an die berechnende. Diese kann mit Ergebnissen antworten. Anhand des (anonymen) generischen Codes kann der Nutzer die Medikation wieder einem Patienten zuordnen, ohne daß der Dienstleister den Code interpretieren kann.

Paßt eine Konfliktschablone auf eine konkrete Medikation, entsteht eine Interaktion. Zur Übertragung solcher Ergebnisse der Medikationsanalyse dient *PHMINT*. Sie entspricht strukturell PHMCON, enthält jedoch statt Referenzen in eine Mittelgruppierung (z. B. 10.B.2 Tetracycline) Referenzen auf konkrete Medikamente, die in die betroffene Gruppen eingeordnet sind. Zur Erklärung einer Interaktion kann (muß) der Konflikt mit übertragen werden. Es wäre ideal, wenn weltweit alle bekannten Konlikte mit Schlüsseln versehen werden. Dann würde eine Referenz auf den Konflikt als Erklärung ausreichen. Eine natürlichsprachliche Erklärung kann aus dem entsprechenden Konfliktdeskriptor bezogen werden.

Profile von Organisationen und Personengruppen müssen ebenfalls übertragbar sein, wenn sich ein Dienstleister darauf einstellen soll. Nachrichten des Typs *PHMPRO* sollen solche Profile enthalten. Sie sollten sowohl Profile großer Organisationen als auch einzelner Patienten aufnehmen können. Während ein Profil für eine Krankenhausapotheke die Arten des gewünschten Wissens (z. B. Konflikte) beschreiben kann, wird ein Profil für einen Patienten Krankheitsbilder oder Interessen widerspiegeln. Für die Automatisierung des gesamten Kommunikationsablaufs ist es vorteilhaft, verschiedene Klassen von Profilen in einem Nachrichtenformat zusammenzufassen. Wesentlich für die Interpretation von Nachrichten sind die Referenzsysteme der Kommunikationspartner. Werden auch diese in Profilen codiert, können sogar mehrere standardisierte Referenzsysteme im Spiel sein. Das bedeutet, daß die Klassifikationen der Roten Liste, der von AMIS und ABDA weiterhin verwendet werden können. Es muß lediglich durch ein Profil klar definiert sein, auf welches Referenzsystem sich ein Kommunikationsteilnehmer bezieht. Kann man sich nicht auf eine verbindliche Klassifikation einigen, muß ein globales, standardisiertes Verzeichnis aller Referenzsysteme als Mindestanforderung an das Gesundheitswesen gestellt werden. Eine Referenz auf ein Referenzsystem in einem Profil kann dann darüber informieren, auf welches sich der Teilnehmer bezieht.

Abschließende Komponente des initialen Nachichtenmodells ist *PHMREQ* zur Beschreibung des Informationsbedarfs eines Kommunikationsteilnehmers. Dazu können komplexe Rechercheaufträge gehören, wie sie beim DIMDI für Kunden hinterlegt werden. Denkt man an den Abgleich von Wissen zwischen einer Krankenhausapotheke und einem Informationsanbieter, sind auch Kriterien zur Auswahl von Wissenselementen denkbar (z. B. alle Konflikte, die seit einem Datum modifiziert oder neu bekannt wurden). Existiert ein gemeinsames Datenmodell, sind auch formalsprachliche Anfragen (z. B. SQL, OQL) denkbar. Auch dieses Format sollte unterschiedliche Ausprägungen von Informationsanforderungen kapseln.

Mit dieser initialen Gruppe von Nachrichtenformaten steht einer vollautomatischen Wissensverbreitung nichts mehr im Wege. Ein Alert Service auf der Basis von EDI (bzw. XML/EDI) in Verbindung mit einem Mail-Robot kann die Wissensbasis einer Krankenhausapotheke permanent in aktuellem Zustand halten, ohne daß menschliche Intervention erforderlich ist. Zur Identifikation von Patienten kann auf MEDPID aufgebaut werden, sowie andere existierende Formate in pharmazeutischen Informationssystemen genutzt werden können (z. B. SLSRPT). Sie sind nicht an Rollen, sondern an Wissensstrukturen gebunden. Rollen werden als Attribute codiert, so daß Nachrichtenformate von ihnen entkoppelt sind. Ob es sich um ärztliche Beobachtungen, Berichte von Verkaufsreferenten oder Patientenangaben handelt, hat keinen Einfluß auf die Struktur des Wissens. Lediglich Sicherheit und Vertrauenswürdigkeit werden davon beeinflußt. Die Sichtbarkeit der Herkunft von Wissen kann bis zur Erklärung gefundener Interaktionen reichen.

PHMDRG	*Mittel*
	Code zur eindeutigen Identifikation eines Mittels, Charakter als Sequenz von Codes, welche Gruppen einer Mittelgruppierung referenzieren, (Sequenz von Wirkungen), Preise, Verfügbarkeit
PHMCON	*Konflikt*
	geordnetes Paar (a, b) von Referenzen auf Gruppen der globalen Mittelgruppierung, Referenz auf einen Eintrag der globalen (gesetzlichen) Typisierung, naturlichsprachliche Beschreibung (FTX)
PHMMED	*Medikation*
	Sequenz von Verordnungen, jeweils Referenz auf ein Mittel, digitale Dosierung, Code zur lokalen Identifikation, weitere Anwendungshinweise (FTX)
PHMINT	*Interaktion*
	Referenz auf eine Medikation, geordnetes Paar (a, b) von Referenzen auf Mittel, geordnetes Paar (a, b) von Referenzen auf Gruppen der globalen Mittelgruppierung
PHMPRO	*Profil*
	Benutzerprofil, Rolle, Interessen, bei Ärzten Fachgebiete, etc , bei Patienten personliche Parameter, Risikofaktoren, Ernahrungsgewohnheiten, bei Unternehmen Informationsangebot
PHMREQ	*Informationsanforderung*
	Objekte (z B Mittel, Konflikte, Dokumente), Kriterien (z B Datum, Gruppen, Krankheiten), formalsprachliche Anfragen (SQL, OQL)

Abbildung 5.8: Pharmatica EDI

Bei der Entwicklung von Nachrichtenformaten für pharmazeutisches Wissen sollte man nicht den Fehler machen, den man bereits bei anderen (betriebswirtschaftlichen) Formaten gemacht hat. Es ist schön, wenn Nachrichten eines Typs eine konstante Größe haben. Medikationen haben bereits in der Realität unterschiedliche Größen und das sollte auch in den Formaten zum Ausdruck kommen. Eine feste Zahl von Verordnungseinträgen würde zwar die Weiterverarbeitung von Nachrichten vereinfachen, jedoch wären Nachrichten für die meisten Medikationen zu groß dimensioniert, und eine wenige könnten sie gar nicht erfassen. Auch hier macht das nicht-kommerzielle FidoNet vor, wie man es anders machen kann (zuerst die Anzahl, dann die Einträge).

Die beschriebenen Nachrichtenformate enthalten Strukturen, die unabhängig von pharmazeutischen Produkten und Klassifikationen sind. Daß ein Konflikt Gruppen referenziert, wird sich kaum ändern, obwohl einzelne Gruppierungen weiterentwickelt werden können. Generische Codes zeigen in solche Gruppierungen und Referenzen auf Referenzsysteme identifizieren sie und ihre Versionen, so daß eine Interpretation möglich ist. So wie die WHO Revisionen für die

ICD verabschiedet, könnten auch andere Organisationen Klassifikationen weiterentwickeln. Eine besonders ausgezeichnete Klassifikation könnte alle Gruppierungen zusammenfassen, so daß Referenzen sie identifizieren können. Eine Nachricht, in der eine Gruppe wie '10.B.2 Tetracycline' referenziert wird, würde ebenfalls eine Referenz wie 'RL98' enthalten, um die Gruppenzugehörigkeit interpretierbar zu machen. Der gesamte konzeptionelle Entwurf wäre vollständig von den Nachrichtenformaten entkoppelt. Sie müßten nie geändert werden.

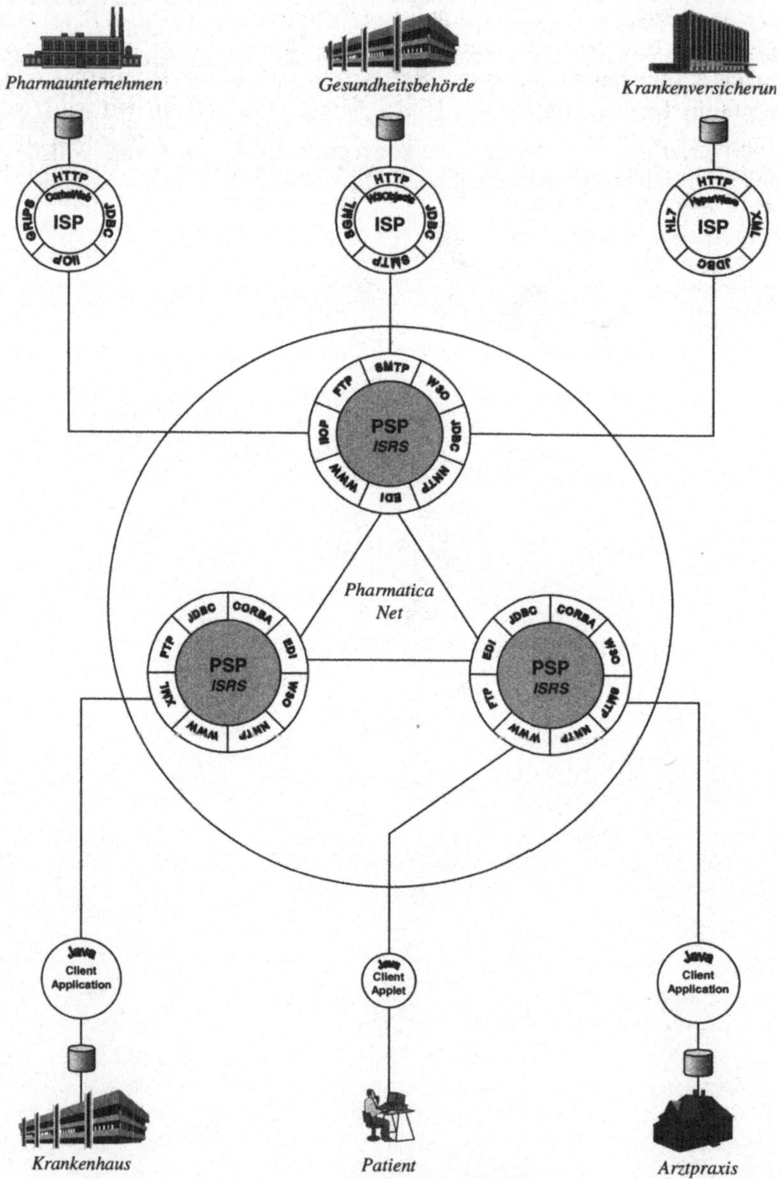

Abbildung 5.9: Pharmatica Net

5.8 Zusammenfassung

Nachdem auch die pharmazeutische Industrie den Zugang zum Internet gefunden hat, sind die technischen Voraussetzungen für integrative pharmazeutische Informationsdienste erfüllt. Was bleibt, ist die semantische Integration pharmazeutischer Datenstrukturen. Unterstützt ein Informationsvermittler viele Standards, kann er als Dolmetscher zwischen Anbieter und Nutzer auftreten. Mit digitalen Profilen kann die Client-Software die lokal unterstützten Standards anzeigen. Ein Informationsvermittler, der viele medizinische Klassifikationen unterstützt, kann mit vielen Client-Systemen kommunizieren, die selbst nur wenige Standards unterstützen. Damit übernimmt der Informationsvermittler die semantische Integration. Er kann sich darauf spezialisieren, ein komplexes semantisches Referenzsystem aufzubauen, welches die von den Kunden nachgefragten Standards integriert. Diese Integration wird durch das Gruppierungsmodell wesentlich erleichtert, denn Baumstrukturen sind der gemeinsame Nenner für alle medizinischen Klassifikationen (auch flache Listen) und sie können als Teilbäume zu einer einzigen Gruppierung zusammengefaßt werden. Die eigentliche Übersetzung der verschiedenen Sprachen kann dann als Abbildung zwischen Gruppen implementiert werden.

Die Deklaration von IS-H als Krankenhausinformationssystem und die Offenlegung von Strukturen zum Zwecke der Vervollständigung bestätigt, daß 'vollständige' Krankenhausinformationssysteme (i. w. S.) nicht durch ein homogenes Softwaresystem realisiert werden können. Ein solches System kann nur als Idealfall betrachtet werden, in dem sämtliche Anforderungen hochspezialisierter medizinischer Systeme vorhersehbar und in einer abgeschlossenen Architektur realisierbar sind. Tatsächlich sind die medizinischen Spezialgebiete zu vielfältig, als daß eine einzige Architektur sie vollständig erfassen könnte. Deshalb müssen die Integrationsfähigkeiten medizinischer Informationssysteme als primäre Qualitätsmerkmale beachtet werden. IS-H zeigt, welche Kommunikationsmechanismen möglich sind, und sie sind keine Features, sondern Mosaiksteine eines umfassenden Krankenhausinformationssystems, in dem IS-H nur eine Rahmenarchitektur darstellt.

Weil sie für das Marketing sehr häufig eingesetzt werden, werden die Begriffe 'Intranet' und 'Extranet' teilweise sehr weit ausgelegt. Einer Web-Site, die für den Zugriff auf bestimmte Bereiche Kennung und Passwort verlangt, kann man kaum ansehen, auf welcher Technologie sie letztendlich basiert. Beim Fehlen einer entsprechenden Firewall-Unterstützung (z. B. nur bestimmte Adressen durchlassen) spricht man gelegentlich auch von 'virtual Intranets'. Der Trend zur Wiederverwendung von Schlagwörtern verschleiert zunehmend ihre Bedeutung. Sowohl mit Intra- als auch Extranet-Technologien sind Sicherheitsaspekte verbunden. Während Intranets häufiger mit der organisationsinternen Lösung assoziiert werden, die einfach an das öffentliche Netz angebunden werden kann, spricht man von Extranet-Technologien mehr im Zusammenhang mit elektronischer Kooperation in Unternehmensnetzwerken.

Der schwerwiegendste Nachteil der Zentralisation besteht in der Abhängigkeit der Clients von der Funktionsfähigkeit eines Servers. Er kann umgangen werden, wenn seine Schnittstellen standardisiert sind. Der positive Sammeleffekt zentraler Datenbestände bleibt dann erhalten. Dann könnte man auch beim DIMDI EDI-Nachrichten statt Datenträger mit den Datenbankherstellern austauschen und damit die globale Kommunikation beschleunigen. Nachdem auch die Web-Sites von ABDA und BPI allmählich an Funktionalität gewinnen, zeichnet sich ein dezentrales Bild ab. Als Gruppe von PSPs betrachtet, können sie eine gemeinsame Wissensverbreitung nur auf der Basis verbindlicher Standards aufbauen. Als speichernde Informationsvermittler müssen sie untereinander automatisch kommunizieren können, um gegenüber ihren Kunden als logischer Bezugspunkt auftreten zu können.

Mit Konzepten wie SDI können die Brücken zwischen lokalen pharmazeutischen Wissensbasen medizinischer Organisationen und den Informationen aus aller Welt geschlagen werden. Auf nationaler Ebene laufen sie ohnehin beim DIMDI zusammen und werden täglich aktualisiert. Speziell 'offizielle' Informationen laufen zentral bei BfArM-AMIS zusammen und sie werden für die Bundesländer aufbereitet. Aufgrund der rechtlichen Rahmenbedingungen werden daran auch dezentrale IT-Konzepte nicht viel ändern können. Die Informationstechnologien von heute können zwar viele organisationsinterne Probleme lösen, jedoch sind ihre Grenzen auf globaler Ebene mehr auf gesundheitspolitische Aspekte zurückzuführen. Dazu gehört die internationale Einigung auf standardisierte Gruppierungen für formalisierte Fachinformationen (z. B. Mittel, Wirkungen). Die ICD zeigt, daß das weltweite Gesundheitswesen zu solchen Einigungen fähig ist. Es wird sich zeigen, daß auf der Basis eines ereignisgesteuerten Alert Service der vollautomatische und stetige Informationsaustausch zwischen Informationsanbietern wie dem DIMDI und einer medizinischen Organisation keine Frage der Darstellbarkeit oder der Überwindung von Entfernungen mehr ist.

6 Ausblick

Seit der Vision von Bush ist einige Zeit vergangen und ihr Grundgedanke ist immer noch aktuell. Die besagten wissenschaftlichen Aufzeichnungen haben sich seitdem so stark vermehrt, daß der Wunsch zu einer Notwendigkeit geworden ist. Die technischen Möglichkeiten dazu sind längst gegeben, und sie decken ganz andere Barrieren auf, die der elektronischen Verbreitung von pharmazeutischem Wissen entgegenstehen. Die begrenzte Übersetzbarkeit von Gruppierungen zeigt, daß es nicht fehlende Datenstrukturen oder Nachrichtenformate sind, welche die engen Grenzen bestimmen. Die Modellierung von Wechselwirkungen als Konflikte und Interaktionen zeigt, daß es auch die Formalisierbarkeit nicht ist, welche die automatische Kommunikation behindert. Sämtliche technischen Schwierigkeiten sind geringfügig gegenüber dem Fehlen eines globalen semantischen Referenzsystems.

Obwohl kein globales semantisches Referenzsystem existiert, kann seine Struktur formalisiert werden. Gruppierungen beschreiben die abstrakte Meta-Struktur eines Referenzsystems und fassen alle Referenzsysteme in einer Datenstruktur zusammen. Aus den zahlreichen Informationskategorien von Medikamenten wurden Wechselwirkungen als die komplexesten herausgegriffen und sie sollten ursprünglich die Grenzen der Formalisierbarkeit aufzeigen. Diese Grenzen mögen existieren, jedoch spielen sie kaum eine Rolle, solange es kein standardisiertes Referenzsystem gibt. Formalisierbar ist alles, was auch in der Realität definiert, strukturiert und geordnet ist. Interpretierbar ist es damit noch lange nicht, wenn Definitionen, Strukturen und Ordnungen variieren. Die engste Grenze der Nutzung der Informations- und Kommunikationstechnologien für die Informationsflüsse im Gesundheitswesen ist das Fehlen einer gemeinsamen Sprache.

Neben einer standardierten Sprache stellt auch die Modellierung pharmazeutischer Datenstrukturen eine Herausforderung dar. Das gilt besonders für Anwendungen mit intensiven Berechnungen, wie sie z. B. in einer Krankenhausapotheke anfallen. Speziell von der Strukturierung von Verordnungen hängt es ab, ob ein Informationssystem sie nur wiedergibt bzw. an die Fertigungsmaschine weiterleitet, oder ob es den krankenhausversorgenden Apotheker mit intelligenten Hinweisen unterstützt ('mitdenkt'). So wie betriebswirtschaftliche können auch medizinische Anwendungen von den Grundlagen der Informatik profitieren. Man denke nur an die Netzplantechnik und übertrage die Modellierung zeitlicher Abhängigkeiten und Anordnungsbeziehungen von Vorgängen auf Verordnungen. In Gummersbach möchte man solche Abhängigkeiten zwischen Verordnungen erfassen, etwa daß zwischen zwei Verordnungen mindestens eine bestimmte Zeitspanne liegt. Die logischen Tageszeiten (mo, mi, ab, na) reichen dazu nicht aus.

Strukturen pharmazeutischer Fachinformationen bilden die Grundlage für ihre interne und externe Repräsentation. Ohne ihre Kenntnis können die Vorteile von Hypermedien kaum ausgeschöpft und analytische Berechnungen nicht implementiert werden. Man könnte die Existenz von Hypermedien und modernen Modellierungsmethoden auch als Herausforderungen für Experten betrachten, die medizinische Dokumentation stärker zu formalisieren. Das Fehlen eines Formalismus für Wirkungen von Arzneimitteln ist nur ein Beispiel dafür, daß neue Medien 'Unordnung' in dokumentiertem Expertenwissen sichtbar machen. Diese Unordnung betrifft nur die Dokumentation. Kennt auch jeder Arzt die Kategorien von Arznei-Wirkungen, so wurden sie dennoch bisher nicht formal notiert. Der Grund dafür, daß solche Systematisierungen nicht existieren, liegt nicht zuletzt darin, daß sie in der Medizin bisher vorwiegend Abrechnungs- und Statistikzwecken dienten (z. B. ICD), nicht aber der Wissensrepräsentation.

Die Wissensrepräsentation auf der Basis von Klassifikationen basiert auf Ordnungen, die einen Gegenstandsbereich jeweils nach bestimmten Kriterien und Merkmalen systematisieren. Eine wesentliche Erkenntnis für die Darstellung pharmazeutischen Wissens beruht darauf, beliebig viele solcher Klassifikationen und damit beliebig viele Kriterien und Merkmale für die Ordnung des Wissens zuzulassen. Erst dadurch kann das einem Mittel zugeordnete Wissen anwachsen und ist nicht auf eine einzelne Einordnung beschränkt. Obwohl das gesamte Wissen beliebig anwachsen kann, bleibt die Herkunft einzelner Aussagen verfügbar. So können unterschiedliche Sichten auf unterschiedlichen Gruppierungen beruhen und auch bei der externen Repräsentation berücksichtigt werden. Obwohl das Wissen über ein einzelnes Objekt beliebig anwachsen kann, ist es in der elementaren Datenstruktur des Charakters darstellbar. Seine maximale Länge ist systemabhängig und wird wahrscheinlich nie erreicht. Sie ist vor allem variabel: Über ein Objekt, dessen Charakter viele Gruppenreferenzen umfaßt, weiß man mehr als über ein Objekt, das nur in wenige Gruppen eingeordnet wurde. Medikamente sind neben Allergien und Risikofaktoren nur ein Beispiel für solche Objekte.

Unter der Annahme eines globalen semantischen Referenzsystems könnte eine zukünftige Anwendung darin bestehen, daß die digitale Charakterisierung eines Fertigarzneimittels wie seine natürlichsprachlichen Fach- und Gebrauchsinformationen zu seiner Dokumentation gehört. Dabei stellen EDI und SDI die technologischen und konzeptionellen Mittel dar, um neues Wissen effizient zu verbreiten. Zu den potentiellen Nutzern gehören vor allem Krankenhausapotheken, aber auch viele andere Gesundheitsorganisationen, die heute Arzneimittel-

Informationssysteme einsetzen. Durch den Einsatz von Mail-Robots kann der gesamte Wissensaustausch ohne menschliche Intervention abgewickelt werden. Dennoch können die Strategien der Verbreitung und die Richtung des Informationsflusses modelliert werden. So könnten in Zukunft Ärzte als Nutzer eines SDI-Dienstes selbst ihre lokale Wissensbasis um eigene Erfahrungen erweitern, die regelmäßig auch zur Informationsquelle zurückfließen. Wesentlich ist die Konfigurierbarkeit der Interessen beider Seiten, etwa nach der Vertrauenswürdigkeit (Herkunft) des Wissens, oder nach seiner Wichtigkeit (z. B. Typ von Interaktionen).

Das Gruppierungsmodell ist eine Verallgemeinerung einer Arzneimittel-Klassifikation, wie sie bspw. in der Roten Liste verwendet wird. Danach enthält eine Wissensbasis einen großen Pool von Gruppen und ihre Zugehörigkeit zu jeweils einer bestimmten Gruppierung spiegelt unterschiedliche Kategorisierungen und Zerlegungsstrategien wider. Auf der Basis des so entstehenden umfassenden Vokabulars können allgemeine Regeln in Form von Gruppenbeziehungen definiert werden, welche das eigentliche Wissen darstellen. Dieses indirekte Wissen ist von den Objekten, die es betrifft, entkoppelt. Erst durch die Einordnung der Objekte in beliebig viele Gruppen kann das allgemeine Wissen auf sie angewendet werden. Dabei wird speziell die hierarchische Struktur der Gruppierungen berücksichtigt und implizite aus expliziten Aussagen hergeleitet.

Pharmazeutische Informationsstrukturen sind das Ergebnis einer Modellierung, welche die Formalisierung von Information und Wissen erfordert. Nur wenn Datenmodelle unabhängig von konkret verwendeten Gruppierungen sind, können sie für eine problemorientierte externe Repräsentationen herangezogen werden. Strukturen machen Fachinformationen maschinell kombinierbar und inhaltlich vergleichbar. Die Medikationsanalyse ist nur eine ihrer Anwendungen. Im Rahmen der Medikationsanalyse werden Medikationen in ihre Bestandteile zerlegt und diese auf die Existenz kritischer Beziehungen hin untersucht. Dabei besteht grundsätzlich die Zielsetzung, unerwünschte Wirkungen zu identifizieren und durch zuvor erfaßte Aussagen zu erklären. Die Richtung dieser Berechnung ist einseitig: Zu einer gegebenen Medikation werden deren unerwünschte Wirkungen berechnet. Ist ein Modell unter dieser Zielsetzung einmal entwickelt worden, könnte man die Sicht umkehren und fragen, welche weiteren Anwendungen auf seiner Basis realisierbar sind.

Als eine solche Anwendung könnte sich eine *Medikationssynthese* herausstellen: Der Arzt 'konstruiert' eine Medikation (zunächst) allein durch eine Auswahl erwünschter Wirkungen und Bestimmung ihrer Parameter (z. B. Intensitäten). Dreht man die Richtung der Informationsverarbeitung bei der Medikationsanalyse um, könnte man die von einer zunächst unbekannten Medikation bezweckten erwünschten Wirkungen als gegeben und als Input einer umgekehrten Berechnung betrachten. Ein pharmazeutisches Informationssystem könnte aus dieser Eingabe Medikationen vorschlagen, möglicherweise sogar eine 'optimale' Medikation berechnen, etwa die, welche alle erwünschten Wirkungen besitzt und ein Minimum an Neben- und Wechselwirkungen aufweist. Was in diesem Zusammenhang optimal bzw. minimal ist, sei dahingestellt. Es ist die Aufgabe von Medizinern, zusammen mit Informatikern einen solchen Formalismus zu entwickeln bzw. ihr Expertenwissen in eine entsprechende digitalisierbare Ordnung zu bringen. Ordnung ist das Mittel zur Realisierung der beiden hohen Ziele des Gesundheitswesen. Sie führt nicht nur zur Kostenreduktion, sondern kommt auch der Qualität von Behandlungen zugute.

Pharmazeutische Informationsstrukturen machen Expertenwissen besser nutzbar und ermöglichen neue Anwendungen. Sie erfordern im wesentlichen eine präzise Ordnung des Gegenstandsbereichs. Eine Aufgabe wie die Medikationssynthese erfordert u. a. eine Klassifikation medizinischer Wirkungen. Diese sind ebenfalls als Gruppierungen darstellbar und die Einordnungen und Charaktere der Medikamente würden sie, wie alle anderen Arzneimittel-Eigenschaften auch, in der elementaren Datenstruktur der Gruppe erfassen. Dies zeigt auch die Unabhängigkeit des Gruppierungsmodells von allen Anwendungsszenarien, denn der Grund, warum ein Objekt in eine Gruppe eingeordnet ist, spielt technisch keine Rolle. Nur der Arzt kennt ihn. Ob sich in einer Gruppe Objekte zusammenfinden, weil sie bestimmte Wirkungen haben, bestimmte Stoffe enthalten oder weil sie einzelne Therapien unterstützen, ist völlig unabhängig von dem zugrundeliegenden Modell. Das digitale Wissen kann zur Laufzeit beliebig anwachsen und es kann exakt so präzise erfaßt werden, wie es das Vokabular der Medizin zuläßt.

7 Anhang

7.1 Abbildungen

7.2 Notationen

ER-Modellierung

Die *Entity-Relationship-Modellierung* wurde Ende der siebziger Jahre von Chen vorgestellt und basiert auf unterscheidbaren Objekten (*entities*) und deren Beziehungen (*relationships*). Die Mächtigkeit von ER-Modellen wird häufig unterschätzt, nicht zuletzt deshalb, weil sie auf die Darstellung von *ER-Diagrammen* beschränkt wird. Für die ER-Modellierung existiert auch eine fundierte mathematische Basis. Die Darstellungen von Akkumulation, Aggregation, etc. werden in erweiterten ER-Modellen um objektorientierte Konstrukte wie Vererbung durch IS-A-Beziehungen ergänzt. In der Literatur werden viele Datenbankmodelle an ihrer Transformierbarkeit von ER-Modellen gemessen. Es existieren Standard-Algorithmen zur Übersetzung von ER-Modellen in das nur noch in Ausnahmefällen relevante *Netzwerkmodell*, sowie in das *Relationenmodell* und in *objektorientierte Modelle*. Die Ebene der ER-Modellierung ist dennoch völlig frei von jeglichen Annahmen über ein konkretes kommerzielles DBMS.

[Elmasri94], [Vossen94]

EER-Notation

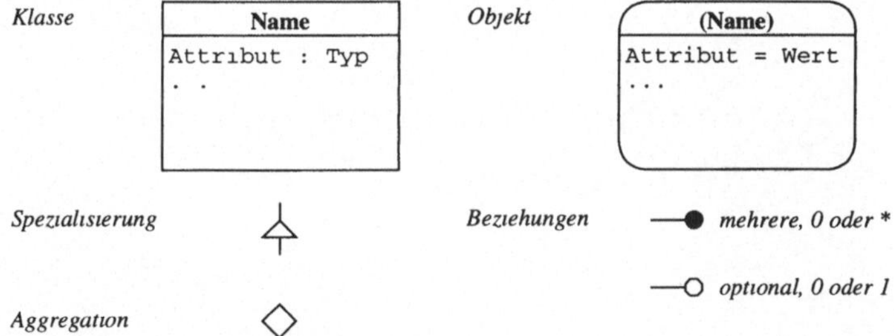

Zitate

'sinngemäß', "wörtlich"

7.3 Normen und Standards

[ASTM/E1460]   American Society for Testing and Materials. E 1460 Standard Specification for Defining And Sharing Modular Health Knowledge Bases (Arden Syntax for Medical Logic Modules). ASTM Standards, v 14.01. Philadelphia: ASTM, 1992; 539-87

[ISO/1087]   Terminology - Vocabulary, 1990

[ISO/7498]   Information processing systems - Open Systems Interconnection - Basic Reference Model, 1984

[ISO/IEC/2382-1] Information technology - Vocabulary -Part 1: Fundamental terms, 1993

[ISO/IEC/2382-20] Information technology - Vocabulary - Part 20: System development, 1990

[ISO/IEC/9646-1] Information technology - Open Systems Interconnection - Conformance testing methodology and framework - Part 1: General concepts, 1994

[DIN/1301]   Einheiten (*Système International d' Unitès, SI*)

7.4 Datenbanken

Datenbank/ Fachgebiete	Umfang/ Aktualisierung	Inhalt/ Nachweise
ABDA-PHARMA- Wirkstoffdossiers *Pharmazie, Pharmakologie,* *Toxikologie*	2666 DE unregelmaßig	Es werden chemische, pflanzliche, homoopathische und anthroposophische Dossiers nachgewiesen Die Datenbank enthalt besonders fur die chemischen Wirkstoffe ausfuhrliche Beschreibungen mit Angaben zum Beispiel zu Stoffeigenschaften, Pharmakologie, Toxikologie, Pharmakokinetik, klinische Angaben
ABDA-PHARMA- Fertigarzneimittel *Pharmazie, Pharmakologie*	144580 DE monatlich	Handelsname, Darreichungsform, Abgabebestimmungen, Ausbietungsdatum, Indikationen, ATC-Code, Herstelleradresse, Zusammensetzung, Stoffinformation zu den einzelnen Arzneistoffen aus der Zusammensetzung, Warnhinweise, Kontraindikationen, Nebenwirkungen, Dosierung, Haltbarkeit, Angaben zu den Interaktionen
ABDA-PHARMA- Interaktionen *Arzneimittelinteraktionen*	482 DE 4-5 mal / Jahr	Eine Interaktionsmonographie besteht aus 1) einer Schnellinformation mit den beiden interagierenden Gruppen, der Bedeutung der Interaktion, dem Typ der Interaktion und einer kurzen Beschreibung des Effektes, 2) einem Textteil mit Effekt, Mechanismus, Maßnahmen und Kommentar und 3) einem Stoffteil mit den jeweiligen Interaktionspartnern (Arzneistoffe/Fertigarzneimittel) in 2 getrennten Gruppen aufgelistet
ABDA-PHARMA- Arzneistoffe *Arzneistoffinformationen*	28671 DE monatlich	1) Daten zur Identifizierung der Substanz Name, Synonyme, CAS-Nummer, Summenformel), 2) chemischphysikalische Eigenschaften Molekulargewicht, Basizitat, Brechungsindex, Loslichkeit, Siedepunkt, Schmelzpunkt, Spezifische Drehung, 3) Daten zur medizinischen Anwendung Dosierung, Maximaldosen, Indikation, Verschreibungshochstmengen
BfArM-AMIS *Arzneimittel, Pharmazie*	100000 DE taglich	Zu Arzneimitteln werden u a nachgewiesen Arzneimittelbezeichnung, Zulassungsnummer (auch EU-Zulassungsnummer), Datum der Erteilung, der Verlangerung oder des Erloschens einer Zulassung, Name und Anschrift der pharmazeutischen Unternehmen, Darreichungsform, Anwendungsgebiete und -art, Zielgruppe, Indikationen (ATC-Code), wirksame Bestandteile nach Art und Menge (weitere Bestandteile ohne Mengenangaben) Zu Arzneistoffen sind enthalten Vorzugsbezeichnung, Synonyme, CAS (Chemical Abstracts Service) - Reg Nummer und andere Stoffinformationen
Excerpta Medica Data BASE (EMBASE) *Humanmedizin und Randgebiete, biologische Grundlagenwissenschaften*	6597135 DE wochentlich	Besonderer Schwerpunkt Arzneimittel und Wirkstoffe (Pharmakologie, Wirkungen, Nebenwirkungen) Nachgewiesen werden u a Autor(en), Titel, bibliographische Angaben, Schlagworter, Abstracts
MEDLINE *gesamte Medizin, einschließlich Zahn- und Veterinarmedizin*	8773544 DE wochentlich, Jan/ Feb nur monatlich	Außerdem Randgebiete wie z B Biologie, Biochemie, Biophysik und Psychologie Nachgewiesen werden u a Autor(en), Titel und sonstige bibliographische Angaben, Schlagworter, Abstracts seit 1975 (60 %)

Side Effects of Drugs Database (SEDBASE) *Arzneistoffnebenwirkungen, Arzneistoffinteraktionen*	43867 DE halbjahrlich	Volltextdatenbank von Elsevier Science Publishers, die verlaßliche und kritisch bewertete Ubersichten uber relevante Arzneistoffnebenwirkungen und Arzneistoffinteraktionen enthalt Die Datenbank entspricht inhaltlich den Buchserien 'Meyler's Side Effects of Drugs' und 'Side Effects of Drugs Annuals'
DERWENT DRUG FILE (DDF) *Arzneimittel und pharmazeutische Wissenschaften*	708000 DE wochtentlich	englischsprachige Literaturdatenbank Nachgewiesen werden bibliographische Angaben, inhaltsbeschreibende Schlusselworter und Abstracts (100 %) Neuzugange jahrlich ca 52 000 DE
International Pharmaceutical Abstracts (IPA) *Pharmazie*	262034 DE monatlich	Literaturdatenbank auf dem Gebiet der Pharmazie, entspricht dem gleichnamigen Referateorgan
Environmental Chemicals Data and Information Network (ECDIN) *Toxikologie, Okotoxikologie, Umweltverhalten, Produktionsdaten, Arbeitsmedizin*	122496 DE z Zt keine	Faktendatenbank uber potentiell fur die Umwelt gefahrliche Substanzen Nachgewiesen werden CAS-Reg Nr , Synonyme, Summenformeln, toxikologische und arbeitsmedizinische Daten, Angaben zum Umweltverhalten, Produktionsdaten, chemisch-physikalische Eigenschaften, gesetzliche Regelungen, Entsorgungsempfehlungen
Registry of Toxic Effects of Chemical Substances (RTECS) *Toxikologie*	136697 DE vierteljahrlich	Nachgewiesen werden CAS-Nr , CAS-Vorzugsbezeichnungen, Synonyma, Molekulargewicht, Summenformeln, Karzinogenitatsstudien, Mutagenitatsstudien, allgemeine Toxizitatsstudien, Studien, die sich auf die Fortpflanzung, Haut- oder Augenirritationen beziehen, Ubersichtsartikel uber Toxikologie und Karzinogenese, Grenzschwellenwerte und gesetzliche Regelungen fur chemische Substanzen in den USA
CHEMical Dictionary on LINE (CHEMLINE) *terminologische Angaben fur chemische Substanzen*	1495754 DE 2-monatlich	Nachgewiesen werden CAS (Chemical Abstracts Service) - Vorzugsbezeichnungen, CAS-Reg Nummern, Synonyme, Summenformeln, lineare Verschlusselungen von Ringstrukturen

7.5 Glossar

Arzneimittel (drugs)

Medikamente, Pharmaka: pflanzliche, tierische oder synthetisierte Stoffe, die gemäß Arzneimittelgesetz bestimmt sind zur Diagnostik (Diagnostika) oder in geeigneter Dosierung als Therapeutika zur Beeinflussung von Zuständen oder Funktionen des Körpers, als Ersatz für natürlich vom menschlichen oder tierischen Körper erzeugte Wirkstoffe oder Körperflüssigkeiten sowie zur Beseitigung oder zum Unschädlichmachen von Krankheitserregern, Parasiten oder körperfremden Stoffen. International gebräuchlich ist die Angabe des Freinamens (INN).

[Roche87]

Arzneimittelallergie (drug allergy)

von Dosis und pharmakologischer Wirkung unabhängige Überempfindlichkeit gegen bestimmte Arzneimittel

[Roche87]

Arzneimittel-Darreichungsformen

z. B. Tabletten, Dragees, Tropfen, Sirup, Salbe, Gelee, Injektions-, Infusionslösungen

[Roche87]

Arzneimittelprüfung (drug study)

Prüfung von Arzneimitteln zum Schutz von Probanden und Patienten nach den Richtlinien des Arzneimittelgesetzes. Nach Ausschluß tierexperimentell nachweisbarer akut-toxischer Wirkungen erfolgt die Arzneimittelprüfung in mehreren vorklinischen und klinischen Schritten am Menschen.

Phase I:	Verträglichkeitsprüfung an wenigen gesunden Versuchspersonen
Phase II:	Prüfung zur Wirksamkeit und relativen Ungefährlichkeit an ca. 50 bis 300 Personen
Phase III:	Prüfung nach bestätigter relativer Ungefährlichkeit an einem großen Kollektiv (mehrere tausend Personen) auf seltene Nebenwirkungen
Phase IV:	Prüfung nach bereits erfolgter Zulassung; dient dem Zweck, das Arzneimittel mit seinen Risiken genau zu charakterisieren

[Roche87]

Computerdiagnostik

medizinische Diagnostik mit Einsatz elektronischer Datenverarbeitung (EDV).
Prinzip: Bewertung der im Individualfall erfaßten Beschwerden und Befunde
anhand ihres Vorkommens bei definierten Krankheiten, d. h. durch Vergleich
der Symptomenmuster (die Maschine erstellt nach der Korrelation der Merkmale eine Liste der mit mehr oder weniger Wahrscheinlichkeit in Frage kommen-
den Diagnosen).

[Roche87]

Diagnose

Unter *Diagnose* versteht man die Erkennung einer Krankheit.

[ratiopharm97[*]]

Dosierung (dosage)

Dosierung ist die Anleitung zur Einnahme eines Arzneimittels. Sie beinhaltet:
wieviel, wie oft, wie lange und auf welche Weise das Arzneimittel eingenommen werden muß.

die durch individuelle (patienteneigene) und stofflich-pharmakologische sowie
therapeutisch-schematische Faktoren bestimmte Mengenangabe (Gesamt-, Ein-
zeldosis) für ein Heilmittel oder für Röntgenstrahlen bzw. für sonst etwas Meß-
bares. Bei Heilmitteln werden 4 Dosierungsstufen unterschieden: tödlich (letal),
giftig (toxisch), wirksam, unwirksam.

[Roche87], [ratiopharm97[*]]

Dosis (dose)

die Arzneiabgabe, i. e. S. deren verordnetes Maß (Gewicht).

[Roche87]

Dosis-Wirkungs-Kurve

Kurve mit Darstellung der Wirkungsstärke eines Wirkstoffs (in Prozent der ma-
ximalen Wirkungsstärke).

[Roche87]

Ernährung (nutrition, feeding)

Zufuhr und Aufnahme der zur Erhaltung des Lebens, d. h. des Betriebs- und
Baustoffwechsels, notwendigen Flüssigkeit und festen Nährstoffe.

[Roche87]

Indikation (indication)

Indikation ist der Grund für eine bestimmte Maßnahme bezüglich Behandlung
oder Diagnose. Bei Medikamenten spricht man von einer Indikation, wenn ein
bestimmtes Anwendungsgebiet, bzw. eine zu behandelnde Krankheit gemeint
ist. In Abhängigkeit von der Erkrankung wird unterschieden in:

1. *absolute Indikation* (zwingende Indikation):
Wird die Behandlung der Erkrankung nicht durchgeführt, würde dem Patienten damit Schaden zugefügt. Dies gilt insbesondere bei Lebensgefahr (vitale Indikation)

2. *relative Indikation*:
Durch die Erkrankung besteht nur eine bedingte Gefährdung des Patienten. Für die Behandlung der Erkrankung kommen mehrere sinnvolle Alternativen in Betracht. Deshalb sind hier hinsichtlich der Nebenwirkungen strenge Maßstäbe anzulegen.

Indikation: die (Heil-) Anzeige; Grund oder Umstand, eine bestimmte (ärztliche) Maßnahme durchzuführen, die nach Abschätzen des möglichen Nutzens und Risikos - unter Beachtung etwaiger Kontraindikationen - (für den Patienten) sinnvoll ist.

[Roche87], [ratiopharm97*]

Interaktion (interaction)

Wechselwirkung, z. B. zwischen Personen, Medikamenten

[Roche87]

Kontraindikation (contraindication)

Gegenanzeige; Umstände (z. B. Lebensalter, Schwangerschaft, eine bestimmte Krankheit bzw. Arzneimittel-behandlung), die eine - an sich angezeigte - Maßnahme verbieten (einer Indikation entgegenstehen).

[Roche87]

Medikament (medicine, remedy)

Arzneimittel

[Roche87]

Medikation (medication)

Medikation ist gleichbedeutend mit medikamentöser Therapie bzw. mit Einnahme eines oder mehrerer Arzneimittel.

[ratiopharm97*]

Arzneimittelverordnung, -anwendung

[Roche87]

Monopräparat

Ein *Monopräparat* ist ein Fertigarzneimittel, das als arzneilich wirksamen Bestandteil nur einen einzigen Wirkstoff enthält.

[BPI88]

Nährstoffe (nutrients)

die für die Ernährung erforderlichen Nahrungsbestandteile, Kalorienträger (Kohlenhydrate, Fette,und Eiweiß einschließlich der essentiellen Amino- und Fettsäuren), Schutzstoffe (Ergänzungsstoffe, v. a. Vitamine), Salze und Wasser.

[Roche87]

Nahrungsmittelallergie (food allergy)

Allergie, die durch die Bestandteile (v. a. Eiweiß) von Lebensmitteln als Allergen hervorgerufen wird.

[Roche87]

Nebenwirkung (side effect)

jeder nicht erwünschte Effekt einer Maßnahme oder eines Arzneimittels; bekannt und voraussehbar, oder aber unerwartet; Lehre von den Nebenwirkungen: Pharmakosologie

Die folgende Klassifikation von Nebenwirkungen verdeutlicht noch einmal die hierarchische Struktur aller Gruppierungen ([Roche87], S. 1212):

Gruppe I	toxische Reaktionen 1 durch Intoxikation 2 durch Idiosynkrasie
Gruppe II	Nebenwirkungen oder unerwartete Wirkungen 1 durch verschiedene Pharmaka 2 durch bestimmte pharmakodynamische Gruppe 3 durch gleichzeitige Gabe mehrerer Pharmaka (Wechselwirkung)
Gruppe III	Reaktionen durch Stoffwechselstorung 1 uber gestorte Enzymaktivitat 2 als anderweitiger Stoffwechseleffekt
Gruppe IV	Reaktionen durch Arzneimittelabhangigkeit 1 psychische Abhangigkeit 2 physische Abhangigkeit
Gruppe V	Reaktionen durch Sensibilisierung 1 allergische a) vom Soforttyp b) akzeleriert c) vom Spattyp 2 anaphylaktische 3 allergieahnliche durch Histaminfreisetzung
Gruppe VI	Reaktionen durch Lichteinwirkung 1 phototoxische 2 Photosensibilitat
Gruppe VII	Teratogene und embryotoxische Reaktionen 1 teratogene Wirkungen 2 embryotrope Toxizitat 3 perinatale Toxizitat 4 selektive neonatale Toxizitat
Gruppe VIII	biologische Reaktionen

[Roche87]

Pharmakologie (pharmacology)

Lehre von der Wirkung fremder und körpereigener Stoffe auf den Organismus sowie der Nutzung bestimmter chemischer Stoffe als Heilmittel (Pharmaka).

[Roche87]

Therapeutikum (therapeutic)

Arzneimittel, Therapieanlage

[Roche87]

Therapie (therapy)

Maßnahmen zur Heilung einer Krankheit

[Roche87]

Verordnung (prescription)

ärztliche Verordnung: Rezept: urkundlich rechtsgültige, schriftliche Anweisung eines - hierfür haftenden - approbierten Arztes oder Zahnarztes zur Ausführung bestimmter diagnostischer therapeutischer Maßnahmen, v. a. aber - an Apotheken gerichtet - zur Abgabe eines Arzneimittels

[Roche87]

Wirkstoffe (active agents, substances)

definierbare Elemente und Verbindungen, die biologische Wirkungen auslösen

[Roche87]

Wirkung (activity)

die durch Wirkstoffe (Pharmaka) ausgelösten Veränderungen biologischer Funktionen und/oder Strukturen

[Roche87]

Wechselwirkung (interaction)

'Phänomen der veränderten Arzneimittelwirkung' (i. S. von Verzögerung und Beschleunigung, qualitative und quantitative Abwandlung etc.) bei gleichzeitiger oder aufeinanderfolgender Gabe verschiedener Mittel. Ursprünglich der Begriff für alle Nebenwirkungen

[Roche87]

7.6 Stichwortverzeichnis

7.7 Referenzen

Literatur

[AMG94]   Gesetz über den Verkehr mit Arzneimitteln (Arzneimittelgesetz), 24. August 1976 (BGBl. I S. 2445); in der Fassung der Bekanntmachung vom 19. Oktober 1994 (BGBl. I S. 3018)

[Anderson97]   Anderson, James G: Clearing the Way for Physician's Use of Clinical Information Systems; in Communications of the ACM, Vol. 40, No. 8; New Technologies in Health Care; 8/1997; 83-90

[Angus97a]   Angus, Jeff: Worldwide Vision; in: InformationWeek, 649, 22. 9. 1997; [IW97*]

[Angus97b]   Angus, Jeff; Patel, Jeetu: Manage Documents Via The Web; in: InformationWeek, 653, 20. 10. 1997; [IW97*]

[ApBetrO95]   Verordnung über den Betrieb von Apotheken (Apothekenbetriebsordnung, ApBetrO) vom 9. Februar 1987 (BGBl. I S. 547) in der Fassung der Bekanntmachung vom 26. September 1995 (BGBl. I S. 1195) (BGBl. III 2121-2-2)

[Appelrath95]   Appelrath, H. J.; Behrends, H.; Jasper, H.; Zukunft, O.: Case Studies on Active Database Applications: Lessons Learned; Universität Oldenburg, Fachbereich Informatik, Technical Reports, TR-IS-AIS-95-01, Januar 1995

[Baetcke96]   Baetcke, Hans-Hermann; Helmecke, Dorothee; Plener, Hans-Ulrich; Schuchmann, Horst W.; Wolz, Dietmar: Computergestützte Arzneimittelinformationssysteme: APV-Leitlinie für die Integration der ABDA-Datenbank in Warenwirtschaftssysteme; APV-Fachgruppe Arzneimittelinformation, Mainz, 15. Oktober 1996; Sonderdruck aus PZ PRISMA, 4. Jahrgang 1997, Nr. 1

[Baud96]   Baud, Robert; Lovis, Christian; Rassinoux, Anne-Marie; Michel, Pierre-André; Scherrer, Jean-Raoul: Extracting Linguistic Knowledge from an International Classification; Division d'Informatique Médicale and Département de Médecine; Division of Biomedical Informatics, Vanderbilt University, Nashville, TN, USA; University Hospital of Geneva, 1211 Geneva 14, Switzerland; 5. 12. 1996

[Bodemann96]   Bodemann, Jörn: Problembereichsanalyse für ausgewähl-
                 te medizinische Bereiche; Diplomarbeit am Fachbereich
                 Informatik der Universität Dortmund; Gutachter: Hass-
                 elbring, Doberkat; 27. 8. 1996

[Boles96]   Boles, Dietrich; Dreger, Markus; Großjohann, Kai: Me-
                 Doc Information Broker, Harnessing the Information in
                 Literature and Full Text Databases; OFFIS Oldenburg,
                 FU Berlin, Uni Dortmund; 17. 6. 1996

[Booch94]   Booch, Grady: Object-Oriented Analysis and Design,
                 with Applications; 2nd edition, Addison-Wesley, 1994

[Booker97]   Booker, Ellis: HMO's Rx: An Intranet - Vytra links doc-
                 tors in pioneering effort; in: InternetWeek, 692, 1. 12.
                 1997; [INetWeek97*]

[BPI88]   Bundesverband der Pharmazeutischen Industrie: Rote
                 Liste 1988, Verzeichnis von Fertigarzneimitteln der Mit-
                 glieder des Bundesverbandes der Pharmazeutischen In-
                 dustrie e. V., Editio Cantor Verlag; Aulendorf, Württ.;
                 1988

[BPI93]   Bundesverband der Pharmazeutischen Industrie: Rote
                 Liste 1993, Arzneimittelverzeichnis des BPI, Bundesver-
                 bandes der Pharmazeutischen Industrie e. V., Editio Can-
                 tor Verlag; Aulendorf, Württ.; 1993

[Breu97]   Breu, Michael; Brüggemann-Klein, Anne: Der MeDoc-
                 Dienst, in: Informatik, Schweizer Informatiker Gesell-
                 schaft, 1, Januar 1997

[Brüggemann95]   Brüggemann-Klein, Anne, et. al.: Informatik und die In-
                 formationsgesellschaft der Zukunft, in: Informatik Spekt-
                 rum, 18, 1995

[Bush88]   Bush, Vannevar: As We May Think, The Atlantic
                 Monthly 1948 Reprinted in Computer-Supported Coope-
                 rative Work: A Book of Readings, (Greif, Irene, ed.). San
                 Mateo, California: Morgan-Kaufmann, 1988

[Caldwell97a]   Caldwell, Bruce: Swiss Drug Giant Outsources To IBM;
                 in: InformationWeek, 22. 4. 1997; [IW97*]

[Caldwell97b]   Caldwell, Bruce: McKesson Adds IT Unit Company to set global IT standards for drug distribution business; in: InformationWeek, 662, 22. 12. 1997; [IW97*]

[Charniak85]   Charniak, Eugene; McDermott, Drew: Introduction to Artificial Intelligence, Addison-Wesley, 1985

[Chen96a]   Chen, I. A.; Markowitz, V. M.: An Overview of the Object-Protocol Model (OPM) and OPM Data Management Tools, Data Management Research and Development Group, Information and Computing Sciences Division, Lawrence Berkeley Laboratory; Berkeley, California, USA, 1996; in: Information Systems, Vol. 20, No. 5, 1995

[Chen96b]   Chen, I. A.; Markowitz, V. M.; Letovsky, S.; Li, P.; Fasman, K.: Version Management for Scientific Databases; Information and Computing Science Division, Lawrence Berkeley National Laboratory, Berkeley; Division of Biomedical Information Sciences, Johns Hopkins University, Baltimore; 1996; in: Proceedings of the International Conference on Extending Database Technology (EDBT'96), 1996

[Côté96]   Côté, R. A.: Architecture of SNOMED. Its Contribution to Medical Language Processing, Proceedings of the Tenth Annual Symposium on Computer Applications in Medical Care, Edited by Helmuth D. Orthner, Computer Society of the IEEE, Computer Society Press, pg. 74, 1986

[Craig97]   Craig, Andrew: Year 2000 Problem Could Kill Patients, Report Says; in: TechWeb News; 10. 12. 1997; [TechWeb97*]

[CZ/47/1997]   Einheitliche Daten lassen auch die Krankenkassen gesunden; Der Kostendruck zwingt im Gesundheitswesen zur Vernetzung; in: Computer Zeitung, Nr. 27, 3. 7. 1997

[Dahr92]   Dahr, Michael: Deductive Databases: Theory and Applications, Manuscript to a lecture given in summer term 1992, Computer Science Department, University of Koblenz-Landau

[Davey97]   Davey, Tom: They're Still Sold On EDI; in: InformationWeek, 649, 22. 9. 1997; [IW97*]

[Deibel95]   Deibel, Stephan R. A.; Greenes, Robert A.: An infrastructure for the development of health care information systems from distributed components; in: Journal of the American Society for Information Science, 46 (10), Dec, 1995, pp. 765 - 771

[Denert92]   Denert, Ernst: Software-Engineering, 1. korrigierter Nachdruck 1992, Springer-Verlag, Berlin, Heidelberg, 1991

[Detmar97]   Detmar, William M.; Shortliffe, Edward H.: Using the Internet to Improve Knowledge Diffusion in Medicine; in: Communications of the ACM, Vol. 40, No. 8; New Technologies in Health Care; 8/1997; 101-108

[Dittrich95]   Dittrich, Klaus R.;Gatziu, Stella; Geppert, Andreas: The Active Database Management System Manifesto: A Rulebase of ADBMS Features. 3-20; in: Sellis, Timos K. (Ed.): Rules in Database Systems, Second International Workshop, RIDS '95, Glyfada, Athens, Greece, September 25 - 27, 1995, Proceedings; Lecture Notes in Computer Science, Vol. 985, Springer 1995

[Dobrovnik93]   Dobrovnik, Michael; Eder, Johann: View Concepts for Object-Oriented Databases; Institut für Informatik, Universität Klagenfurt, 1993

[Dyke95]   Van Dyke, Jeffrey R.: Link Architecture for a Global Information Infrastructure; Massachusetts Institute of Technology; June, 1995

[Ebert97a]   Ebert, Jürgen; Süttenbach, Roger: A Booch Metamodel; Fachberichte Informatik; Universität Koblenz-Landau; Institut für Informatik; 5, 1997

[Ebert97b]   Ebert, Jürgen; Süttenbach, Roger: An OMT Metamodel; Fachberichte Informatik; Universität Koblenz-Landau; Institut für Informatik; 13, 1997

[Edelman97]   Edelman, Russ: Benefits Of Web Access - Document management on the Web can cut costs and improve customer relations; in: InformationWeek, 653, 20. 10. 1997; [IW97*]

[Ehlers93]   Ehlers, C.-Th.: Aufgaben und Bedeutung eines Kranken-
                 hausinformationssystems, in: Europäische Perspektiven
                 der Medizinischen Informatik, Biometrie und Epidemio-
                 logie; J. Michaelis, Hrsg; MMV Medizin, München,
                 1993

[Eichmann94]   Eichmann, D.; McGregor, T.; Danley, D.: Integrating
                 structured databases into the Web: The MORE system;
                 The First International Conference on the World-Wide
                 Web, May 25-27, 1994, CERN, Geneva;
                 http://www1.cern.ch/PapersWWW94/more.ps

[Elmasri94]   Elmasri, Ramez; Navathe, Shamkant B.: Fundamentals of
                 Database Systems, Second Edition, Benjamin Cummings
                 Publishing Company, 1994

[Ferber96]   Ferber, Reginald: Data Mining und Information Retrie-
                 val; Skript zur Vorlesung an der TH Darmstadt im Win-
                 tersemester 1996/97

[Ferstl94]   Ferstl, O. K.; Sinz, E. J.: Grundlagen der Wirtschaftsin-
                 formatik, 2. Auflage, Oldenbourg Verlag, München,
                 Wien, 1994

[Fischer95]   Fischer, Martin; Grube, Gernot; Reisin, Fanny-Michaela
                 (Hrsg.): Abbild oder Konstruktion - Modellierungsper-
                 spektiven der Informatik; KIT Report 125; Technische
                 Universität Berlin; Dezember 1995

[Flohr97]   Flohr, Udo: Angeln in der Info-Welle, HyperWave 2.0
                 vereint Intranet- und Datenbanktechniken; in: c't, Heft 5,
                 1997

[Floyd97]   Floyd, Christiane; Krabbel, Anita; Ratuski, Sabine; Wet-
                 zel, Ingrid: Zur Evolution der evolutionären Systement-
                 wicklung: Erfahrungen aus einem Krankenhausprojekt,
                 in: Informatik Spektrum, Band 20, Heft 1, 2/1997

[Foley97]   Foley, John: Accessing Relational Databases; in: Infor-
                 mationWeek, 641, 28. 7. 1997; [IW97*]

[Forslund96]   Forslund, D. W. et al.: Experiences with a Distributed
                 Virtual Patient Record System; in: Proceedings of the
                 1996 American Medical Informatics Association Annual
                 Fall Symposium (Washington, D.C., Oct. 26 - Oct. 30).
                 ed. J. J. Cimino, American Medical Informatics Associa-

tion, Hanley & Belfus, Inc., 1996, 483-487

[Friedman]   Friedman, Matthew: The New Internet EDI - Group pro-
                    poses wrapping the trading format in the Web's XML; in:
                    InternetWeek, 688, 3. 11. 1997; [INetWeek97*]

[Frook97a]   Frook, John Evan: GEIS Sets Extranet Path; in: Inter-
                    netWeek, 675, 4. 8. 1997; [INetWeek97*]

[Frook97b]   Frook, John Evan: Health Network Bets On Chip Cards;
                    in: InternetWeek, 695, 22. 12. 1997; [INetWeek97*]

[Fuhr97]   Fuhr, Norbert: Information Retrieval, Skriptum zur Vor-
                    lesung, 7. Mai 1997

[Galeazzi97]   Galeazzi, Elena; Rossi Mori, Angelo; Consorti, Fabrizio;
                    Errera, Anna: A cooperative methodology to build con-
                    ceptual models in medicine; Dottorato in Informatica
                    Medica, Università La Sapienza, Roma; Reparto Infor-
                    matica Medica, ITBM-CNR, Roma; IV Clinica Chirurgi-
                    ca, Università La Sapienza, Roma; 1997

[Gambon96]   Gambon, Jill: Best Medicine: Data Warehouses - Phar-
                    maceutical companies are using IT to transform their data
                    resources into competitive weapons; in: Information-
                    Week, 596, 9. 9. 1996; [IW97*]

[Garcia97]   Garcia, Mary Ryan: Extranet Tells All - Customer-
                    service extranet even gives competitors' prices; in: In-
                    formationWeek, 659, 1. 12. 1997; [IW97*]

[Garvey97]   Garvey, Martin J.: Distributed Systems - Back To The
                    Middle - About 80% of IS managers say they plan to re-
                    centralize systems management or have done so; in: In-
                    formationWeek, 650, 29. 9. 1997; [IW97*]

[Ghezzi91]   Ghezzi, Carlo; Jazayeri, Mehdi; Mandrioli, Dino: Fun-
                    damentals of Software Engineering; Prentice Hall; Engle-
                    wood Cliffs, 1991

[Girishankar97]   Girishankar, Saroja: Health Care Turns To Web-Based
                    Systems To Remedy Access Ills; in: InternetWeek, 686,
                    20. 10. 1997; [INetWeek97*]

[Goble94]   Goble, Carole; Crowther, P.; Solomon, Woolfe Daniel: A
                    Medical Terminology Server; in: Proceedings of 5th In-
                    ternational Conference on Database and Expert System
                    Applications (DEXA94) 7-9 Sept 1994, Athens, Lecture

Notes in Computer Science Springer-Verlag. pp. 661-670

[Graubner95]   Graubner, Bernd: Wesentliche Klassifikationen für die medizinische Dokumentation in Deutschland und ihr Entwicklungsstand; in: ICIDH - International Classification of Impairments, Disabilities, and Handicaps; Wiesbaden, Ullstein Mosby, 1995

[Haney97]   Haney, Clare: Hospitals Show Low Resistance to Year 2000 Threat; in: TechWeb News; 26. 2. 1997; [TechWeb97*]

[Hasselbring96a]   Hasselbring, Wilhelm: Gestaltung und Implementierung von Krankenhausinformations-systemen als föderierte Datenbanksysteme, in: Conrad, S.; Höding, M.; Janssen, S.; Saake, G.: Kurzfassungen zum Workshop 'Föderierte Datenbanken', Magdeburg, 67 - 73, April 1996

[Hasselbring96b]   Hasselbring, Wilhelm: Modellierung von Krankenhausinformationssystemen als Föderation kooperierender Teilsysteme, in: Conrad, S; Saake, G.; Schmitt, I.; Türker, C.: Kurzfassungen zum 8. Workshop 'Grundlagen von Datenbanken', Friedrichsbrunn, 41 - 45, Mai 1996

[HDC97]   Healthcare Identifiers Work Group: National Healthcare Identifiers for Providers, Payers and Patients, Strategies for administrative simplification; Massachusetts, Health Data Consortium, Inc.; Affiliated Health Information Networks of New England 3/27/97; 1997

[Heinrich92]   Heinrich, Lutz J.: Informationsmanagement; Planung, Überwachung und Steuerung der Informationsinfrastruktur; 4. Auflage; München, Wien; Oldenbourg, 1992

[Hempel94]   Hempel, Lothar; Gräfe, Ann-Katrin; Helmecke, Dorothee; Schuchmann, Horst W.: Arzneimittelinformationssysteme: mehr Zeit für Wesentliches; ABDATA Pharma-Daten-Service; Sonderdruck aus Pharmazeutische Zeitung, Nr. 41, 139. Jahrgang, 13. Oktober 1994; S. 9-28, 88, 89

[Paulus96]   Paulus, O. K.; Volle, P.; Buu, E.; Heimann, S.; Hoppe, T.; Kindermann, C.: Lutzebäck, D.: Marwinski, D.; Oertel, H.; Schmiedel, A.; Tolksdorf, R.: The MIHMA Project - Overview Report, KIT-Report 130, April 1996

[Volle96]   Volle, P.; Schmiedel, A.; Buu, E.; Heimann, S.; Hoppe,
                   T.; Lutzebäck, D.; Paulus, O. K.; Kindermann, C.; Oertel,
                   H.; Tolksdorf, R.: The MIHMA Project Technology Re-
                   port, KIT-Report 131, April 1996

[Kindermann96]   Kindermann, C.; Hoppe, T.; Marwinski, D.; Oertel, H.;
                   Paulus, O. K.; Buu, E.; Heimann, S.; Schmiedel, A.;
                   Tolksdorf, R.; Volle, P.: The MIHMA Demonstrator
                   Application: bmtline, KIT-Report 132, April 1996

[Schmiedel96]   Schmiedel, A.; Volle, P.; Hoppe, T.; Kindermann, C.;
                   Oertel, H.; Paulus, O. K.: Using the BACK System in
                   MIHMA, KIT-Report 133, April 1996

[Hay97]   Hay, Christian: Übermitteln statt abschreiben; in: Han-
                   delszeitung, Schweizer Wochenblatt für Wirtschaft und
                   Management; Sonderdruck aus Nr. 21/1997

[Horowitz98]   Horowitz, Alan S.: Year Of The Extranet At Last?
                   Bandwidth and security problems aside, the business be-
                   nefits are a powerful lure; in: InformationWeek, 663, 5.
                   1. 1998; [IW97*]

[Hsiao92a]   Hsiao, David K.: Federated Databases and Systems: Part
                   I - A Tutorial on Their Data Sharing, in: VLDB Journal,
                   Vol. 1, No. 1,127 - 179 , 1992

[Hsiao92b]   Hsiao, David K.: Federated Databases and Systems: Part
                   II - A Tutorial on Their Resource Consolidation, in:
                   VLDB Journal, Vol. 1, No. 2,285 - 310 , 1992

[Ingham95]   Ingham, D. B.; Little, M. C.; Caughey, S. J.; Shrivastava,
                   S. K.: W3Objects: Bringing Object-Oriented Technology
                   to the Web; World Wide Web Journal, Issue 1, pp. 89-
                   105: Proceedings of the Fourth International World-Wide
                   Web Conference, Boston, Mass., USA, 11-14 December
                   1995

[Ingham96]   Ingham, D. B.; Caughey, S. J.; Little, M. C.: Fixing the
                   Broken-Link Problem: The W3Objects Approach; Com-
                   puter Networks & ISDN Systems, Vol. 28, Nos. 7-11, pp.
                   1255-1268: Proceedings of the Fifth International World-
                   Wide Web Conference , Paris, France, 6-10 May 1996

[Ingham97a]   Ingham, D. B.;Caughey, S. J.; Little, M. C.: Supporting Highly Manageable Web Services; Proceedings of the Sixth International World-Wide Web Conference, Santa Clara, California, USA, 7-11 April 1997

[Ingham97b]   Ingham, D. B.: W3Objects: A Distributed Object-Oriented Web Server; Object-Oriented Web Servers and Data Modeling Workshop, Sixth International World-Wide Web Conference, April 1997

[Janah97]   Janah, Monua: Network Medicine - Pharmaceuticals company updates its IT infrastructure to stay competitive; in: InformationWeek, 651, 6. 10. 1997; [IW97*]

[Jones95]   Jones, R. Kipp; Pitkow, James, E.: Atlas: Supporting the Web with a Distributed Hyperlink Database; Graphics, Visualization, & Usability (GVU) Center; College of Computing, Georgia Institute of Technology, Atlanta, GA 30332-0280, July 1995; http://www.cc.gatech.edu/grads/j/Kipp.Jones/atlas/

[Kappe93]   Kappe, Frank: Hyper-G: A Distributed Hypermedia System, Institute for Information Processing and Computer Supported New Media (IICM), Graz University of Technology, Graz, Austria

[Kappe94]   Kappe, Frank: A Scalable Architecture for Maintaining Referential Integrity in Distributed Information Systems; IICM Graz University of Technology, 1994

[Karpinski97]   Karpinski, Richard: Java Development Goes Visual - Netscape tools do for the Web what Visual Basic did for PC apps; in: InternetWeek, 691, 24. 11. 1997; [INet-Week97*]

[Kilman97]   Kilman, David G.; Forslunf, David W.: An International Collaboratory Based on Virtual Patient Records; in: Communications of the ACM, Vol. 40, No. 8; New Technologies in Health Care; 8/1997; 111-117

[Klein96]   Klein, Stefan; Lee, Ron; Lei, Lei; Quereshi, Sajda: Pharmatica - Supporting the complex pharmaceutical information needs in the changing healthcare sector, in: Electronic Markets, 2, 1996

[Krause96]   Krause, Steffen: Datenschutz in statistischen Informationssystemen am Beispiel eines Krebsregisters mit Chipkarten; Diplomarbeit; Betreuer: Dr. Ernst-Günther Giessmann; Humboldt-Uiversität zu Berlin; Berlin, September 1996

[Krochmal98]   Krochmal, Mo: Drug Company Eases Branding Headache With Online Resource; in: TechWeb News; 1. 1. 1998; [TechWeb97*]

[Lee95]   Lee, Ron; Baty, Jim; Janszen, Felix; van den Ende, Jan; Bader, Arnoud, P.: Pharmatica Pre-Proposal Draft; A Proposal for Using the Representation Medical Therapies to Provide Access to Pharmaceutical Information; meeting June 7, 1995

[Lindemann97]   Lindemann, Markus; Klein, Stefan: Die Nutzung von Internet-Diensten im Rahmen des Elektronischen Datenaustauschs, Architekturvarianten und ein Anwendungsszenario; Institut für Wirtschaftsinformatik; Universität St. Gallen; 3rd International Congress of Business Information; Berlin, 26. - 28. 2. 1997; [UniSG97*]

[Litt97]   Litt, Mona R.: A Network Link A Day Keeps The Doctor Away; in: Network Computing, 818, 1. 10. 1997; [NC97*]

[Little97]   Little, M. C.; Shrivastava, S. K.; Caughey, S. J.; Ingham, D. B.: Constructing Reliable Web Applications using Atomic Actions; Proceedings of the Sixth International World-Wide Web Conference, Santa Clara, California, USA, 7-11 April 1997

[Maloff97]   Maloff, Joel: Extranets: Stretching The Net To Boost Efficiency; in: NetGuide, 408, 1. 8. 1997; [NetGuide97*]

[Markowitz95]   Markowitz, Victor M.: Coping with Data Modeling Diversity, Information and Computing Sciences Division, Lawrence Berkeley National Laboratory, 1995; in: 2nd Meeting on Interconnection of Molecular Biology Databases, 1995

[Markowitz96]   Markowitz, V. M.; Chen, I. A.; Kosky, A. S.; Szeto, E.: Facilities for Exploring Molecular Biology Databases on the Web: A Comparative Study; Data Management Research and Development Group, Lawrence Berkeley Laboratory; Berkeley, 1996; in: Proceedings of the Pacific Symposium on Biocomputing, Hawaii, 1997

[McGahan94]   McGahan, Anita M.: Industry Structure and Competitive Advantage, in: Havard Business Review, 11/12, 1994

[McGee97a]   McGee, Marianne Kolbasuk: Fast-Moving Inventory - Rite Aid uses IBM replenishment system to track drug flow; in: InformationWeek, 624, 31. 3. 1997; [IW97*]

[McGee97c]   McGee, Marianne Kolbasuk: Applied Healthcare: Data Mine Cures Common Gold; in: InformationWeek, 659, 1. 12. 1997; [IW97*]

[McGee97b]   McGee, Marianne Kolbasuk: High-Tech Healing; in: InformationWeek, 649, 22. 9. 1997; [IW97*]

[Merle96a]   Merle, Philippe; Gransart, Christophe; Geib, Jean-Marc: CorbaWeb: A Generic Object Navigator; Laboratoire d'Informatique Fondamentale de Lille; Université des Sciences et Technologies de Lille; Fifth International World-Wide Web Conference , Paris, France, May 1996; [CorbaWeb97*]

[Merle96b]   Merle, Philippe; Gransart, Christophe; Geib, Jean-Marc: CorbaWeb: A WWW and Corba Worlds Integration; Laboratoire d'Informatique Fondamentale de Lille; Université des Sciences et Technologies de Lille; 2th COOTS, Workshop on Distributed Object Computing on the Internet, Toronto, Canada, June 1996; [CorbaWeb97*]

[Moor96]   De Moor, G.; Maele,G. Van: CEN/TC 251, Standards in Healthcare Informatics and Telematics; Organisation, Scope of Work, Achievements, Projects; Version, 1996-03-19

[Müller97]   Müller, Bernhard: Standardsoftware erleichtert die Arbeit in sämtlichen Bereichen einer Klinik; Integrierte Computersysteme kurieren die Krankenhäuser von zu hohen Kosten; in: Computer Zeitung, Nr. 27, 3. 7. 1997

[Nadile97]   Nadile, Lisa: Seeking The Right Formula; in: InformationWeek, 649, 22. 9. 1997; [IW97*]

[Paton95]   Paton, Norman W.; Campin, Jack; Fernandes, Alvaro A. A.; Williams, M. Howard: Formal Specification of Active

Database Functionality: A Survey. 21-37; in: Sellis, Timos K. (Ed.): Rules in Database Systems, Second International Workshop, RIDS '95, Glyfada, Athens, Greece, September 25 - 27, 1995, Proceedings; Lecture Notes in Computer Science, Vol. 985, Springer 1995

[Peat97]   Peat, Bruce; Webber, David: Introducing XML/EDI...; The XML/EDI Group, August 1997

[Pflugmann95]   Pflugmann, Gabriele: ABDATA-Wirkstoffdossiers (II), Weit mehr als Texte, Pharmazeutische Zeitung, Ausgabe 39, S.3442, 1995

[Phillips94]   Phillips R. L.: A Network-based Distributed, Media-rich Computing and Information Environment; Digital Media and Electronic Publishing conference sponsored by the British Computer Society in Leeds, UK, December 1994

[Radding97]   Radding, Alan: Java Assembly - More developers are using Sun's language to build business applications; in: Information Week, 654, 27. 10. 1997; [IW97*]

[Raghupathi97]   Raghupathi, W: Health Care Information Systems; in: Communications of the ACM, Vol. 40, No. 8; New Technologies in Health Care; 8/1997; 81-82

[Rector93a]   Rector, Alan; Nowlan, W.: The GALEN project; Computer Methods and Programs in Biomedicine 45: 75-78; GALEN Consortium, 1993

[Rector93b]   Rector, Alan; Nowlan, W.; Glowinski, A.: Goals for Concept Representation in the GALEN project; in: 17th annual Symposium on Computer Applications in Medical Care, Washington, USA, SCAMC 93.pp 414-418

[Rector94a]   Rector, Alan; Solomon, Woolfe Daniel; Nowlan, W.; Rush, T.: A Terminology Server for Medical Language and Medical Information Systems; in: Methods of Information in Medicine (1995). First published in the Proceedings of IMIA WG6, Geneva, May 1994

[Rector94b]   Rector, Alan: Compositional Models of Medical Concept: Towards Re-Usable Application - Independent Medical Terminologies; Knowledge and Decisions in Health Telematics, (Eds) P Barahona and J P Christensen, IOS Press 1994. pp 109-114

[Rich91]   Rich, Elaine; Knight, Kevin: Artificial Intelligence, Second Edition, McGraw-Hill, Inc., 1991

[Rietiker97]   Rietiker, Stephan; Zeindler, Susanne: Was bringt Versandhandel mit Medikamenten?, in: Neue Zürcher Zeitung, 4. 2. 1997

[Rijsbergen79]   van Rijsbergen, C. J.: Information Retrieval, Butterworths, London, 2. Auflage, 1979

[Rindfleisch97]   Rindfleisch, Thomas C.: Privacy, Information Technology, and Health Care; in: Communications of the ACM, Vol. 40, No. 8; New Technologies in Health Care; 8/1997; 93-100

[Roche87]   Roche Lexikon Medizin; Herausgeber: Hoffmann-La Roche AG und Urban & Schwarzenberg; 2. neubearbeitete Auflage; Urban & Schwarzenberg; München, Wien, Baltimore, 1987

[Rovner95]   Rovner, Sandy: Dr. Internet Scans the Planet, in: International Herald Tribune, 12. 10. 1995

[Rowley96]   Rowley; Jennifer E.: Organizing Knowledge, An introduction to information retrieval, 2nd edition, Gower, 1996

[Rumbaugh96]   Rumbaugh, James; Blaha, Michael; Premerlani, William; Eddy, Frederick; Lorensen, William: Object-Oriented Modeling and Design; Englewood Cliffs, New Jersey; Prentice Hall, 1991

[Russenberger97]   Russenberger, Daniel: Elektronischer Datenaustausch im Gesundheitswesen; Semesterarbeit in Informatik; Prof. Dr. K. Bauknecht; Betreuer: Othmar Morger, Ulrich Nitsche, Dr. S. Teufel; Institut für Informatik der Universität Zürich (Schweiz); 1. April 1997 - 4. August 1997

[Sander96]   Sander, S.; Hasselbring, W.: Realisierung eines förderierten Datenbanksystems auf Basis der Standards CORBA und ODMG-93; in: W. Hasselbring: Kurzfassungen zum 2. Workshop 'Föderierte Datenbanken', Software-Technik Memo Nr. 90, Informatik 10, Universität Dortmund, Dezember 1996

[Schätzle97]   Schätzle, Roland: Java - Eine Übersicht; Institut für An-
                    gewandte Informatik und Formale Beschreibungsverfah-
                    ren (AIFB), Universität Karlsruhe; in: GI-Fachausschuß
                    5.1, Management der Anwendungsentwicklung und -
                    wartung, Rundbrief 2/1997, 5. Rundbrief, 3. Jahrgang,
                    1997

[Scheer92]   Scheer, A. W.: Architektur integrierter Informationssys-
                    teme, 2. Auflage, Springer-Verlag, Berlin, Heidelberg,
                    1991, 1992

[Schiemenz82]   Schiemenz, Bernd: Betriebskybernetik, Aspekte des be-
                    trieblichen Managements, C. E. Poeschel Verlag, Stutt-
                    gart, 1982

[Schmid96]   Schmid, Beat: Zur Konstruktion elektronischer Märkte,
                    in: Informatik, Electronic Commerce, Schweizer Infor-
                    matiker Gesellschaft, 6, Dezember 1996

[Schmitz95]   Schmitz, Ulrich: Pharmakonzerne finanzieren Ärzteservi-
                    ce, in: Computer Zeitung, 7. 12. 1995

[Schneider96]   Schneider, Erich A.: Gefährdete pharmazeutische Bera-
                    tung, in: Neue Zürcher Zeitung, 28. 8. 1996

[Schuchmann95]   Schuchmann, Horst W.: Patientenhinweise in der ABDA-
                    Datenbank, Pharmazeutische Zeitung, Ausgabe 17,
                    S.1528, 1995

[Schwabe95]   Schwabe,   Ulrich: ATC-Code   -   Anatomisch-
                    therapeutisch-chemische Klassifikation für den deutschen
                    Arzneimittelmarkt, 1. Auflage, November 1995, ISBN 3-
                    922093-10-8; Wissenschaftliches Institut der AOK (WI-
                    dO, Hrsg.)

[Semilof97]   Semilof, Margie: Internet access explodes in '97 - Study
                    reveals ISP marketplace hit $8.4B in October; in: Com-
                    puter Reseller News, 762, 10. 11. 1997; [CRN97*]

[Sheth90]   Sheth, Amit P.; Larson, James A.: Federated Database
                    Systems For Managing Distributed, Heterogeneous, and
                    Autonomous Databases, in: ACM Computing Surveys,
                    Vol. 22, No. 3, September, 1990

[Sjolin94]   Sjolin, M.: A WWW Front End to an OODBMS; The Se-
                    cond International Conference on the World-Wide Web,
                    Oct   17-21,   1994,   Chicago,   Illinois,   U.S.A.;

http://www.ncsa.uiuc.edu/SDG/IT94/Proceedings/Databases/sjolin/sjolin.html

[Sollins94]   Sollins, Karen R.; Van Dyke, Jeffrey R.: Linking in a Global Information Architecture; M.I.T. Laboratory for Computer Science, Cambridge, MA, July 14, 1995

[Solomon94]   Solomon, Danny: GALEN Documentation, Volume A, 28. 11. 1994

[Sommerville92]   Sommerville, Ian: Software Engineering, Fourth Edition, Addison-Wesley, 1992

[Stahl92]   Stahl, G.; McCall, R.; Peper, G.: Extending Hypermedia with an Inference Language: An Alternative to Rule-based Expert Systems; Proceedings of the IBM Internal Technical Liaison Conference: Expert Systems; October 19-21,   1992; http://www.cs.colorado.edu/~gerry/HomePage/Publications/Peper/InfLang.html

[Tischlich95]   Tischlich, Anja; Schuchmann, Horst W.: ABDATA-Wirkstoffdossiers (I), Homöopathische & anthroposophische Arzneimittel; (Patientenberatungsmasken), Eschborn; Pharmazeutische Zeitung, Ausg. 37, S. 3253, 1995

[Toews95]   Toews, Lorraine: An Evaluation Methology for clinical Vocabularies and Evaluation of the Read Codes; Health Sciences Library; University of Saskatchewan, May, 1995

[Vetter94]   Vetter, Lena; Birkhoff, Manfred: Bedeutung und Anwendung von Standards und Normen in der IuK-Technik; Seminar, J. F. Hampe, Institut für Wirtschaftsinformatik, Universität Koblenz, 30. 11. 1994

[Vossen94]   Vossen, Gottfried: Datenmodelle, Datenbanksprachen und Datenbankmanagement-Systeme, 2. Auflage, Addison-Wesley, 1994

[Vossen97]   Masermann, Ute; Vossen, Gottfried: Datenbankkonzepte für das World-Wide Web - eine Bestandsaufnahme; Institut für Informatik, Universität Münster; Institut für Informationssysteme, Medizinische Universität zu Lübeck; Bericht Nr. 10/97-I, Juli, 1997

[Waltner97b]   Waltner, Charles: Specialized Warehouses Cut Medical Center Costs; in: InformationWeek, 655, 3. 11. 1997; [IW97*]

[Waltner97a]   Waltner, Charles: Private Web - Medical center uses secure intranet to give doctors access to patient records; in: InformationWeek, 636, 23. 6. 1997; [IW97*]

[Wilder97a]   Wilder, Clinton: Largest Health Care EDI Network Created; in: TechWeb News; 4. 9. 1997; [TechWeb97*]

[Wilder97b]   Wilder, Clinton: Drug Firm Shifts Procurement To The Net - But buying specs meet skepticism; in: InformationWeek, 657, 17. 11. 1997; [IW97*]

[Wreden97]   Wreden, Nick: Web-To-Database Access - Forging Stronger Ties; in: InternetWeek, 680, 8. 9. 1997; [INetWeek97*]

[Wulf81]   Wulf, William A.; Shaw, Mary; Hilfinger, Paul N.; Flon, Lawrence: Fundamental Structures of Computer Science; Addison-Wesley, 1981

[Zagermann95]   Zagermann, Petra: ABDA-Datenbank: Interaktionen aktuell; in: Pharmazeutische Zeitung, Govi-Verlag GmbH, Eschborn/Ts.; 140. Jahrgang; S. 679-683; 1995

[Zagermann96]   Zagermann, Petra: ABDA-Datenbank: Einsatz der Interaktionsdatei; in: Pharmazeutische Zeitung, Govi-Verlag GmbH, Eschborn/Ts.; 141. Jahrgang; S. 2672-2675; 11. Juli, 1996

[Zanstra95]   Zanstra, P.; Rector, Alan; Solomon, Woolfe Daniel; Rush, T.; Nowlan, W.; Bechhofer, Sean: A Terminology Server for Intergrating Clinical Information Systems: The GALEN Approach; in: (Eds) B Richards, H de Glanville, H MacOwan. Current Perspectives in Healthcare Computing, the Proceedings of HC 95, British Computer Society, pp256-261

[Zobel87]   Zobel, Robert: Diskrete Strukturen, Eine angewandte Algebra für Informatiker; Mannheim, Wien, Zürich; BI-Wissenschaftsverlag, 1987

Internet-Ressourcen

[ACM97[*]]	Association for Computing Machinery http://www.acm.org/
[AMIA97[*]]	American Medical Informatics Association http://amia2.amia.org/
[ASTM97[*]]	American Society for Testing and Materials http://www.astm.org/
[AWMF97[*]]	Arbeitsgemeinschaft der Wissenschaftlichen Medizinischen Fachgesellschaften http://www.uni-duesseldorf.de/WWW/AWMF/
[Baxter97[*]]	Baxter International Inc. http://www.baxter.com/
[BGM97[*]]	Bundesgesundheitsministerium http://www.bmgesundheit.de/
[BPI97[*]]	Bundesverband der Pharmazeutischen Industrie e. V. http://www.bpi.de/, http://www.bpi-service.de/
[Brainware98[*]]	BrainWare International, medizinische/pharmazeutische Software http://www.brainware.de/
[BW97[*]]	BusinessWeek http://www.businessweek.com/
[CAS97[*]]	Chemical Abstracts Service http://www.cas.org/
[CEN97[*]]	Comité Européen de Normalisation, CEN/TC 251 http://miginfo.rug.ac.be:8001/
[ChreMaSoft97[*]]	ChreMaSoft Datensysteme GmbH http://chremasoft.com/
[CORBA97[*]]	Object Management Group / CORBA Technologies http://www.corba.org
[CORBAmed97[*]]	CORBAmed Homepage http://www.omg.org/corbamed/
[CorbaWeb97*]	CorbaWeb Home Page http://corbaweb.lifl.fr/
[CPRI97[*]]	Computer-based Patient Record Institute http://www.cpri.org/
[CRN97[*]]	Computer Reseller News http://www.crn.com/

[DIMDI97*]   Deutsches Institut für Medizinische Dokumentation und Information
                     http://www.dimdi.de/

[Documentum97*]   Documentum Industry Solutions
                     http://www.documentum.com/

[Duria97*]   Datenverarbeitungsgenossenschaft für den Arztberuf in der Bundesrepublik Deutschland
                     http://www.duria.com/

[EDIIN97*]   EDI InfoNet
                     http://www.wpc-edi.com/

[FIZ97*]   Fachinformationszentrum Karlsruhe
                     http://www.fiz-karlsruhe.de/

[Focus97*]   Focus Online
                     http://www.focus.de/

[GMD97*]   GMD - Forschungszentrum Informationstechnik GmbH
                     http://www.gmd.de/

[GMDS97*]   Deutsche Gesellschaft für Medizinische Informatik, Biometrie und Epidemiologie
                     http://www.med.uni-muenchen.de/gmds/

[GSF97*]   GSF - Forschungszentrum für Umwelt und Gesundheit
                     http://www.gsf.de/

[Havard97*]   Havard Medical Web
                     http://www.med.harvard.edu/

[HealthSeek98*]   HealthSeek, The Internet's Healthcare Marketplace
                     http://www.healthseek.com/

[HEDIC97*]   Healthcare EDI Coalition
                     http://www.hedic.org/

[HIN97*]   Health InfoNet
                     http://www.albert2.com/

[HW97*]   HyperWave
                     http://www.hyperwave.de/

[IBE97*]   Universität München: Institut für Medizinische Informationsverarbeitung, Biometrie und Epidemiologie
                     http://www.med.uni-muenchen.de/ibe/

[IBM97*]   IBM Global Healthcare Industry Home
                     http://www.solutions.ibm.com/healthcare/

[IEEE97*]   Institute of Electrical and Electronics Engineers, Inc.
                     http://www.ieee.org/

[IETF97*]   Internet Engineering Task Force
                     http://www.ietf.org/

[IID97*]   Initiative Informationsgesellschaft Deutschland
                      http://www.iid.de/

[IKinetics97*]   I-Kinetics
                      http://www.i-kinetics.com/

[IMIB97*]   Institut für Medizinische Informatik und Biometrie
                      http://www.med.uni-rostock.de/

[IMK97*]   Institut fur Medizin und Kommunikation AG
                      http://www.imk.ch/

[INetWeek97*]   InternetWeek
                      http://www.internetwk.com/,
                      http://techweb.cmp.com/internetwk/

[Innergy97*]   Intranet Design Magazine
                      http://www.innergy.com/

[ITWM97*]   ITWM-Trier
                      http://www.itwm-trier.fhg.de/

[IW97*]   InformationWeek
                      http://www.informationweek.com/, http://techweb.cmp.com/iw/

[KIT97*]   Technische Universität Berlin
                      http://flp.cs.tu-berlin.de/kit

[Knight97*]   Knight-Ridder Information European Web Site
                      http://www.rs.ch/

[Konstanz97*]   Universität Konstanz, Informationswissenschaft
                      http://www.inf-wiss.uni-konstanz.de/

[MCIS97*]   Medical Center Information Systems, Duke University
                      http://www.mcis.duke.edu/

[MediWorld97*]   MediWorld
                      http://www.bphd.com/

[MedMarket98*]   MedMarket, Virtual Industrial Park
                      http://www.medmarket.com/

[MedWeb97*]   MedWeb Münster
                      http://medweb.uni-muenster.de/

[Melampus97*]   Melampus Enterprises, Healthcare Intranet Solutions
                      http://www.melampus.com/

[Metis97*]   Metis, Internet Healthcare Solutions
                      http://www.metisllc.com/

[MHDI97*]   Minnesota Health Data Institute
                      http://www.mhdi.com/

[MIG97*]   Medical Informatics Group
                      http://www.cs.man.ac.uk/mig/

[MKI97*]   Medizinische Klinik, Klinikum Innenstadt der Universität Mün-
                      chen

	http://mki.medinn.med.uni-muenchen.de/
[Multum97*]	Multum Information Services, Inc. http://www.multum.com/
[NC97*]	NetworkComputing http://techweb.cmp.com/nc/
[NCPDP97*]	National Council for Prescription Drug Programs http://www.ncpdp.org/
[NCQA97*]	National Committee for Quality Assurance http://www.ncqa.org/
[NetGuide97*]	Net Guide http://www.netguide.com/
[Netscape97*]	Netscape http://www.netscape.com/
[NHGRI97*]	National Human Genome Research Institute http://www.nhgri.nih.gov/
[NLM97*]	National Library of Medicine http://www.nlm.nih.gov/
[OMG97*]	Object Management Group http://www.omg.org
[Powersoft97*]	Powersoft http://www.powersoft.ch/
[PPS98*]	PPS Pharma OnLine, Pharma Mall in Kanada https://www.pps.ca/
[Premenos97*]	Premenos Corp. http://www.premenos.com/
[Questel97*]	Questel-Orbit http.//www.questel.orbit.com/
[ratiopharm97*]	Ratiopharm http://www.ratiopharm de/
[Roche97*]	Roche Online Forum http://www.roche.com/
[SAP97*]	SAP AG http://www.sap.com/
[SB97*]	Statistisches Bundesamt Deutschland http://www.statistik-bund.de/
[SGML97*]	SGML Open http://www.sgmlopen.org/

[SNOMED97*] SNOMED International
http://www.snomed.org/

[Sun97*] Sun Microsystems
http://www.sun.com/

[SVP97*] Find/SVP, Emerging Technologies Research Group
http://www.findsvp.com/, http://etrg.findsvp.com/

[TechWeb97*] TechWeb
http://www.techweb.com/

[UniSG97*] Universität St. Gallen
http://www.unisg.ch/

[VUWien97*] Veterinärmedizinische Universität Wien, Institut fur Medizinische Physik
http://i115srv.vu-wien.ac.at/

[W3B97*] W3B
http://www.w3b.de/

[W3C97*] World Wide Web Consortium
http://www.w3.org/

[WHO97*] World Health Organization
http://www.who.org/

[Zona97*] Zona Research
http://www.zonaresearch.com/

Danksagungen

Joachim Hofmann	Elbe-Apotheke Stendal, weiterführende Hinweise auf DIMDI, ABDA und andere Informationsanbieter
Beat Staub	Informationen über PubMed, Referenzen zur ATC-Klassifikation aus PubMed
Dr. rer. nat. Gabriele Pflugmann	ABDA, Nutzung der ABDA-Interaktionsdatei, Hinweis auf die Bedeutung von Wirkungsklassifikationen
Dr. Petra Zagermann	ABDA, Einsatz der ABDA-Interaktionsdatei, Informationen über die A-Card
Marie Antoinette Jakobs	DIMDI, ausführliche Informationen zu den DIMDI-Datenbanken, ASK, ATC, CAS, AMIS
Dipl.-Inform. Klaus Fink	DIMDI, Informationen zu SDI (Alert Service), automatisierte Benachrichtigung über neue Fachinformationen
Dr. med. Michael Schopen	DIMDI, ausführliche Informationen zu ICD, Hinweise auf ATC-Klassifikation
Melanie Kühnast	medizinische Terminologie, Medikationen, Zusammenhänge, konstruktive Kritik
Dr. med. Walter Fierz	IKMI, Immunologie, Hinweise auf Standards, elektronische Gesundheitsakten
Dr. med. Björn Kentemich	KKH Gummersbach, Normalisierung der Gummersbacher Hausliste, Prototyping/Anforderungen
Dr. med. Rainer Seidl	KKH Gummersbach, Evaluation von Daten-Teilmodellen, Eingrenzung des Informationsbedarfs
Winfried Orbach	KKH Gummersbach, Informationen über die Integration von Baxter ATCHOST in SAP IS-H
Horst-Hermann Wegner	KKH Gummersbach, leitender Krankenhausapotheker, Informationen über die Aufgaben einer Krankenhausapotheke, Prototyping/Anforderungen
Prof. Dr. Kurt Lautenbach	Datenbanktheorie
Prof. Dr. Stefan Klein	Pharmatica